Python常用算法手册

徐庆丰◎编著

中国铁道出版社有限公司
CHINA RAILWAY PUBLISHING HOUSE CO., LTD.

内容简介

算法是程序的灵魂，算法能够告诉开发者在面对一个项目功能时用什么思路去实现，有了这个思路后，编程工作只需遵循这个思路去实现即可。本书循序渐进、由浅入深地详细讲解了算法实现的核心技术，全书共12章，分别讲解了初步认识算法思想，枚举算法思想，递归算法思想，分治算法思想，贪心算法思想，回溯算法思想，迭代算法思想，查找算法，排序算法，使用算法解决数据结构问题，解决数学问题，经典算法问题。全书通过具体实例的实现过程演练了各个知识点的具体使用流程，引领读者全面掌握算法的核心技术。

本书旨在帮助有一定编程经验的Python初级程序员系统学习算法思想、积累实战经验，迅速提升编程技能，掌握Python算法的精髓。

图书在版编目（CIP）数据

Python常用算法手册/徐庆丰编著. —北京：中国铁道出版社有限公司，2020. 8（2022. 2重印）
ISBN 978-7-113-26744-5

Ⅰ. ①P… Ⅱ. ①徐… Ⅲ. ①软件工具-程序设计-手册 Ⅳ. ①TP311. 561-62

中国版本图书馆CIP数据核字(2020)第050550号

书　　名：Python 常用算法手册
　　　　　Python CHANGYONG SUANFA SHOUCE
作　　者：徐庆丰

责任编辑：荆　波　　编辑部电话：（010）51873026　　邮箱：the-tradeoff@qq.com
封面设计：MXK DESIGN STUDIO
责任校对：苗　丹
责任印制：赵星辰

出版发行：中国铁道出版社有限公司（100054，北京市西城区右安门西街 8 号）
印　　刷：国铁印务有限公司
版　　次：2020 年 8 月第 1 版　2022 年 2 月第 2 次印刷
开　　本：787 mm×1092 mm　1/16　印张：19. 25　字数：468 千
书　　号：ISBN 978-7-113-26744-5
定　　价：59. 80 元

PREFACE 前　言

从你开始学习编程的那一刻起，就注定了以后所要走的路：从编程初学者开始，依次经历实习生、程序员、软件工程师、架构师、CTO 等职位的磨砺。当你站在职位顶峰的位置蓦然回首，才会发现自己的成功并不是偶然，在程序员的成长之路上会有不断修改代码、寻找并解决 Bug、不停测试程序和修改项目的经历。不可否认的是，只要你在自己的开发生涯中稳扎稳打，并且善于总结和学习，最终将会得到可喜的收获。

■ 选择一本合适的书

对于一名程序开发初学者来说，应如何学习并提高自己的开发技术呢？答案就是买一本合适的程序开发书籍进行学习。但是，市面上许多面向初学者的编程书籍中大多都是基础知识讲解，偏向于理论，读者读完以后面对实战项目时还是无从下手。如何实现从理论过渡到项目实战，是初学者迫切需要了解的；鉴于此，笔者梳理自己对算法的理解思路，同时加入实践项目的经验，编写了本书，它将面向具有一定 Python 编程经验的初级程序员，讲解了 Python 算法的核心知识和技巧，这些知识能够帮助读者迅速掌握 Python 算法的精髓，编写出更加优质的代码。

■ 本书的特色

（1）以“入门到精通”的写作方法构建内容

为了让读者能够完全看懂书中的内容，笔者遵循“入门到精通”基础类图书的写法，循序渐进地讲解 Python 开发语言的基本知识。

（2）实例教学，经典并深入

以实例教学为导向，通过具体实例讲解了各种算法思想的基本知识和核心用法。通过具体实例的讲解和剖析，帮助读者真正掌握 Python 算法的核心内容。

（3）视频讲解，二维码布局全书

书中每一个二级目录下都有一个二维码，通过二维码扫描可以观看讲解视频，既包括实例讲解也包括教程讲解，对读者的开发水平实现了拔高处理。

（4）售后答疑帮助读者快速解决学习问题

无论是书中的疑惑，还是在学习过程中遇到的问题，笔者将在第一时间为读者答疑解惑，这也是笔者对读者的承诺。

（5）QQ 群 + 网站论坛实现教学互动，形成互学、互帮的朋友圈

为了方便给读者答疑，笔者提供了网站论坛、QQ 群等技术支持（通过 QQ：729017304 获得），并且随时在线与初学者互动。让大家在互学、互帮中形成一个良好的学习编程的氛围。

■ 整体下载包

为了方便不同网络环境的读者学习，也为了提升图书的附加价值，笔者将书中 108 个扫码视频和源代码整理成整体下载包，读者可以通过封底二维码和下载链接获取学习。

备用网盘下载地址：https://pan.baidu.com/s/1kQH1XkWpYQ3FJMSRcl_CQg

提取码：mwsg

■ 读者对象

本书以学习笔记的形式系统讲解了 Python 语言实践中的算法思想，旨在帮助有一定经验的初级程序员夯实算法思维基础，并通过大量经典演练案例迅速积累经验，提升编程能力。

■ 致谢与批评

特别感谢中国铁道版社有限公司编辑的大力支持，正是各位编辑的求是、耐心和效率，才使得本书能够在这么短的时间内出版。另外，也十分感谢我的家人给予的巨大支持。由于水平有限，书中存在纰漏之处在所难免，恳请读者提出宝贵的意见或建议，以便修订并使之日臻完善。

最后感谢读者选择了这本书，更希望它能成为您编程路上的引导者，那么笔者将不胜荣幸，祝您阅读快乐！

徐庆丰

2020 年 6 月

CONTENTS 目录

第 6 章　回溯算法思想

第 8 章 查找算法

第 12 章 经典算法问题

第 1 章

初步认识算法思想

软件开发工作不是按部就班的，而是选择一种合理的算法去实现项目功能。算法能够引导开发者在面对一个项目功能时用什么思路去实现，有了这个思路后，程序员们只需遵循这个思路编写代码即可。在本章将详细讲解计算机算法的基础知识，为读者步入本书后面知识的学习打下基础。

1.1 什么是算法

在学习算法之前，需要先理解“算法”这一概念的含义。在 1950 年，Algorithm（算法）一词经常同欧几里德算法联系在一起。这个算法就是在欧几里德的《几何原本》中所阐述的求两个数的最大公约数的过程，即辗转相除法。从此以后，Algorithm 这一叫法一直沿用至今。

（即扫即看）

1.1.1 一道趣味题

为了理解什么是算法，先看一道有趣的智力题：假设“烧水泡茶”必须有如下 5 道工序：①烧开水、②洗茶壶、③洗茶杯、④拿茶叶、⑤泡茶。

在上述 5 个步骤中，其中①烧开水、②洗茶壶、③洗茶杯、④拿茶叶是泡茶的前提。假设①烧开水需要 15 分钟，②洗茶壶需要 2 分钟，③洗茶杯需要 1 分钟，④拿茶叶需要 1 分钟，⑤泡茶需要 1 分钟。

不同的人进行泡茶的步骤肯定会有差别，例如下面是两个人不同的“烧水泡茶”的步骤。

1. 第 1 个人“烧水泡茶”的步骤

第①步：烧水。

第②步：水烧开后，洗刷茶具，拿茶叶。

第③步：泡茶。

2. 第 2 个人“烧水泡茶”的步骤

第①步：烧水。

第②步：烧水过程中，洗刷茶具，拿茶叶。

第③步：水烧开后泡茶。

问题：比较这两个方法有何不同，并分析哪个方法更优。

上面两个方法都能最终实现“烧水泡茶”，每种方法的 3 个步骤就是一种“算法”。算法是指在有限步骤内求解某一问题所使用的一组定义明确的规则。通俗点儿说，就是计算机解题的过程。在这个过程中，无论是形成解题思路还是编写程序，都是在实施某种算法。前者是推理实现的算法，后者是操作实现的算法。

1.1.2 算法的定义

算法（Algorithm）是指解题方案的准确而完整的描述，是一系列解决问题的清晰指令，算法代表着用系统的方法描述解决问题的策略机制。也就是说，能够对一定规范的输入，在有限时间内获得所要求的输出。对于同一个问题，可能会有多种不同的算法来解决，不同的算法可能用不同的时间、空间或效率来完成同样的任务。一个算法的优劣可以用空间复杂度与时间复杂度来衡量，例如在前面的泡茶例子中，第 2 个人的操作步骤的时效性更高一点。

算法中的指令描述的是一个计算，当其运行时能从一个初始状态和（可能为空的）初始输入开始，经过一系列有限而清晰定义的状态，最终产生输出并停止于一个状态。一个状态到另一个状态的转移不一定是确定的。随机化算法在内的一些算法，包含了一些随机输入。

1.1.3 计算机中的算法

计算机虽然功能强大，能够帮助人们解决很多问题，但是计算机在解决问题时，也需要遵循一定的步骤。在编写程序实现某个项目功能时，也需要遵循一定的算法。计算机中的算法可分为如下两大类。

（1）数值运算算法：求解数值。

（2）非数值运算算法：事务管理领域。

假设有一个下面的运算：1×2×3×4×5，为了计算上述运算结果，最普通的做法是按照如下步骤进行计算。

第 1 步：先计算 1 乘以 2，得到结果 2。

第 2 步：将第 1 步得到的乘积 2 乘以 3，计算得到结果 6。

第 3 步：将 6 再乘以 4，计算得到结果 24。

第 4 步：将 24 再乘以 5，计算得到结果 120。

最终计算结果是 120，上述第 1 步到第 4 步的计算过程就是一个算法。如果想用编程的方式来解决上述运算，通常会使用如下算法来实现。

第 1 步：假设定义 $t=1$。

第 2 步：使 $i=2$。

第 3 步：使 $t \times i$，乘积仍然放在变量 t 中，可表示为 $t \times i \rightarrow t$。

第 4 步：使 i 的值 +1，即 $i+1 \rightarrow i$。

第 5 步：如果 $i \leq 5$，返回重新执行第 3 步以及其后的第 4 步和第 5 步；否则，算法结束。

由此可见，上述算法方式就是数学中的“$n!$”公式。既然有了公式，在具体编程的时候，只需使用这个公式就可以解决上述运算的问题。

再看下面的一个数学应用问题。

假设有 80 个学生，要求打印输出成绩在 60 分以上的学生。

在此用 n 来表示学生学号，n_i 表示第 i 个学生学号；$cheng$ 表示学生成绩，$cheng_i$ 表示第 i 个学生成绩。根据题目要求，可以写出如下算法。

第 1 步：$1 \rightarrow i$。

第 2 步：如果 $cheng_i \geqslant 60$，则打印输出 n_i 和 $cheng_i$，否则不打印输出。

第 3 步：$i+1 \rightarrow i$。

第 4 步：如果 $i \leqslant 80$，返回第 2 步，否则结束。

由此可见，算法在计算机中的地位十分重要。所以在面对一个项目应用时，一定不要立即编写程序，而是要仔细思考解决这个问题的算法是什么？想出算法之后，然后以这个算法为指导思想来进行编程操作。

1.1.4　总结算法的特征

随着时间的推移，算法这门科学得到了长足的发展，算法具有以下 5 个重要的特征。

（1）有穷性：保证执行有限步骤之后结束。

（2）确切性：每一步骤都有确切的定义。

（3）输入：每个算法有零个或多个输入，以刻画运算对象的初始情况，所谓零个输入是指算法本身舍弃了初始条件。

（4）输出：每个算法有一个或多个输出，显示对输入数据加工后的结果，没有输出的算法是毫无意义的。

（5）可行性：原则上算法能够精确地运行，进行有限次运算后即可完成一种运算。

1.2　算法是程序的灵魂

（即扫即看）

算法在计算机编程中发挥着举足轻重的作用，在程序开发中，算法已经成为衡量一名程序员水平高低的参照物。水平高的程序员一般都会看重数据结构和算法的作用，因此才能开发出高效的程序代码。开发者的水平越高，就越能理解算法的重要性。算法不仅是运算工具，它更是程序的灵魂。在现实项目开发的过程中，很多实际问题需要精心设计的算法才能有效解决。

算法是计算机处理信息的基础，因为计算机程序本质上是一个算法，告诉计算机确切的步骤来执行一个指定的任务，如计算职工的薪水或打印学生的成绩单。通常，当算法在处理信息时，数据会从输入设备读取，写入输出设备，也可能保存起来方便以后使用。

著名计算机科学家沃思提出了下面的公式。

```
数据结构 + 算法 = 程序
```

实际上，一个程序应当采用结构化程序设计方法进行程序设计，并且用某一种计算机语言来表示。因此，可以用下面的公式表示。

```
程序 = 算法 + 数据结构 + 程序设计方法 + 语言和环境
```

上述公式中的 4 个方面是一种程序设计语言所应具备的知识。在这 4 个方面中，算法是灵魂，数据结构是加工对象，语言是工具，编程需要采用合适的方法。其中，算法是用来解决“做什么”和“怎么做”的问题。实际上程序中的操作语句就是算法的体现。所以说不了解算法就谈不上程序设计。数据是操作对象，对操作的描述即是操作步骤，操作的目的是对数据进行加工处理以得到期望的结果。举个通俗点儿的例子，厨师做菜，需要有菜谱。菜谱上一般应包括：①配料（数据）、②操作步骤（算法）。这样，面对同样的原料才可以加工出不同风味的菜肴。

1.3 算法的表示方法

在 1.1.3 节中演示的算法都是通过语言描述来体现的。其实除了语言描述之外，还可以通过其他方法来描述算法。在接下来的内容中将简单介绍几种表示算法的方法。

（即扫即看）

1.3.1 用流程图来表示算法

流程图的表示说明如图 1-1 所示，再次回到 1.2.1 节中的问题。假设有 80 个学生，要求打印输出成绩在 60 分以上的学生。针对上述问题，可以使用如图 1-2 所示的算法流程图来表示。

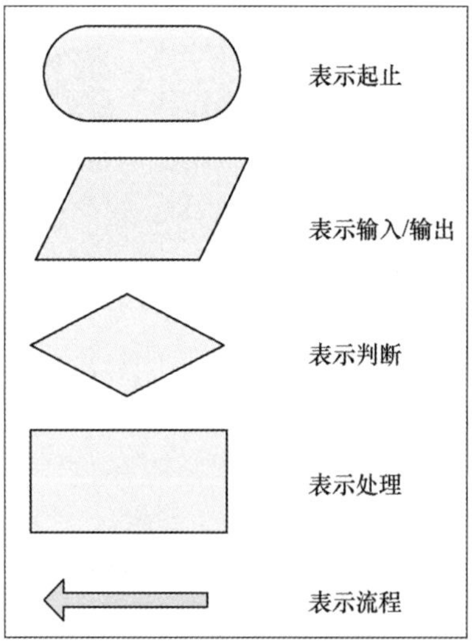

图 1-1 流程图表示说明

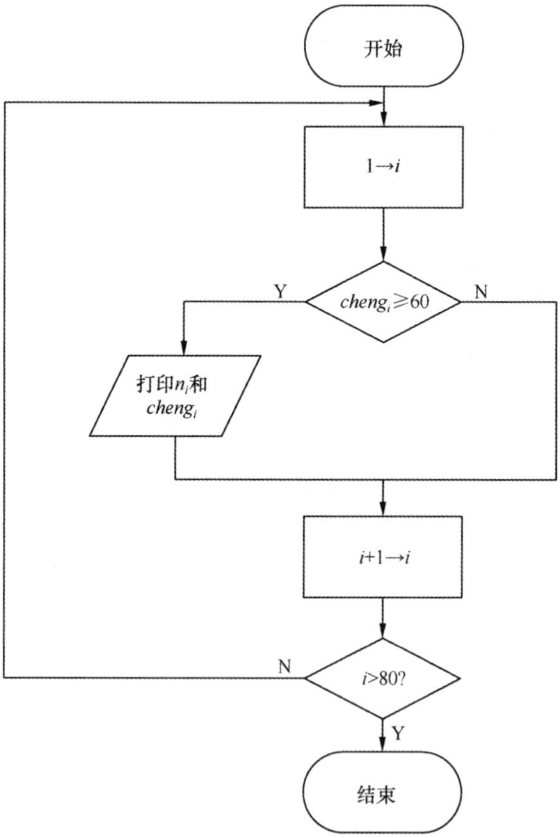

图 1-2 算法流程图

在日常流程设计应用中，通常使用如下 3 种流程图结构。

（1）顺序结构。顺序结构如图 1-3 所示。其中 A 和 B 两个框是顺序执行的，即在执行完 A 以后再执行 B 的操作。顺序结构是一种基本结构。

（2）选择结构。选择结构也称为分支结构，如图 1-4 所示。此结构中必含一个判断框，根据给定的条件是否成立来选择是执行 A 框还是 B 框。无论条件是否成立，只能执行 A 框或 B 框之一，也就是说 A、B 两框只有一个，也必须有一个被执行。若两框中有一框为空，程序仍然按两个分支的方向运行。

（3）循环结构。循环结构分为两种，一种是当型循环，一种是直到型循环。当型循环是先判断条件 P 是否成立，成立再执行 A 操作，如图 1-5（a）所示。而直到型循环是先执行 A 操作再判断条件 P 是否成立，成立再执行 A 操作，如图 1-5（b）所示。

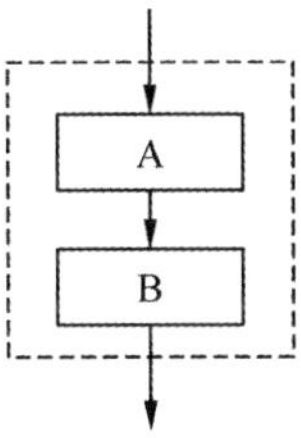

图 1-3　顺序结构

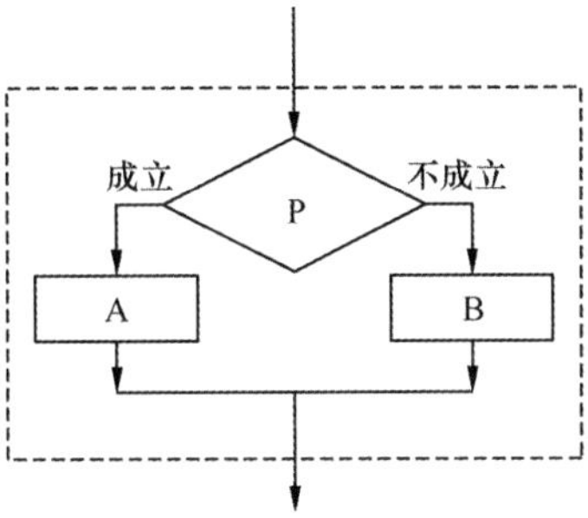

图 1-4　选择结构

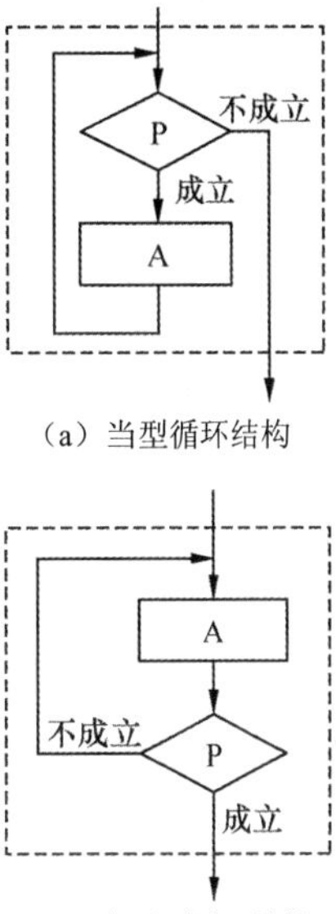

（a）当型循环结构

（b）直到型循环结构

图 1-5　循环结构

上述 3 种基本结构有如下 4 个特点，这 4 个特点对于理解算法很有帮助。

（1）只有一个入口。

（2）只有一个出口。

（3）结构内的每一部分都有机会被执行到。

（4）结构内不存在“死循环”。

1.3.2　用 N-S 流程图来表示算法

在 1973 年，美国学者提出了 N-S 流程图的概念，通过它可以表示计算机的算法。N-S 流程图由一些特定意义的图形、流程线及简要的文字说明构成，能够比较清晰明确地表示程序的运行过程。人们在使用传统流程图的过程中发现，流程线不一定是必需的，所以设计了一种新的流程图，这种新的方式可以把整个程序写在一个大框图内，这个大框图由若干个小的基本框图构成，这种新的流程图简称 N-S 图。

遵循 N-S 流程图的特点，N-S 流程图的顺序结构如图 1-6 所示，选择结构如图 1-7 所示，循环结构如图 1-8 所示。

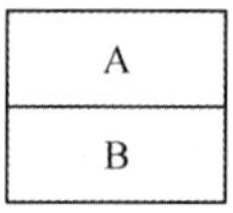

图 1-6　顺序结构

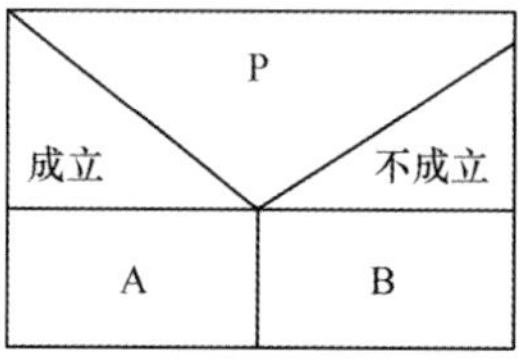

图 1-7　选择结构

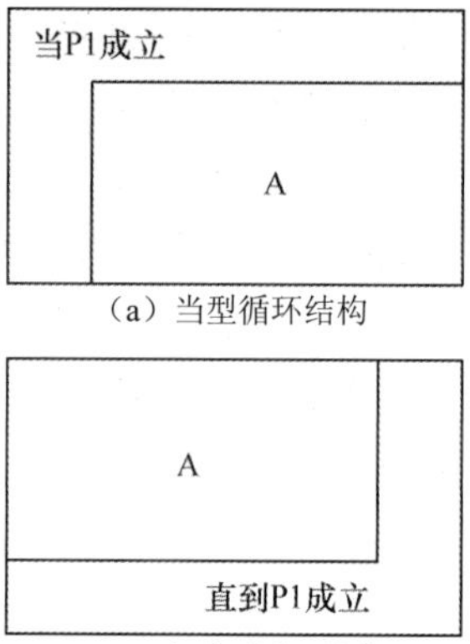

（a）当型循环结构

（b）直到型循环结构

图 1-8　循环结构

1.4　Python 算法思想

在现实应用中有多种常用的算法思想，在本节的内容中将简要介绍在 Python 中常用的算法思想。至于这些算法思想的具体用法，将在本书后面的内容中进行详细讲解。

（即扫即看）

1.4.1　常用的算法思想

在编写 Python 程序的过程中，常用的算法思想及其特点如下表 1-1 所示。

表 1-1　常用的算法思想

算法思想	特点描述
枚举算法思想	将问题的所有可能答案一一列举，然后根据条件判断此答案是否合适，保留合适的，舍弃不合适的
递归算法思想	递归思想在于把大问题分解为同类问题的子问题，进一步分解为更小的问题，直到每个小问题可以解决为止
分治算法思想	分治算法的基本思想是将一个规模为 N 的问题分解为 K 个规模较小的子问题，这些子问题相互独立且与原问题性质相同。求出子问题的解，就可得到原问题的解
贪心算法思想	在对问题求解时，总是做出在当前看来是最好的选择。也就是说，不从整体最优上加以考虑，它所做出的仅是在某种意义上的局部最优解
回溯算法思想	为了求得问题的解，先选择某一种可能情况进行试探，在试探的过程中，一旦发现原来的选择的假设情况是错误的，就退回一步重新选择，继续向前试探，如此反复进行，直到得到解或证明无解
迭代算法思想	也被称辗转法，是一种不断用变量的旧值推出新值的过程。它是解决问题的一种基本方法，通过让计算机对一组指令（或一定步骤）进行重复执行，在每次执行这组指令（或这些步骤）时，都从变量的原值推出它的一个新值

1.4.2　衡量算法优劣的标准

算法是否优劣有如下 5 个标准。

（1）确定性。算法的每一种运算必须有确定的意义，该种运算应执行何种动作应无二义性，目的明确。

（2）可行性。要求算法中待实现的运算都是可行的，即至少在原理上能由人用纸和笔在有限的时间内完成。

（3）输入。一个算法有零个或多个输入，在算法运算开始之前给出算法所需数据的初始值，这些输入来自特定的对象集合。

（4）输出。输出是算法运算的结果，一个算法会产生一个或多个输出，输出同输入具有某种特定关系。

（5）有穷性。一个算法总是在执行了有穷步的运算后终止，即该算法是有终点的。

通常有如下两种衡量算法效率的方法：

（1）事后统计法。该方法的缺点是必须在计算机上实际运行程序，容易被其他因素掩盖算法本质。

（2）事前分析估算法。该方法的优点是可以预先比较各种算法，以便平衡利弊而从中选优。

在事前分析估算法中与算法执行时间相关的因素如下：

① 算法所用“策略”。

② 算法所解问题的“规模”。

③ 编程所用“语言”。

④“编译”的质量。

⑤ 执行算法的计算机的“速度”。

在上述因素中，③④⑤受计算机硬件和软件的制约，因为是“估算”，所以只需考虑①②两条即可。

事后统计容易陷入盲目境地。例如，当程序执行很长时间仍未结束时，不易判别是程序错了还是确实需要那么长的时间。

一个算法的“运行工作量”通常是随问题规模的增长而增长的，所以应该用“增长趋势”来作为比较不同算法的优劣的准则。假如，随着问题规模 n 的增长，算法执行时间的增长率与 $f(n)$ 的增长率相同，则可记作：

$T(n) = O(f(n))$

我们称 $T(n)$ 为算法的（渐近）时间复杂度。

究竟如何估算算法的时间复杂度呢？任何一个算法都是由一个“控制结构”和若干“原操作”组成的，所以可以将一个算法的执行时间看作所有原操作的执行时间之和（原操作的执行次数 × 原操作的执行时间）。

算法的执行时间与所有原操作的执行次数之和成正比。对于所研究的问题来说，从算法中选取一种基本操作的原操作，以该基本操作在算法中重复执行的次数作为算法时间复杂度的依据。以这种衡量效率的办法所得出的不是时间量，而是一种增长趋势的量度。它与软硬件环境无关，只暴露算法本身执行效率的优劣。

1.4.3　算法复杂度

算法复杂度是指算法在编写成可执行的程序后，运行时所需要的资源，这些资源包括时间资源和内存资源。同一问题可用不同算法解决，而一个算法的质量优劣将影响到算法乃至程序的效率。算法分析的目的在于选择合适算法和改进算法。一个算法的评价主要从时间频度和时间复杂度来考虑。

（1）时间频度

一个算法执行所耗费的时间，从理论上是必须上机运行测试才能知道。但是我们不可能也没有必要对每个算法都进行上机测试，只需知道哪个算法花费的时间多，哪个算法花费的时间少就可以了。并且一个算法花费的时间与算法中语句的执行次数成正比，哪个算法中语句执行次数多，它花费的时间就越多。一个算法中的语句执行次数称为语句频度或时间频度。记为 T(n)。算法的时间复杂度是指执行算法所需要的计算工作量。

（2）时间复杂度

在刚才提到的时间频度中，n 称为问题的规模，当 n 不断变化时，时间频度 T(n) 也会不断变化。但有时我们想知道它变化时呈现什么规律。为此，我们引入时间复杂度概念。在一般情况下，算法中基本操作重复执行的次数是问题规模 n 的某个函数，用 T(n) 表示，若有某个辅助函数 $f(n)$，存在一个正常数 c 使得 $f(n)*c>=T(n)$ 恒成立。记作 $T(n)=O(f(n))$，称 $O(f(n))$ 为算法的渐进时间复杂度，简称时间复杂度。

在各种不同算法中，若算法中语句执行次数为一个常数，则时间复杂度为 $O(1)$，另外，在时间频度不相同时，时间复杂度有可能相同，如 $T(n)=n^2+3n+4$ 与 $T(n)=4n^2+2n+1$ 它们的频度不同，但时间复杂度相同，都为 $O(n^2)$。

在计算时间复杂度时需要遵循如下原则：

- 用常数 1 来取代运行时间中的所有加法常数；
- 只要高阶项，不要低阶项；
- 不要高阶项系数。

在现实中常见的时间复杂度如表 1-2 所示。

表 1-2　常见的时间复杂度

复杂度	描　　述
$O(1)$	数阶，无论问题规模多大其执行时间不变
$O(n)$	线性阶，随着问题规模的变化其执行时间发生变化，随问题规模增长呈正比例增长
$O(\log_2 n)$	对数阶，随着问题规模的变化其执行时间发生变化，随问题规模增长呈对数增长
$O(n\log_2 n)$	线性对数阶，随着问题规模的变化其执行时间发生变化，随问题规模增长呈线性对数增长

算法的时间复杂度是一个函数，它定量描述了该算法的运行时间，通常用“O”来表示时间复杂度。在使用这种方式时，时间复杂度可被称为是渐近的，它考察当输入值大小趋近于无穷时的情况。时间复杂度是用来估计算法运行时间的一个式子（单位），一般来说，时间复杂度高的算法比复杂度低的算法慢。例如在下面的实例文件 time01.py 中，演示了不同类型 Python 程序的时间复杂度。

```
print('Hello world')  # O(1)


# O(1)
```

```
print( 'Hello World' )
print( 'Hello Python' )
print( 'Hello Algorithm' )


for i in range(n):  # O(n)
    print( 'Hello world' )


for i in range(n):  # O(n^2)
    for j in range(n):
        print( 'Hello world' )


for i in range(n):  # O(n^2)
    print( 'Hello World' )
    for j in range(n):
        print( 'Hello World' )


for i in range(n):  # O(n^2)
    for j in range(i):
        print( 'Hello World' )


for i in range(n):
    for j in range(n):
        for k in range(n):
            print( 'Hello World' )  # O(n^3)
```

在 Python 程序中，几次循环就是 n 的几次方的时间复杂度。例如在下面的代码中，$n=64$，$\log_2 64=6$，所以循环减半的时间复杂度为 $O(\log_2 n)$，即 $O(\log n)$。如果是循环减半的过程，则时间复杂度为 $O(\log n)$ 或 $O(\log_2 n)$。

```
n = 64
while n > 1:
    print(n)
    n = n // 2
```

常见的时间复杂度高低排序是：

```
O(1)<O(logn)<O(n)<O(nlogn)<O(n^2)<O(n^2logn)<O(n^3)
```

例如在下面的实例文件 time02.py 中，演示了不同类型 Python 程序的空间复杂度。

```
a = 'Python'   # 空间复杂度为 1
# 空间复杂度为 1
a = 'Python'
b = 'PHP'
c = 'Java'

num = [1, 2, 3, 4, 5]  # 空间复杂度为 5
num = [[1, 2, 3, 4], [1, 2, 3, 4], [1, 2, 3, 4], [1, 2, 3, 4], [1, 2, 3, 4]]  #
空间复杂度为 5*4
num = [[[1, 2], [1, 2]], [[1, 2], [1, 2]] , [[1, 2], [1, 2]]]  # 空间复杂度为
3*2*2
```

由此可知，定义一个或多个变量时，空间复杂度都为 1，列表的空间复杂度为列表的长度。

1.4.4　时间复杂度与空间复杂度的取舍问题

在大多数时候，除了在一些特殊情况下，建议大家更加注重时间复杂度，而不是空间复

杂度。但是在有些特殊情况下，空间复杂度可能会更加重要。那么，究竟什么时候应该着重考虑时间复杂度，什么时候应该着重考虑空间复杂度呢？假设现在需要开发一个程序：要求输入年份，返回该年份是否是闰年。相信大家一看到这个问题，你的思路可能已经非常清晰了，满百除四百，不满除以 4。

我们来看看还能不能进一步提高性能，降低时间复杂度。也就是用空间复杂度来换取时间复杂度。比如，如果使用我们程序的用户，只会查看当前年份未来几年和过去几年的日历的话，我们完全可以使用一个 2100 个元素的数组，每个元素为 0 或 1，分别表示平年和闰年。这样当用户查询的时候，就不需要再进行复杂的逻辑判断，只需要取出对应下标位置的元素即可。

反过来，如果我们的用户经常查询跨度上万年的日历信息（万年历），那么，我们肯定不能使用上面牺牲空间复杂度来换取时间复杂度的方案解决。因为如此巨大的空间消耗是我们损失不起的。

编程前辈们曾经说过，编程的美并不在于一方的退让和妥协，而是在于如何在两者之间取一个平衡点，完成华丽变身。那么，对于我们这种程序应该如何权衡呢？有一种方案是将与当前年份相近的几年存为固定数据，查询时只需读取即可。而对于那些和当前年份相距较远的年份的数据，在用户请求查询时动态生成。这样，既能在损失可接受空间的情况下大幅度提高性能，又能保证空间的损失不至于太大而无法接受。我想当用户查询距今较远的数据时，有一些时间上的等待，也是可以接受的。

注意：不能简单地说时间复杂度就比空间复杂度重要，在特定场景下空间复杂度反而比时间复杂度重要，在程序中，我们需要综合考虑让时间和空间的消耗上达到一个平衡点，从上面平闰年计算的例子来看，我们可以缓存前后几年间的平闰年，因为内存开销在可控范围内，至少是在现有条件下能够体验到的可接受范围，所以这几年的数据我们可以用增大空间消耗来减少时间的消耗，如果说要将一万年的所有平闰年数据都存上，那么即便是内存能撑得住也是得不偿失的，所以这时候我们用增大时间开销（网络请求，动态加载）去交换减少空间的开销（省去了万级数据的存储空间）。所以综上所述，时间复杂度与空间复杂度的取舍问题就是一个综合考量的问题。

时间换空间或空间换时间都是根据现实情况来分析的，而目前的现实情况就是，硬件内存的成本与极致的用户体验，比如和更快的响应、操作的流畅感比起来，就目前的条件来看，重要程度是更低的，随着空间可接受程度增大，时间可接受程度相对变小，说白了，就是现在空间条件宽裕了，大家拼的就是速度，谁的算法执行快，谁的产品用户体验更好，谁在竞争中就更有优势。

1.5 小结

在本章中简要介绍了各种常用算法思想的基础知识和相关概念，主要目的是告诉读者朋友们算法的作用，特别是告诫一些初学编程的读者朋友们一定要认识到算法的重要性，用心学习才能编写出更加健壮、高效的代码。从接下来的章节开始，将详细讲解各种常用算法思想的知识和用法。

第 2 章 枚举算法思想

枚举算法也叫穷举算法，最大特点是在面对问题时会去尝试每一种解决方法。在本章将详细讲解枚举算法思想的基本知识，并通过具体例子详细讲解枚举算法的用法和技巧。希望读者理解并掌握枚举算法思想的用法和核心知识，为读者步入本书后面知识的学习打下基础。

2.1 枚举算法基础

枚举算法是我们在日常生活中使用得最多的一种算法，它的核心思想是：枚举所有的可能。在本节中将详细讲解 Python 枚举算法的知识。

（即扫即看）

2.1.1 枚举算法介绍

枚举法的本质就是从所有候选答案中搜索正确的解，使用该算法需要满足以下两个条件：

（1）可以预先确定候选答案的数量。

（2）候选答案的范围在求解之前必须有一个确定的集合。

在编程语言的各种算法思想中，枚举算法的最大特点是简单粗暴，能够暴力的枚举所有的可能，尽可能地尝试所有的方法。很多初学编程的开发者十分喜欢枚举算法，这是因为枚举算法得到的结果总是正确的，尽管它的速度可能会很慢。

2.1.2 Python 中枚举算法的实现思路

在 Python 语言中，枚举算法一般使用 while 循环或 if 语句实现。使用枚举算法解题的基本思路如下。

（1）确定枚举对象、枚举范围和判定条件。

（2）逐一列举可能的解，验证每个解是否是问题的解。

枚举算法一般按照以下 3 个步骤进行。

① 确定解的可能范围，不能遗漏任何一个真正解，也要避免有重复。

② 判断是否是真正解的方法。

③ 使可能解的范围降至最小，以便提高解决问题的效率。

枚举算法的主要流程如图 2-1 所示。

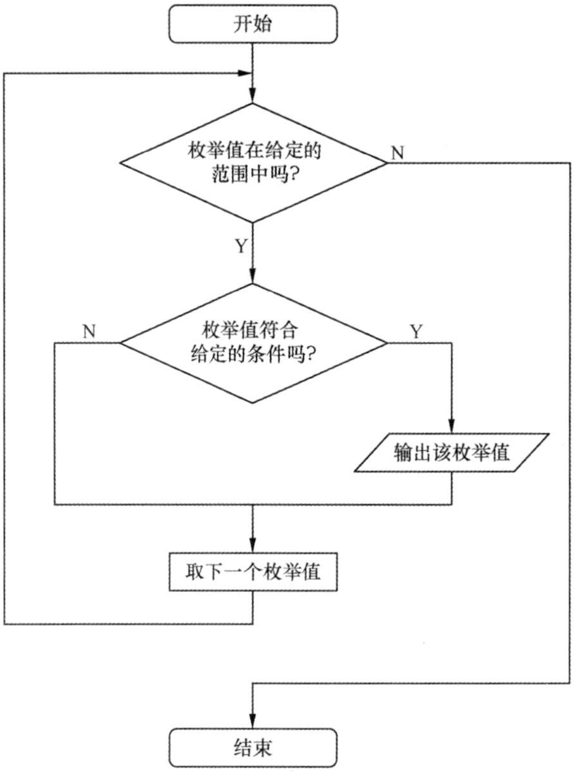

图 2-1　枚举算法流程图

2.2　算法演练——找出符合条件的 5 位数

（即扫即看）

请找出一个五位数，要求满足下面的条件：

```
算法描述题 × 算 = 题题题题题题
```

2.2.1　算法分析：首位数不能是谁

既然是一个 5 位数，那么首位数“算”不能是 0，因为计算结果的位数都是“题”，所以这个 5 位数的首位数“算”也不能是 1 或 2。找出规律，开始使用枚举算法逐一计算，找出最终满足条件的答案。

2.2.2　具体实现

编写文件 meiju.py，具体实现代码如下所示。

```
for i in range(10000,99999):  #遍历 5 位数
    for j in range(0,10):   #“算”其实不能是 “0,1,2”,
        if i*j%111111==0:   #当积可以被 111111 整除时
            if len(set(str(i)))==5:  #如果是 5 个不同的数字。
                if str(j)==str(i)[0]:  #如果乘数与结果的个位相同。
                    print(“找到了，数字是 {}".format(i))
```

执行后会输出：

```
找到了，数字是 79365
```

2.3　算法演练——24 点游戏

给定 4 个整数，数字范围在 1 ～ 13 之间，任意使用 + – * / ( )，构造出一个表达式，使得最终结果为 24，这就是常见的算 24 点游戏。例如：（9-8）×8×3=24。

（即扫即看）

2.3.1　算法分析：加括号和去除重复表达式

实现输入 4 个数字的排列组合，这样等于实现了括号的功能，然后使用 + - * / 进行组合计算。网上有很多 24 点游戏算法，找出解法并不难，但是难在如何合适地加括号和去除等价的重复表达式上。我们的目标是给定任意 N 个正整数 ($N > 1$)，找到能够将这 N 个数通过四则运算计算得出 24 的全部表达式，并且只在必要的时候加上括号以及去除等价的重复表达式。

（1）去除括号

首先我们要明确一个问题：什么是合适的括号呢？就是指在不影响计算结果的前提下，能不加括号尽量不加括号，比如：（15 + 8）+ 7 – 6 = 24 应写作 15 + 8 + 7 – 6 = 24。

其次还需要明白一个问题，什么是等价的重复表达式呢？就是完全相同的表达式，或者是在加法交换率和乘法交换率的作用下，完全等价的表达式。比如下面的 3 行解法：

10 + 12 + 7 – 5 = 24 等价于 10 – 5 +7 + 12 = 24

15 * 8 /（1 + 4）= 24 等价于 15 /（4 + 1）* 8 = 24

（3 + 1）*（2 + 4）= 24 等价于（1 + 3）*（4 + 2）= 24

（2）求全部解算法

我们采用的算法是降低维度的算法，即把 4 个数字运算的四维问题降低到二维来解决。比如，给定 4 个数字 [1, 2, 3, 4]，这是一个四维问题，我们首先要将其转换为二维问题。具体的办法是，先将 4 个数字其中的 2 个数字取出，然后将 2 个数字转化为所能组成的全部表达式。

我们首先取出 [1, 2]，考虑到加法交换率和乘法交换率的前提下，共有 6 种可能的不等价表达式，即 1+2, 1–2, 1*2, 1/2, 2–1, 2/1，则四维问题就可以转化为多组三维问题，即 ['1+2', 3, 4], ['1–2', 3, 4]，['1*2', 3, 4]，['1/2', 3, 4]，['2–1', 3, 4]，['2/1', 3, 4]。

然后我们枚举每一种取出两个数的组合，使用排列组合公式即 C（4, 2），所以将四维问题转化为三维问题，共有 C（4, 2）* 6 = 36 种组合。

下一步是重复这一过程，将三维问题继续转化为二维问题。同理，每一个三维问题都可以转化为等价的二维问题，共有 C（3, 2）* 6 = 18 种组合。

所以，四维问题可转化为 36 * 18 = 648 种二维问题，每个二维问题又有 6 种组合方式，所以，全部的表达式个数为 648 * 6 = 3 888 个。

（3）加括号算法

每当将二维问题组合成新表达式的时候，根据原有的两个表达式的各自运算符号和两个表达式之间的运算符号的关系来判断是否需要添加括号。举个例子，假设 a、b 两个表达式要组成新的表达式，总共会有如下 4 种情形：

- 如果是 a + b，则完全不需要加括号。
- 如果是 a * b 或者 a / b，若 a、b 自身的运算符号是加号或减号，则应加括号，如 $a = a_1 + a_2$，b 为数字，则 $a * b =(a_1 + a_2)* b$。
- 如果是 a – b，若 b 为加号或减号，则 b 应加括号，如 $b = b_1 - b_2$，$a = a_1 + b_2$，则 $a - b = a_1 + a_2 -(b_1 - b_2)$，但值得注意的是，$a_1 + a_2 -(b_1 - b_2)$ 其实等价于 $a_1 + a_2 - b_1 + b_2$，这种情况在其他的组合中其实已经存在。因此，可以无须再考虑括号问题。
- 如果是 a / b，若 b 的符号是乘号或除号，原本理应也要加括号，但其实这种情况与上一种情况类似，我们出于计算简便考虑，可以不再考虑括号问题。

（4）去除等价表达式

对于一个运算表达式来说，a + b – c + d 与以下三种运算表达式的计算结果均是等价的：

- a + d + b – c
- b + a + d – c
- b – c + a + d

我们可以在任何一个表达式前再加一个加号，然后使用正则表达式对表达式进行切割，如下所示：

```
[ '+a' , '+b' , '-c' , '+d' ]
```

然后对其进行排序后再组合成字符串得到：

```
a + b + d - c
```

我们将这样的表达式称为标准表达式，凡是通过这样的处理方法得到的标准表达式是相同的，我们均认为是等价表达式，只保留一个标准表达式即可。

同样的道理，乘法交换率也是同样的转换方法。

2.3.2 具体实现

根据上述算法思想编写文件 qiong.py，具体实现代码如下所示。

```
from __future__ import division
from itertools import combinations
import re


class Solver:

    # 需要达成的目标结果值
    target = 24

    # 四则运算符号定义，其中，a -- b = b - a，a // b = b / a
    ops = [ '+' , '-' , '*' , '/' , '--' , '//' ]

    # precise_mode 为精准模式，若开启，则减号及除号后开启括号
    def __init__(self, precise_mode=False):
        self.precise_mode = precise_mode

    def solution(self, nums):
        result = []
        groups = self.dimensionality_reduction(self.format(nums))
        for group in groups:
            for op in self.ops:
                exp = self.assemble(group[0], group[1], op)[ 'exp' ]
```

```
                if self.check(exp, self.target) and exp not in result:
                    result.append(exp)
        return [exp + '=' + str(self.target) for exp in result]

    # 对需要处理的数字或表达式组合进行降维，降低到二维
    def dimensionality_reduction(self, nums):
        result = []

        # 如果维数大于 2，则选出两个表达式组合成一个，从而降低一个维度，通过递归降低到二维
        if len(nums) > 2:
            for group in self.group(nums, 2):
                for op in self.ops:
                    new_group = [self.assemble(group[0][0], group[0][1], op)] +
group[1]
                    result += self.dimensionality_reduction(new_group)
        else:
            result = [nums]
        return result

    # 将两个表达式组合成一个新表达式
    def assemble(self, exp1, exp2, op):

        # 如果运算符为 '--' 或者 '//'，则交换数字顺序重新计算
        if op == '--' or op == '//':
            return self.assemble(exp2, exp1, op[0])

        # 如果是乘法，则根据两个表达式的情况加括号
        if op in r'*/':
            exp1 = self.add_parenthesis(exp1)
            exp2 = self.add_parenthesis(exp2)

        if self.precise_mode:
            if op == '-':
                exp2 = self.add_parenthesis(exp2)
            elif op == '/':
                exp2 = self.add_parenthesis(exp2, True)

        exp = self.convert(exp1['exp'] + op + exp2['exp'], op)
        return {'op': op, 'exp': exp}

    # 根据需要为表达式添加相应的括号
    @staticmethod
    def add_parenthesis(exp, is_necessary=False):

        # 如果上一计算步骤的运算符号为加号或减号，则需加括号
        if (is_necessary and not exp['exp'].isdigit()) or exp['op'] in r'+-':
            result = {
                'exp': '(' + exp['exp'] + ')',
                'op': exp['op']
            }
        else:
            result = exp
        return result

    # 检查表达式是否与结果相等，考虑到中间步骤的除法，因此不采用相等判断，而是采用计算值和目标
值的绝对值是否符合某个精度
    @staticmethod
    def check(exp, target, precision=0.0001):
        try:
            return abs(eval(exp) - target) < precision
        except ZeroDivisionError:
            return False
```

```
    # 将表达式各项重新排序成为等价标准表达式
    @staticmethod
    def convert(exp, op):
        if op in r'+-':
            pattern = r'([\+\-]((\(.+\)|\d+)[\*\/](\(.+\)|\d+)|\d+))'
            exp = '+' + exp
        else:
            pattern = r'([\*\/](\(.+?\)|\d+))'
            exp = '*' + exp
        result = ''.join(sorted([i[0] for i in re.findall(pattern, exp)]))
        if len(result) != len(exp):
            result = exp
        return result[1:]

    # 将输入的数字格式化为字典，数字的运算符号为空格，注意不是空字符
    @staticmethod
    def format(nums):
        return [{'op': ' ', 'exp': str(num)} for num in nums]

    # 对表达式列表进行分组,返回列表,[[[n1, n2], [n3, n4]], [[n1, n3], [n2, n4]], ...]
    @staticmethod
    def group(exp_list, counter):

        # 生成以下标号为元素的列表
        index_list = [i for i in range(len(exp_list))]

        # 以下标号列表取出不重复的组合
        combination = list(combinations(index_list, counter))

        # 使用下标得到原表达式并组成最终的结果数组
        for group1 in combination:
            group2 = list(set(index_list) - set(group1))
            yield [
                [exp_list[g1] for g1 in group1],
                [exp_list[g2] for g2 in group2]
            ]

auto_input = False
if auto_input:
    from numpy import random
    customer_input = random.randint(1, 20, size=4)
else:
    customer_input = list()
    customer_input.append(input('请输入第一个数字：'))
    customer_input.append(input('请输入第二个数字：'))
    customer_input.append(input('请输入第三个数字：'))
    customer_input.append(input('请输入第四个数字：'))

task = Solver()
answer = task.solution(customer_input)

if len(answer) == 0:
    print('No solutions')
else:
    for a in answer:
        print(a)
```

在上述代码中，因为默认将 auto_input 的值设置为 False，所以执行后需要手动输入 4 个数字，例如输入的 4 个数字分别是 1、2、6、4，则执行后会输出：

```
请输入第一个数字：1
请输入第二个数字：2
```

```
请输入第三个数字：6
请输入第四个数字：4
(2-1)*4*6=24
4*6/(2-1)=24
(2+6)*(4-1)=24
```

2.3.3　第二种方案：列表切片操作实现排列组合

当然还有很多其他解决 24 点问题的方案，例如请看下面的第二种方案，编写文件 qiong01.py，使用列表的切片操作实现排列组合，使用异常进行下一次循环。文件 qiong01.py 的具体实现代码如下所示：

```
a = int(input("请输入第 1 个数字 :"))
b = int(input("请输入第 2 个数字 :"))
c = int(input("请输入第 3 个数字 :"))
d = int(input("请输入第 4 个数字 :"))
list1 = [a, b, c, d]
list2 = []
list3 = []
symbols = ["+", "-", "*", "/"]
class FindException(Exception):
    pass
try:
    for i in range(4):
        one = list1[i]
        list2 = list1[0:i] + list1[i + 1:]
        for j in range(3):
            two = list2[j]
            list3 = list2[0:j] + list2[j + 1:]
            for k in range(2):
                three = list3[k]
                four = (list3[0:k] + list3[k + 1:])[0]
                for s1 in symbols:
                    for s2 in symbols:
                        for s3 in symbols:
                            express = "((one {0} two) {1} three) {2} four".
format(s1, s2, s3)
                        if eval(express) == 24:
                            print("(({0} {1} {2}) {3} {4}) {5} {6} = 24".
format(one, s1, two, s2, three, s3, four))
                            raise FindException
    print("无法算出")
except FindException:
    pass
```

在上述代码中，首先提示用户输入 4 个数字，然后在输入的 4 个数字之间遍历加减乘除 4 种运算符号和小括号。在尝试所有可能后，将计算结果是 24 的答案打印输出。例如输入的 4 个数字分别是 1、2、6、4，则执行后会输出：

```
请输入第 1 个数字 :1
请输入第 2 个数字 :2
请输入第 3 个数字 :6
请输入第 4 个数字 :4
((2 - 1) * 6) * 4 = 24
```

2.3.4　第三种方案：itertools 模块实现排列组合

再看第三种方案，编写文件 qiong02.py，使用 itertools 模块实现排列组合，使用 val1，val2 等变量存储中间变量，以达到进行下一次循环的效果。文件 qiong02.py 的具体实现代码如下所示：

```
import itertools
import copy
a = int(input("请输入第 1 个数字 :"))
b = int(input("请输入第 2 个数字 :"))
c = int(input("请输入第 3 个数字 :"))
d = int(input("请输入第 4 个数字 :"))
inputList = [a, b, c, d]
listAll = []                         # 用来存储这个列表数字的排列组合 [[],[],[],[]......]
listSignIndex = []                   # 用来存储输出的运算符号顺序下表 0,1,2,3 对应 + - * /
listSign = []                        # 用来存储输出的运算符号 + - * /
listSet = list(itertools.permutations(inputList, 4))  # 无序排列组合
for i in listSet:
    listAll.append(list(i))  # 用 list() 把元组转换成列表
                             # 把运算符号的下表转换成对应的符号
def changeIndexToSign():
    for i in listSignIndex:
        if i == 0:
            listSign.append("+")
        elif i == 1:
            listSign.append("-")
        elif i == 2:
            listSign.append("*")
        elif i == 3:
            listSign.append("/")
last = []
def start():
    global last
    while 1:
        for list1 in listAll:
            val = list1[0]
            last = copy.deepcopy(list1)
            for i in range(4):
                if i == 0:
                    val += list1[1]
                elif i == 1:
                    val -= list1[1]
                elif i == 2:
                    val *= list1[1]
                elif i == 3:
                    val /= list1[1]
                val2 = val  # 保存当前的 val 值 即 list1[0] list1[1] 运算的值
                for j in range(4):
                    if j == 0:
                        val += list1[2]
                    elif j == 1:
                        val -= list1[2]
                    elif j == 2:
                        val *= list1[2]
                    elif j == 3:
                        val /= list1[2]
                    val1 = val # 保存当前的 val 值 即 list1[0] list1[1] list[2] 运算的值
                    for k in range(4):
                        if k == 0:
                            val += list1[3]
                        elif k == 1:
                            val -= list1[3]
                        elif k == 2:
                            val *= list1[3]
                        elif k == 3:
                            val /= list1[3]
                        if val == 24:
                            listSignIndex.append(i)
```

```
                        listSignIndex.append(j)
                        listSignIndex.append(k)
                        changeIndexToSign()
                        return
                    else:
                        val = val1  # 如果这次循环不行，那么把 val 设置为 list1[0]
list1[1] list[2] 运算的值
                val = val2  # 如果第 3 值运算完没有结束，那么把 val 设置为 list1[0]
list1[1] 运算的值
            val = list1[0]  # 如果第 3，第 4 值运算完没有结束，那么把 val 设置为 list1[0] 值
    start()
    listSign.append("");
    lastStr = "(("
    for i in range(4):
        if i == 1 or i == 2:
            lastStr += str(last[i]) + ")" + listSign[i]
        else:
            lastStr += str(last[i]) + listSign[i]
    print(lastStr)
```

在上述代码中，首先提示用户输入 4 个数字，然后再输入的 4 个数字之间遍历加减乘除 4 种运算符号和小括号。和前面的第二个方案相比，第三个方案按一般的实现思路，大家更容易看懂并理解。例如输入的 4 个数字分别是 1、2、6、4，则执行后会输出：

```
请输入第 1 个数字 :1
请输入第 2 个数字 :2
请输入第 3 个数字 :6
请输入第 4 个数字 :4
((2-1)*6)*4
```

2.4　算法演练——解决熄灯问题

（即扫即看）

有一个由按钮组成的矩阵，其中每行有 6 个按钮，共 5 行。每个按钮的位置上有一盏灯。当按下一个按钮后，该按钮以及周围位置（上边、下边、左边、右边）的灯都会改变一次。即如果灯原来是点亮的，就会被熄灭；如果灯原来是熄灭的，则会被点亮。在矩阵角上的按钮改变 3 盏灯的状态；在矩阵边上的按钮改变 4 盏灯的状态；其他按钮改变 5 盏灯的状态。例如在图 2-2 中，左边矩阵中用 X 标记的按钮表示被按下，右边的矩阵表示灯状态的改变。对矩阵中的每盏灯设置一个初始状态。请你按按钮，直至每一盏等都熄灭。与一盏灯毗邻的多个按钮被按下时，一个操作会抵消另一次操作的结果。

在图 2-3 中，第 2 行第 3、5 列的按钮都被按下，因此第 2 行、第 4 列的灯的状态就不会发生改变。

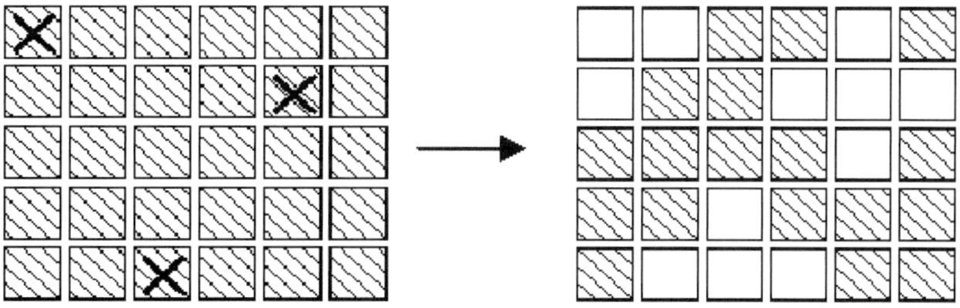

图 2-2　第一种举例

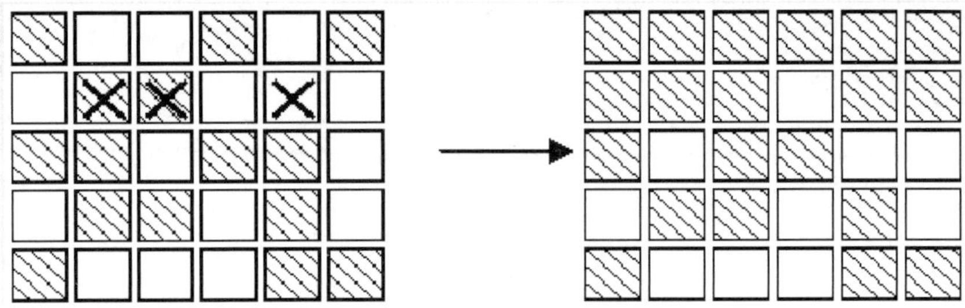

图 2-3　第二种举例

请你写一个程序，确定需要按下哪些按钮，恰好使得所有的灯都熄灭。根据上面的规则，我们知道：

（1）第 2 次按下同一个按钮时，将抵消第 1 次按下时所产生的结果。因此，每个按钮最多只需要按下一次；

（2）各个按钮被按下的顺序对最终的结果没有影响；

（3）对第 1 行中每盏点亮的灯，按下第 2 行对应的按钮，就可以熄灭第 1 行的全部灯。

如此重复下去，可以熄灭第 1、2、3、4 行的全部灯。同样，按下第 1、2、3、4、5 列的按钮，可以熄灭前 5 列的灯。

输入：

5 行组成，每一行包括 6 个数字（0 或 1）。相邻两个数字之间用单个逗号隔开。0 表示灯的初始状态是熄灭的，1 表示灯的初始状态是点亮的。

输出：

5 行组成，每一行包括 6 个数字（0 或 1）。相邻两个数字之间用单个空格隔开。其中的 1 表示需要把对应的按钮按下，0 则表示不需要按对应的按钮。

2.4.1　算法分析：规则中的规律

我们先来梳理一下这个问题的解决思路：

（1）当按下第一行按钮后，对于第一行仍亮着的灯，由第二行按钮控制，以此类推；

（2）当按下第二行后，对于第二行仍亮着的灯，由第三行按钮控制；

（3）第四行仍亮着的灯，由第五行按钮控制，最后判断第五行灯的亮灭状态；

（4）若第五行全熄灭，则第一行按钮的方式正确。否则，换一种第一行按下的方式；

（5）对于初始矩阵而言，第一行按下的方式有 2^6 中，需一一枚举；

（6）其中数组 puzzle 代表灯的亮灭状态，1 代表亮，0 代表灭；

（7）而数组 press 则代表按钮是否按下，1 代表按下，0 代表不按。

在具体实现时，使用一个 6*8 的数组来表示按钮矩阵。1 表示灯是被点亮的；0 表示灯是熄灭的。用数组元素 press[i] [j] 表示为了让全部的灯都熄灭，是否要按下位置 (i, j) 上的按钮：1 表示要按下；0 表示不用按下。由于第 0 行、第 0 列和第 7 列不属于按钮矩阵的范围，没有按钮，所以可以假设这些位置上的灯总是熄灭的，按钮也不用按下。其他 30 个位置上的按钮是否需要按下是未知的。因此数组 press 共有 230 种取值。从这么大的一个空间中直接搜索我们想要找的答案，显然有点儿困难，不合适。

我们从熄灯的规则中会发现答案中的元素值之间的规律，不满足这个规律的数组 press 就没有必要进行判断了。根据熄灯规则，如果矩阵 press 是寻找的答案，那么按照 press 的第一行对矩阵中的按钮操作之后，此时在矩阵的第一行上：

- 如果位置 (1, j) 上的灯是点亮的，则要按下位置 (2, j) 上的按钮，即 press[2] [j] 一定取 1；
- 如果位置 (1, j) 上的灯是熄灭的，则不能按位置 (2, j) 上的按钮，即 press[2] [j] 一定取 0。

因为灯的最后状态（是否按它下一行开关之前）与周围灯是否按按钮有关，如 puzzle[i] [j]，决定它最后状态的相关按钮为 press[i] [j-1]（左），press[i][j]（它本身），press[i] [j+1]（右），press[i-1][j]（上），还有它最初的状态 puzzle[i] [j]。考虑到按两次按钮作用会抵消，需要取它们的和与 2 的余数，所以 puzzle[i] [j] 最后状态公式为：

```
    puzzle[i][j] 最后状态 = (press[i][j-1]+press[i][j]+press[i][j+1]+press[i-1][j]+
puzzle[i] [j] ) % 2
```

而 press[i+1] [j] 由 puzzle[i] [j] 的最后状态决定，灯亮着（值为 1）就要关掉它，press 值取 1，灯是熄灭的（值为 0）不用处理，press 值取 0，它们是相等的，所以 press[i+1] [j] = puzzle[i] [j] 最后状态。

这样依据 press 的第一、二行操作矩阵中的按钮，才能保证第一行的灯全部熄灭。而对矩阵中第三、四、五行的按钮无论进行什么样的操作，都不影响第一行各灯的状态。以此类推，可以确定 press 第三、四、五行的值。因此，一旦确定了 press 第一行的值之后，为熄灭矩阵中第一至四行的灯，其他行的值也就随之确定了。

press 的第一行共有 64（27）种取值，分别对应唯一的一种 press 取值，使得矩阵中前四行的灯都能熄灭。只要对这 64 种情况进行判断就可以了：如果按照其中的某个 press 对矩阵中的按钮进行操作后，第五行的所有灯也恰好熄灭，则找到正确答案。

我们这样来判断第五行灯是否是熄灭的，如 puzzle[5] [j], 它的最终状态由按钮 press[5] [j-1]（左），press[5][j]（它本身），press[5] [j+1]（右），press[4] [j]（上）决定，如果 puzzle[5] [j] 原先亮着（值为 1），那么决定它最终状态的按钮作用互相抵消后，某一个按钮仍然需要是按下的（值为 1），如果 puzzle[5] [j] 原先熄灭的（值为 0），那么决定它最终状态的按钮作用互相抵消后，没有按钮是按下的（值为 0）。判断公式为：

```
    if (press[5][c - 1] + press[5][c] + press[5][c + 1] + press[4][c]) % 2 !=
puzzle[5][c]:
```

如果是相等的，则该灯是熄灭的，否则它还是亮着的。

2.4.2 具体实现

编写文件 xideng.py 中，在枚举的时候将按钮矩阵的第一行看作是一个二进制数，然后通过“++”实现遍历。文件 xideng.py 的具体实现代码如下所示：

```
import numpy as np

line = [[0] * 6] * 5
for i in range(5):
    line[i] = input(“请输入第 " + str(i) + " 行: ").split(',')
    # 将 line 中的元素转换为整型
    line[i] = list(map(int, line[i]))
```

```
    puzzle = np.array(line)
    zero = np.zeros(6)
    # 向puzzle中的最上面加入一行0
    puzzle = np.insert(puzzle, 0, values=zero, axis=0)
    # 向puzzle中的最后一列加入一列0
    puzzle = np.insert(puzzle, 6, values=zero, axis=1)
    # 向puzzle中的第0列加入一行0
    puzzle = np.insert(puzzle, 0, values=zero, axis=1)

    b = [[0 for col in range(8)] for row in range(6)]  # 6*8  不要写反
    press = np.array(b)


    # 或 press=np.zeros((6,8))
    def guess():
        for r in range(1, 5):
            for c in range(1, 7):
                # 根据press的第一行和puzzle的第一行，确定press其他行的值
                 press[r + 1][c] = (puzzle[r][c] + press[r][c] + press[r - 1][c] +
press[r][c - 1] + press[r][c + 1]) % 2
        # 判断所计算的press能否熄灭最后一行的所有灯
        for c in range(1, 7):
             if (press[5][c - 1] + press[5][c] + press[5][c + 1] + press[4][c]) % 2
!= puzzle[5][c]:
                return 0
        return 1
        # 枚举第一行按下开关的所有可能性，有2^6个


    def enumeration():
        while guess() == 0:
            press[1][1] += 1
            c = 1
            while (press[1][c] > 1):
                press[1][c] = 0
                c += 1
                press[1][c] += 1
            continue


    enumeration()
    print("灯的初始状态：\n", puzzle[1:6, 1:7])
    print("按下结果为：\n", press[1:6, 1:7])
    执行后会提示输入5行数据，例如输入下面的数据后的执行结果是：
    请输入第0行：0,0,0,1,1,1
    请输入第1行：0,1,0,0,1,0
    请输入第2行：1,1,1,0,0,0
    请输入第3行：1,0,1,1,0,1
    请输入第4行：0,0,0,1,0,1
    灯的初始状态：
     [[0 0 0 1 1 1]
     [0 1 0 0 1 0]
     [1 1 1 0 0 0]
     [1 0 1 1 0 1]
     [0 0 0 1 0 1]]
    按下结果为：
     [[1 0 1 0 0 0]
     [1 0 1 0 1 1]
     [0 1 0 0 1 0]
     [1 0 1 1 0 0]
     [0 1 1 1 0 1]]
```

在上述具体实现的代码中，首先将用户输入的灯的状态保存起来构成一个二维队列，然

后枚举了所有位置灯光的可能性，使用 for 循环根据 press 行和 puzzle 行的值确定 press 其他行的值。

2.5　算法演练——解决“讨厌的青蛙”问题

（即扫即看）

有一个矩形稻田，每天晚上，青蛙会从一侧跳进稻田从而毁坏水稻，规定：每只青蛙总沿着一条直线跳跃，且每只青蛙每次跳跃的距离相同（不同青蛙的蛙跳步长不同，不同青蛙的蛙跳方向可能不同），稻田里的水稻组成一个栅格，每棵水稻位于一个格点上，而青蛙总是从稻田的一侧跳进稻田，然后沿着某条直线穿越稻田，从另一侧跳出去，如图 2-4 所示。

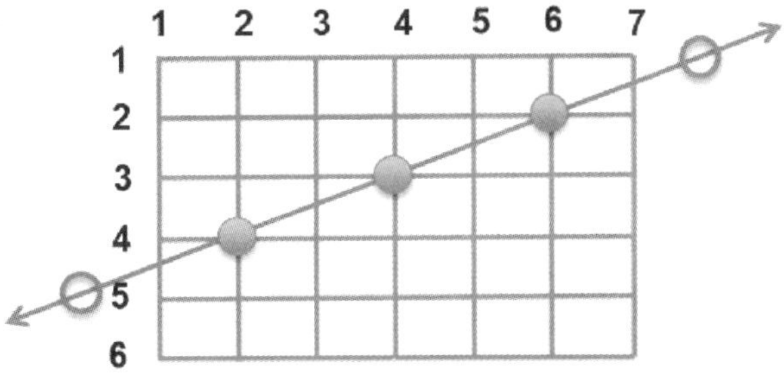

图 2-4　稻田中的青蛙

可能会有多只青蛙从稻田穿越，青蛙每一跳都恰好跳在一棵水稻上，将这棵水稻拍倒，如图 2-5 所示的多只青蛙。有些水稻可能被多只青蛙踩踏，农民伯伯所见到的是图中 2-6 的情形，并看不到左图中的直线，也看不到别人家田里被踩踏的水稻。

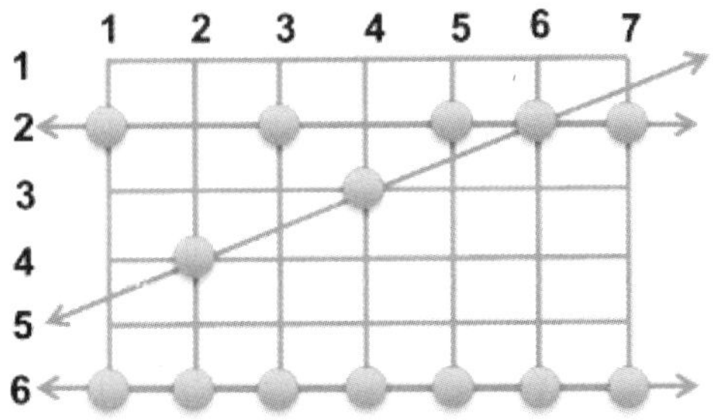

图 2-5　多只青蛙

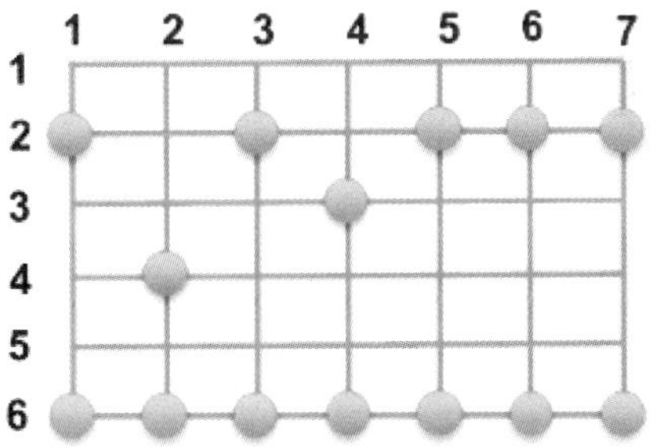

图 2-6　农民伯伯眼中的情形

农民伯伯想知道那只踩了最多水稻的青蛙的跳跃轨迹，请给出该轨迹上踩的水稻数（规定一条路径上水稻数至少为 3）。

输入：

第一行上两个整数 R、C 分别表示稻田中水稻的行数和列数，$1 \leqslant R、C \leqslant 5000$；第二行是一个整数 N，表示被踩踏的水稻数量，$3 \leqslant N \leqslant 5000$；在剩下的 N 行中，每行有两个整数，分别是一棵被踩踏水稻的行号（1~R）和列号（1~C），两个整数用一个空格隔开；且每棵被踩踏的水稻只被列出一次。

输出：

如果在稻田中存在青蛙行走的路径，则输出包含最多水稻的青蛙行走路径中的水稻数量，否则输出 0。

2.5.1 算法分析：缩小解的空间

大多数开发者会自然想到用枚举算法解决这个问题，因为稻田是有限的，或者说被破坏的水稻数量是有限的（不超过 5000），我们如何确定这一条路径呢？从三个方面考虑：起始点、方向、步长，似乎可行。但简单分析可以知道，最坏情况下，需要付出 5000*5000*5000 的代价，这不能令人满意。因此，必须设法缩小解的空间。

如果我们从踩坏的水稻序列中，拿出两个，假设一个是第一个跳跃点，另一个是第二个跳跃点。在这种假设下，我们得到跳跃步长（作减法即可，注意 X、Y 两个方向上的向量分解），然后根据一些必要条件，判断是否是可能解，如果不是则提前从解空间中删除该解，进入下一个枚举。如果满足必要条件，则需要计算该走法的情况下的踩坏的水稻数，如果比既定的 max 大，则更新 max，否则继续下一轮枚举。

根据第一个点坐标和计算得到的步长，计算第一个点的前一个点，是否落在稻田内，如果是，则假设不正确，继续枚举。为了避免无效计算，可根据假定的 max，从 X 和 Y 两个角度判断是否可能比 max 大，如果提早越界，则作相应处理，因为不可能是有效解。

枚举每个被踩的水稻作为行走路径起点（5000 个），对每个起点，枚举行走方向（5000 种），对每个方向枚举步长（5000 种），枚举步长后还要判断是否每步都踩到水稻，时间是：5000*5000*5000，这显然不行！

每条青蛙行走路径中至少有 3 棵水稻，假设一只青蛙进入稻田后踩踏的前两棵水稻分别是（X_1,Y_1），（X_2,Y_2）。那么青蛙每一跳在 X 方向上的步长 $dX = X_2 - X_1$，在 Y 方向上的步长 $dY = Y_2 - Y_1$。

（$X_1 - dX, Y_1 - dY$）需要落在稻田之外；当青蛙踩在水稻（X, Y）上时，下一跳踩踏的水稻是（$X + dX, Y + dY$）；将路径上的最后一棵水稻记作（X_K, Y_K），（$X_K + dX, Y_K + dY$）需要落在稻田之外；

假设猜测（X_1, Y_1），（X_2, Y_2）是所要寻找的行走路径上的前两棵水稻当下列条件之一满足时，这个猜测就不成立：

- 青蛙不能经过一跳从稻田外跳到（X_1, Y_1）上；
- 按照（X_1,Y_1），（X_2,Y_2）确定的步长，从（X_1,Y_1）出发，青蛙最多经过（MAXSTEPS－1）步，就会跳到稻田之外，MAXSTEPS 是当前已经找到的最好的答案。

2.5.2 具体实现

首先获取用户输入的水稻的行数和列数，根据输入的行数枚举所有可能的位置，最后判断每一个位置是否符合条件。文件 wa01.py 的实现代码如下所示。

```
max = 2
RC = input(“请输入水稻的行数和列数：").split(' ')

RC = list(map(int, RC))

n = int(input(“请输入被踩踏的水稻数目："))
# 输入被踩踏的水稻坐标
```

```
plants = [[0, 0]] * n
plant = [0, 0]

for i in range(n):
    plants[i] = input("请输入第" + str(i + 1) + "棵被踩踏的水稻的坐标: ").split(' ')
    plants[i] = list(map(int, plants[i]))


def searchpath(secplant, dx, dy):
    plant[0] = secplant[0] + dx
    plant[1] = secplant[1] + dy
    steps = 2
    RC = [6, 7]
    while 1 <= plant[0] <= RC[0] and 1 <= plant[1] <= RC[1]:
        if plant not in plants:
            steps = 0
            break
        plant[0] += dx
        plant[1] += dy
        steps += 1
    return steps


# 将被踩踏的水稻按坐标大小进行排序，先比较 X，若 X 相等，则比较 Y
plants = sorted(plants)
for i in range(n - 2):
    for j in range(i + 1, n - 1):
        # 选取 plants[i] 为第一个点，plants[j] 为第二个点，求取间距 dX 和 dY
        dX = plants[j][0] - plants[i][0]
        dY = plants[j][1] - plants[i][1]
        # 判断选取的第一个的前一个点的坐标是否在稻田里
        # 若在，说明选取的步长太小，换第二个点再试
        pX = plants[i][0] - dX
        pY = plants[i][1] - dY
        if 1 <= pX <= RC[0] and 1 <= pY <= RC[1]:
            continue
        # 跳跃 max 步后，判断其在 X 方向是否过早越界，
        # 其中 max 是程序实时比较计算出的最大步数
        # 由于 plants 是排序过的，当这个点越界时，换第二个点时，dX 增大，
        # 无论怎么换第二个点，都一定越界，因此，换第一个点再试
        if plants[i][0] + (max - 1) * dX > RC[0]:
            break
        # 跳跃 max 步后，判断其在 Y 方向是否过早越界
        # 由于 plants 是排序过的，换第二个点时，dX 增大，但是 dY 减小
        # 因此，如果越界，则需换第二个点再试
        pY = plants[i][1] + (max - 1) * dY
        if pY > RC[1] or pY < 1:
            continue
        # 走到这步则说明，该条路径不仅符合条件，而且跳跃步数比之前的 max 要大
        # 因此，计算该条路径的步数
        steps = searchpath(plants[j], dX, dY)
        if steps > max:
            max = steps
    if steps == 2:
        max = 0
print(max)
```

执行后会得到和前面问题描述中要求的输入、输出结果一样，执行后会输出：

```
请输入水稻的行数和列数: 6 7
请输入被踩踏的水稻数目: 14
请输入第 1 棵被踩踏的水稻的坐标: 2 1
请输入第 2 棵被踩踏的水稻的坐标: 6 6
请输入第 3 棵被踩踏的水稻的坐标: 4 2
```

```
请输入第 4 棵被踩踏的水稻的坐标: 2 5
请输入第 5 棵被踩踏的水稻的坐标: 2 6
请输入第 6 棵被踩踏的水稻的坐标: 2 7
请输入第 7 棵被踩踏的水稻的坐标: 3 4
请输入第 8 棵被踩踏的水稻的坐标: 6 1
请输入第 9 棵被踩踏的水稻的坐标: 6 2
请输入第 10 棵被踩踏的水稻的坐标: 2 3
请输入第 11 棵被踩踏的水稻的坐标: 6 3
请输入第 12 棵被踩踏的水稻的坐标: 6 4
请输入第 13 棵被踩踏的水稻的坐标: 6 5
请输入第 14 棵被踩踏的水稻的坐标: 6 7
```

2.6 小结

有关枚举算法思想的使用场景，建议大家在处理不是很复杂的的问题时使用。诚然，对于初学者来说，枚举算法思想便于理解和方便编写代码。但是如果要处理的问题很复杂，例如要处理问题太大，那么遍历所有可能性时会消耗很长的时间，这时候就需要考虑用到更加高效一点的算法。

第 3 章

递归算法思想

递归算法能够重复性的将问题分解为同类的子问题，然后解决这些子问题，最终达到解决完整问题的目的。在现实应用中，因为递归算法经常被用于解决计算机科学问题，它是计算机科学中十分重要的一个概念。在本章的内容中，将详细讲解递归算法思想的基本知识，并通过具体例子演练递归算法的用法和技巧。

（即扫即看）

3.1 递归算法思想基础

递归算法跟平常用到的递归函数类似，是一种直接或者间接调用自身函数或者方法的算法。在使用递归算法时必须明确知道你这个函数想要干什么，要完成什么样的一件事；然后寻找出递归结束的条件。请注意，这时我们必须能根据结束的条件知道递归结果是什么。

为了帮助大家理解递归算法，下面是几个关于递归算法的通俗比喻。

（1）我们使用的词典，本身就是递归，为了解释一个词，需要使用更多的词。当你查一个词，发现这个词的解释中某个词仍然不懂，于是你开始查第二个词，可惜，第二个词里仍然有不懂的词，于是查第三个词，这样查下去，直到有一个词的解释是你完全能看懂的，那么递归就相当于走到了尽头，然后你开始后退，逐个明白之前查过的每一个词，最终，你明白了最开始那个词的意思。

（2）一个小朋友坐在第 10 排，他的作业本被小组长拿到了第 1 排，小朋友要拿回他的作业本，怎么办？他可以拍拍第 9 排的小朋友，说：“帮我拿一下第 1 排的本子”，而第 9 排的小朋友可以拍拍第 8 排的小朋友，说：“帮我拿一下第 1 排的本子”... 如此下去，消息终于传到了第 1 排的小朋友那里，于是他把本子递给第 2 排，第 2 排又递给第 3 排……终于，本子拿到手啦！这就是递归，拍拍小朋友的背可以类比函数调用，而小朋友们都记得要传消息、送本子，是因为他们有记忆力，这可以看作类比栈。

（3）一个洋葱是一个带着一层洋葱皮的洋葱。

注意：递推和递归有什么差异

递推和递归虽然只有一字之差，但是两者之间还是不同的。递推像是多米诺骨牌，根据前面几个得到后面的；递归是大事化小，是将复杂的问题层层转化为同类简单子问题；比如“汉诺塔”（Hanoi）问题就是典型的递归。如果一个问题既可以用递归算法求解，也可以用递推算法求解，此时往往选择用递推算法，因为递推的效率比递归高。

3.2 算法演练——解决“斐波那契数列”问题

（即扫即看）

斐波那契数列因数学家列昂纳多·斐波那契以兔子繁殖为例引入，故又称为“兔子数列”。一般而言，兔子在出生两个月后就有繁殖能力，一对兔子每个月能生出一对小兔子来。如果所有兔子都不死，那么一年以后可以繁殖多少对兔子？

3.2.1 算法分析：找出兔子增加的规律

以新出生的一对小兔子进行如下分析：

① 第 1 个月小兔子没有繁殖能力，所以还是一对；

② 2 个月后，一对小兔子生下了一对新的小兔子，所以共有两对兔子；

③ 3 个月后，老兔子又生下一对，因为小兔子还没有繁殖能力，所以一共是 3 对；

……

以此类推，可以列出关系表，如表 3-1 所示。

表 3-1　月数与对数关系表

月数	1	2	3	4	5	6	7	8	…
对数	1	1	2	3	5	8	13	21	…

表中数字 1，1，2，3，5，8……构成了一个数列，这个数列有一个十分明显的特点：前面相邻两项之和，构成了后一项。这个特点的证明：每月的大兔子数为上月的兔子数，每月的小兔子数为上月的大兔子数，某月兔子的对数等于其前面紧邻两个月之和。

由此可以得出具体算法，如下所示：

设置初始值为 $F_0=1$

第 1 个月兔子的总数是 $F_1=1$；

第 2 个月的兔子总数是 $F_2= F_0+F_1$；

第 3 个月的兔子总数是 $F_3= F_1+F_2$；

第 4 个月的兔子总数是 $F_4= F_2+F_3$；

……

第 n 个月的兔子总数是 $F_n= F_n-2+F_n-1$。

3.2.2 具体实现

因为递归算法思想往往用函数的形式来体现，所以递归算法需要预先编写功能函数。这些函数是独立的功能，能够实现解决某个问题的具体功能，当需要时直接调用这个函数即可。在下面的实例文件 di.py 中编写了递归函数 fib_num()，设置当 n> 1 时调用函数自身 fib_num() 计算斐波那契数列。斐波那契数列的第 n 项值等于 ib_num(n − 1) + fib_num(n − 2)。

```
fib_table = {}

def fib_num(n):
    if (n <= 1):
        return n
    if n not in fib_table:
```

```
        fib_table[n] = fib_num(n - 1) + fib_num(n - 2)
    return fib_table[n]

n = int(input(“输入斐波那契数列的第 n 项 \n"))
print(“斐波那契数数列的第 ", n, " 项是 ", fib_num(n))
```

执行后会输出：

```
输入斐波那契数列的第 n 项
4
斐波那契数数列的第 4 项是 3
```

3.3 算法演练——解决“汉诺塔”问题

（即扫即看）

汉诺塔问题是法国数学家编写的一个印度古老传说，为了读者可以更好的理解，我们对其作了更简化的表达。

寺院里有 3 根柱子，第一根摞着 64 个盘子，而且从上往下盘子越来越大。方丈要求小和尚 A_1 把这 64 个盘子全部移动到第 3 根柱子上。在移动的时候，始终只能小盘子压着大盘子，而且每次只能移动一个。

方丈发布命令后，小和尚 A_1 就马上开始了工作，下面看一下他的工作过程：

（1）聪明的小和尚 A_1 在移动时，觉得很难，另外他也非常懒惰，所以找来小和尚 A_2 帮他。他觉得要是 A_2 能把前 63 个盘子先移动到第二根柱子上，自己再把最后一个盘子直接移动到第三根柱子，再让 A_2 把刚才的前 63 个盘子从第二根柱子上移动到第三根柱子上，整个任务就完成了。所以他找了另一个小和尚 A_2，然后下了如下命令：

① 把前 63 个盘子移动到第二根柱子上；

② 把第 64 个盘子移动到第三根柱子上后；

③ 把前 63 个盘子移动到第三根柱子上。

（2）小和尚 A_2 接到任务后也觉得很难，所以他也和 A_1 想的一样：要是有一个人能把前 62 个盘子先移动到第二根柱子上，再把最后一个盘子直接移动到第三根柱子，再让那个人把刚才的前 62 个盘子从第二根柱子上移动到第三根柱子上，任务就算完成了。所以他也找了另外一个小和尚 A_3，然后下了如下命令：

① 把前 62 个盘子移动到第二根柱子上；

② 自己把第 63 个盘子移动到第二根柱子上后；

③ 把前 62 个盘子移动到第三根柱子上。

（3）小和尚 A_3 接了任务，又把移动前 61 个盘子的任务“依葫芦画瓢”的交给了小和尚 A_4，这样一直递推下去，直到把任务交给了第 64 个小和尚 A_{64} 为止。

（4）此时此刻，任务马上就要完成了，唯一的工作就是 A_{63} 和 A_{64} 的工作了。

小和尚 A_{64} 移动第 1 个盘子，把它移开，然后小和尚 A_{63} 移动给他分配的第 2 个盘子。

小和尚 A_{64} 再把第 1 个盘子移动到第 2 个盘子上。到这里 A_{64} 的任务完成，A_{63} 完成了 A_{62} 交给他的任务的第一步。

3.3.1 算法分析：情景模拟移动过程

从上面小和尚的工作过程可以看出，只有 A_{64} 的任务完成后，A_{63} 的任务才能完成，只

有小和尚 A_2 的任务完成后，小和尚 A_1 剩余的任务才能完成。只有小和尚 A_1 剩余的任务完成，才能完成方丈吩咐给他的任务。由此可见，整个过程是一个典型的递归问题。接下来我们进行详细分析。

第 1 个小和尚命令：

① 第 2 个小和尚先把第一根柱子前 2 个盘子移动到第二根柱子（借助第三根柱子）；

② 第 1 个小和尚自己把第一根柱子最后的盘子移动到第三根柱子；

③ 第 2 个小和尚把前 2 个盘子从第二根柱子移动到第三根柱子。

显然第②步非常容易实现。

其中第一步，第 2 个小和尚有 2 个盘子，他就命令：

① 第 3 个小和尚把第一根柱子第 1 个盘子移动到第三根柱子（借助第二根柱子）；

② 第 2 个小和尚自己把第一根柱子第 2 个盘子移动到第二根柱子上；

③ 第 3 个小和尚把第 1 个盘子从第三根柱子移动到第二根柱子。

同样第②步很容易实现，但第 3 个小和尚只需要移动 1 个盘子，所以他也不用再下派任务了（注意：这就是停止递归的条件，也叫边界值）。

第③步可以分解为：第 2 个小和尚还是有 2 个盘子，于是他命令：

① 第 3 个小和尚把第二根柱子上的第 1 个盘子移动到第一根柱子；

② 第 2 个小和尚把第 2 个盘子从第二根柱子移动到第三根柱子；

③ 第 3 个小和尚把第一根柱子上的盘子移动到第三根柱子。

分析组合起来就是：

1 → 3，1 → 2，3 → 2，借助第三根柱子移动到第二根柱子；

1 → 3 是自私人留给自己的活；

2 → 1，2 → 3，1 → 3 是借助别人帮忙，第一根柱子移动到第三根柱子，一共需要七步来完成。

如果是 4 个盘子，则第 1 个小和尚的命令中的第①步和第③步各有 3 个盘子，所以各需要 7 步，共 14 步，再加上第 1 个小和尚的第①步，所以 4 个盘子总共需要移动 7+1+7=15 步；同样，5 个盘子需要 15+1+15=31 步，6 个盘子需要 31+1+31=63 步……由此可以知道，移动 n 个盘子需要（2^n−1）步。

假设用 *hannuo*（n,a,b,c）表示把第一根柱子上的 n 个盘子借助第 2 根柱子移动到第 3 根柱子。由此可以得出如下结论。

第①步的操作是 *hannuo*(n-1,1,3,2)，第③步的操作是 *hannuo*(n-1,2,1,3)。

3.3.2 具体实现

在下面的实例文件 hannuo.py 中，根据上面算法分析中得到的结论编写递归函数 hanoi()，演示了使用递归算法解决“汉诺塔”问题的过程。

```
i = 1
def move(n, mfrom, mto) :
  global i
  print(“第 %d 步：将 %d 号盘子从 %s -> %s" %(i, n, mfrom, mto))
  i += 1
```

```
def hanoi(n, A, B, C) :
  if n == 1 :
    move(1, A, C)
  else :
    hanoi(n - 1, A, C, B)
    move(n, A, C)
    hanoi(n - 1, B, A, C)

#******************** 程序入口 **********************
try :
  n = int(input(“please input a integer :”))
  print(“移动步骤如下: ")
  hanoi(n, ‘A’, ‘B’, ‘C’)
except ValueError:
  print(“please input a integer n(n > 0)!” )
```

例如执行后输入 4 后会输出：

```
please input a integer :4
移动步骤如下:
第 1 步 : 将 1 号盘子从 A -> B
第 2 步 : 将 2 号盘子从 A -> C
第 3 步 : 将 1 号盘子从 B -> C
第 4 步 : 将 3 号盘子从 A -> B
第 5 步 : 将 1 号盘子从 C -> A
第 6 步 : 将 2 号盘子从 C -> B
第 7 步 : 将 1 号盘子从 A -> B
第 8 步 : 将 4 号盘子从 A -> C
第 9 步 : 将 1 号盘子从 B -> C
第 10 步 : 将 2 号盘子从 B -> A
第 11 步 : 将 1 号盘子从 C -> A
第 12 步 : 将 3 号盘子从 B -> C
第 13 步 : 将 1 号盘子从 A -> B
第 14 步 : 将 2 号盘子从 A -> C
第 15 步 : 将 1 号盘子从 B -> C
```

请看下面的实例文件 hanhuo02.py，这是使用递归解决汉诺塔问题的另外一种方案。在上面的算法分析中我们已经得到了递归的结论：第①步的操作是 hannuo(n-1,1,3,2)，第③步的操作是 hannuo(n-1,2,1,3)。根据这个结论编写递归函数 hanoi(n, x, y, z) 解决汉诺塔问题。文件 hanhuo02.p 的具体实现代码如下所示：

```
def hanoi(n,x,y,z):

    if n==1:

        print(x,” -->” ,z)

    else:

        hanoi(n-1,x,z,y)

        print(x,” -->” ,y)

        hanoi(n-1,y,x,z)

while True:

    n=int(input(“请输入汉诺塔的层数: "))


hanoi(n,” x” ,” y” ,” z” )
```

例如执行后输入 4 后会输出：

```
请输入汉诺塔的层数: 4
x --> y
x --> y
```

```
y --> z
x --> z
z --> x
z --> x
x --> y
x --> y
y --> z
y --> z
z --> x
y --> x
x --> y
x --> y
y --> z
```

3.4 算法演练——解决“阶乘”问题

(即扫即看)

阶乘（factorial）是基斯顿·卡曼（Christian Kramp）于 1808 年发明的一种运算符号。自然数由 1 ～ *n* 的 *n* 个数连乘积叫作 *n* 的阶乘，记作 *n*!。

- 例如所要求的数是 4，则阶乘式是 1×2×3×4，得到的积是 24，即 24 就是 4 的阶乘；
- 例如所要求的数是 6，则阶乘式是 1×2×3×⋯×6，得到的积是 720，即 720 就是 6 的阶乘；
- 例如所要求的数是 *n*，则阶乘式是 1×2×3×⋯×*n*，得到的积是 *x*，*x* 就是 *n* 的阶乘。

请编写一段程序，演示 10 以内阶乘的过程。

3.4.1 算法分析：拆分调用

递归就是自己调用自己，接下来我们拆分计算 6 的阶乘的过程，每一次拆分就是一个递归调用的过程。计算过程如图 3-1 所示。

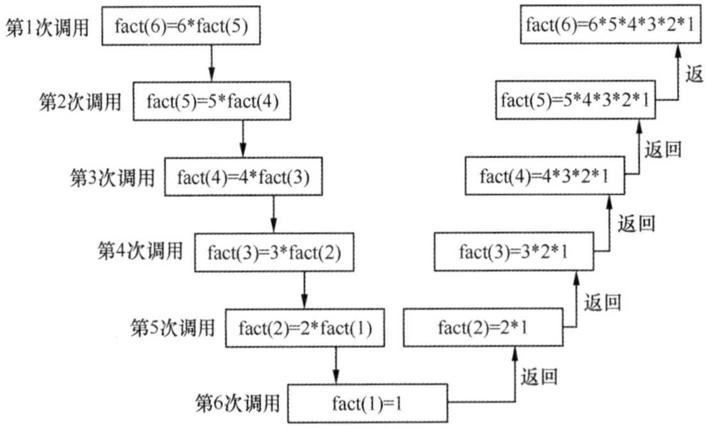

图 3-1　计算 6 的阶乘的过程

由此可以得出一个结论：*n* 的阶乘就是 *n**fact(*n*–1)，这样就可以根据这个结论编写代码。

3.4.2 具体实现：显示 6 以内阶乘过程

在下面的实例文件 gui.py 中，根据前面算法分析中的思路编写代码，通过函数 fact(n) 计算整数 *n* 的阶乘。如果 *n* 的值是 1 则对应的阶乘是 1，如果 *n* 的值不是 1 则对应的阶乘是

n*fact(n - 1)；具体实现代码如下：

```
def fact(n):
    print("factorial has been called with n = " + str(n))
    if n == 1:
        return 1
    else:
        res = n * fact(n - 1)
        print("intermediate result for ", n, " * fact(", n - 1, "): ", res)
        return res


print(fact(6))
```

执行后会输出：

```
factorial has been called with n = 6
factorial has been called with n = 5
factorial has been called with n = 4
factorial has been called with n = 3
factorial has been called with n = 2
factorial has been called with n = 1
intermediate result for  2  * fact( 1 ):  2
intermediate result for  3  * fact( 2 ):  6
intermediate result for  4  * fact( 3 ):  24
intermediate result for  5  * fact( 4 ):  120
intermediate result for  6  * fact( 5 ):  720
720
```

3.5　算法演练——进制转换器

编写一个 Python 程序，将输入的十进制数字转换为二进制。

（即扫即看）

3.5.1　算法分析：除以 2 获取余数

在计算机进制中，十进制转二进制的过程是一个不断除以 2 获取余数的过程。我们可以考虑编写一个函数，然后采用递归“除以 2 获取余数”的方式返回一个字符串结果。也就是编写一个函数，能够除以 2 并看它的余数是否还可以继续除以 2；如果可以，就递归除以 2 并一直循环下去直到不能除以 2 为止。如果不能，则停止递归。

3.5.2　具体实现：输出十进制数字 10 对应的二进制数

根据上面的算法分析思路编写文件 di01.py，通过递归函数 b(n) 计算一个数的二进制数。实例文件 di01.py 具体实现代码如下所示：

```
def b(n):
    if n//2==0:
        n=str(n)
        return n
    else:
        x=n%2
        n=n//2
        s=str(x)
        return b(n)+s

print(b(10))
```

执行后会输出：

```
1010
```

由此可见，十进制数字 10 对应的二进制数是 1010。

3.6 算法演练——分解数字

编写一个 Python 程序，分解出给定多位数中每个位数的数字并按顺序存放到列表中。例如将一个 5 位数 12345 分解为 [1, 2, 3, 4, 5]。

（即扫即看）

3.6.1 算法分析：递归除以 10

对一个多位数的分解，个位数不变，十位、百分位、千分位和万分位跟除以 10 或 10 的平方、10 的三次方、10 的四次方相关，具体 10 的几次方需要根据具体情况依次递归。假如是一个三位数，则个位数不变，其十位数是后两位除以 10 的余数，其百位数是前 3 位除以 100 的余数。

3.6.2 具体实现：分解 5 位整数 12345

编写文件 di02.py 分解 5 位数整数 12345，具体实现代码如下所示：

```
def x(n):
    if n<10:
        list1=[]
        list1.append(n)
        return list1
    else:
        s=n%10
        n=n//10
        list1=list(x(n))
        list1.append(s)
        return list1

print(x(12345))
```

执行后会输出：

```
[1, 2, 3, 4, 5]
```

3.7 算法演练——解决二叉树遍历问题

二叉树有三种遍历方式：先序遍历、中序遍历和后续遍历，其中的先、中、后指的是访问根结点的顺序。遍历总体思路是将树分成最小的子树，然后按照顺序输出。请编写一个 Python 程序，实现树的递归遍历（实现前、中、后以及层次的遍历）。

（即扫即看）

3.7.1 算法分析：实现三种遍历方式

我们来看一下三种不同遍历方式的流程。

（1）假设存在如图 3-2 所示的二叉树，则先序遍历的流程如下：

① 先访问根结点

② 访问左结点

③ 访问右结点

完整顺序是：a(b(d(h))(e(i)))(c)f)(g))— abdheicfg

（2）假设存在如图 3-2 所示的二叉树，则中序遍历的流程如下：

① 先访问左结点

② 访问根结点

③ 访问右结点

完整顺序是：(((h)d)b((i)e))a((f)c(g))— hdbieafcg

（3）假设存在如图 3-2 所示的二叉树，则后序遍历的流程如下：

① 先访问左结点

② 访问右结点

③ 访问根结点

完整顺序是：((hd)(ie)b)(fgc)a — hdiebfgca

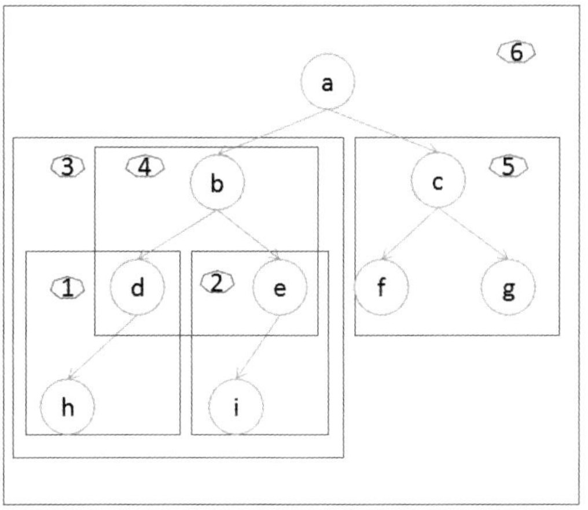

图 3-2　二叉树

3.7.2　实现树的结构

在遍历二叉树之前，首先需要建立一个二叉树。编写文件 shu01.py 实现一个基本的树结构，树的结点有三个私有属性，分别是左指针、右指针和自身的值。文件 shu01.py 的具体实现代码如下所示：

```
class Node():

    def __init__(self, data=None):
        self._data = data
        self._left = None
        self._right = None

    def set_data(self, data):
        self._data = data

    def get_data(self):
        return self._data

    def set_left(self, node):
        self._left = node
```

```
    def get_left(self):
        return self._left

    def set_right(self, node):
        self._right = node

    def get_right(self):
        return self._right


if __name__ == '__main__':
    # 实例化根结点
    root_node = Node('a')
    # root_node.set_data('a')
    # 实例化左子结点
    left_node = Node('b')
    # 实例化右子结点
    right_node = Node('c')

    # 给根结点的左指针赋值，使其指向左子结点
    root_node.set_left(left_node)
    # 给根结点的右指针赋值，使其指向右子结点
    root_node.set_right(right_node)

    print(root_node.get_data(), root_node.get_left().get_data(), root_node.get_right().get_data())
```

执行后会输出：

```
a b c
```

3.7.3 二叉树递归遍历方案

编写文件 shu02.py 实现树的递归遍历（前、中、后以及层次的遍历），首先定义实现树结构的类 Node。编写三个函数 pro_order()、pos_order() 和 mid_order() 分别实现先序遍历、后序遍历和中序遍历。文件 shu02.py 的具体实现代码如下所示：

```
# 实现树结构的类，树的结点有三个私有属性 左指针 右指针 自己的值
class Node():

    def __init__(self, data=None, left=None, right=None):
        self._data = data
        self._left = left
        self._right = right


# 先序遍历函数，遍历过程根左右
def pro_order(tree):
    if tree == None:
        return False
    print(tree._data)
    pro_order(tree._left)
    pro_order(tree._right)


# 后序遍历
def pos_order(tree):
    if tree == None:
        return False
    # print(tree.get_data())
    pos_order(tree._left)
```

```
        pos_order(tree._right)
        print(tree._data)


    # 中序遍历
    def mid_order(tree):
        if tree == None:
            return False
        # print(tree.get_data())
        mid_order(tree._left)
        print(tree._data)
        mid_order(tree._right)


    # 层次遍历
    def row_order(tree):
        # print(tree._data)
        queue = []
        queue.append(tree)
        while True:
            if queue == []:
                break
            print(queue[0]._data)
            first_tree = queue[0]
            if first_tree._left != None:
                queue.append(first_tree._left)
            if first_tree._right != None:
                queue.append(first_tree._right)
            queue.remove(first_tree)


    if __name__ == '__main__':
        tree = Node('A', Node('B', Node('D'), Node('E')), Node('C',
Node('F'), Node('G')))
        pro_order(tree)
        mid_order(tree)
        pos_order(tree)
```

执行后会输出：

```
A
B
D
E
C
F
G
D
B
E
A
F
C
G
D
E
B
F
G
C
A
```

3.8 算法演练——最大公约数和最小公倍数

编写一个 Python 程序，使用递归算法计算两个数的最大公约数和最小公倍数。

（即扫即看）

3.8.1 算法分析：整理计算流程

我们来分析一下求最大公约数和最小公倍数的算法思路。

（1）求最大公约数算法

首先通过比较大小将较大的数和较小的数对号入座，然后使用递归算法用大数除以小数取余，最后判断取余结果是否为零；若为零，则被除数就是最大公约数；若不为零，则调用此函数继续递归下去。

（2）求最小公倍数算法

最小公倍数 = 两整数的乘积 ÷ 最大公约数

假设有两整数 a 和 b，则计算流程如下所示：

① $a\%b$ 得余数 c；

② 若 $c=0$，则 b 即为两数的最大公约数；

③ 若 $c \neq 0$，则 $a=b$，$b=c$，再回去执行①。

例如求 27 和 15 的最大公约数过程为：

27÷15 余 1215÷12 余 312÷3 余 0。因此，3 即为最大公约数。

3.8.2 基于递归算法的方案

编写实例文件 zui01.py，按照上面介绍的算法思想思路分别编写函数 lcm() 和 gcd() 计算最小公倍数和最大公约数，这两个函数的具体说明如下：

- 函数 lcm()：递归计算最小公倍数，首先计算两个参数 a 和 b 的余数，根据计算结果是否为 0 来判断最小公倍数；
- 函数 gcd()：计算最大公约数，首先通过 if 语句比较参数 a 和 b 的大小，然后递归计算使用大数除以小数的余数，最后根据计算结果是否为 0 来判断最大公约数。

具体实现代码如下所示：

```
# 最小公倍数
def lcm(a, b, c=1):
  if a * c % b != 0:
    return lcm(a, b, c+1)
  else:
    return a*c
test_cases = [(4, 8), (35, 42), (5, 7), (20, 10)]
for case in test_cases:
  print( ‘lcm of {} & {} is {}’ .format(*case, lcm(*case)))
def lcm(a, b):
  for i in range(2, min(a,b)+1):
    if a % i == 0 and b % i == 0:
      return i * lcm(a//i, b//i)
  else:
    return a*b
test_cases = [(4, 8), (5, 7), (24, 16), (35, 42)]
```

```
for case in test_cases:
  print('lcm of {} & {} is {}'.format(*case, lcm(*case)))
# 最大公约数
def gcd(a, b):
  if a == b:
    return a
  elif a-b > b:
    return gcd(a-b, b)
  else:
    return gcd(b, a-b)
test_cases = [(35, 14), (88, 66), (5, 4), (20, 10)]
for case in test_cases:
  print('GCD of {} & {} is {}'.format(*case, gcd(*case)))
```

执行后会输出测试数据的最小公倍数和最大公约数：

```
lcm of 4 & 8 is 8
lcm of 35 & 42 is 210
lcm of 5 & 7 is 35
lcm of 20 & 10 is 20
lcm of 4 & 8 is 8
lcm of 5 & 7 is 35
lcm of 24 & 16 is 48
lcm of 35 & 42 is 210
GCD of 35 & 14 is 7
GCD of 88 & 66 is 22
GCD of 5 & 4 is 1
GCD of 20 & 10 is 10
```

3.8.3　比较递归和非递归方案

再看下面的实例文件 di02.py，功能是分别基于递归和非递归算法计算两个数的最大公约数。具体说明如下所示：

- 函数 gcd_test_one(*a*, *b*)：非递归方式计算两个数的最大公约数，首先判断两个数 *a* 和 *b* 不为 0，然后通过 if 语句判断 *a* 是否大于 *b*，最后计算 *a* 和 *b* 的余数；
- 函数 gcd_test_two(*a*, *b*)：基于前面介绍的递归算法思想计算两个数的最大公约数，其具体实现思路和前面实例文件 di01.py 中的函数 gcd() 类似。

具体实现代码如下所示：

```
from fractions import gcd
# 非递归实现
def gcd_test_one(a, b):
  if a!=0 and b!=0:
    if a>b:
      a, b=b, a
    if b%a==0:
      return a
    gcd_list=[]
    for i in range(1,a):
      if b%i==0 and a%i==0:
        gcd_list.append(i)
    return max(gcd_list)
  else:
    print('Number is wrong!!!')
# 递归实现
def gcd_test_two(a, b):
  if a>b:
    a, b=b, a
  if b%a==0:
    return a
  else:
```

```
        return gcd_test_two(a,b%a)

if __name__ == '__main__':
    print(gcd_test_one(12,24))
    print(gcd_test_one(12,8))
    print(gcd_test_one(6,24))
    print(gcd_test_one(0,24))
    print('------------------------------------------------------------------------------')
    print(gcd_test_two(12,24))
    print(gcd_test_two(12,8))
    print(gcd_test_two(6,32))
```

通过上述代码可以看出，递归方式比非递归方式的代码更加精炼。执行后会输出：

```
12
4
6
Number is wrong!!!
None
------------------------------------------------------------------------------
12
4
2
```

3.9 小结

通过本章的算法演练可以看出递归算法代码的结构清晰、可读性强，非常适合初学者使用。但是递归算法的运行效率较低，无论是耗费的计算时间还是占用的存储空间都比非递归算法要多。在本书后面的内容中将继续讲解其他常用的算法思想，一起探讨效率更高效算法思想的知识和具体用法。

第 4 章

分治算法思想

在常用的算法思想中，分治算法在字面上的解释是“分而治之”，就是把一个复杂的问题分成两个或更多的相同或相似的子问题，再把子问题分成更小的子问题……直到最后子问题可以简单的直接求解，原问题的解即子问题的解的合并。在本章的内容中，将详细讲解分治算法思想的基本知识，为大家步入本书后面知识的学习打下基础。

4.1 分治算法思想基础

分治算法的基本思想是将一个难以直接解决的大问题，分割成一些规模较小的相同问题，以便各个击破，分而治之。在本节的内容中，将详细讲解Python分治算法的知识。

（即扫即看）

4.1.1 分治算法介绍与解题步骤

在编程过程中，经常遇到处理数据相当多、求解过程比较复杂、直接求解法会比较耗时的问题。在求解这类问题时，可以采用各个击破的方法。具体做法是：对于一个规模为N的问题，若该问题可以比较容易地解决（比如说规模N较小）则直接解决，否则将其分解为K个规模较小的子问题，这些子问题互相独立且与原问题形式相同，递归地去解这些子问题，然后将各子问题的解合并得到原问题的解。这种算法设计策略叫做分治算法。

使用分治算法解题的一般步骤如下：

① 将问题分解为多个子问题：将要解决的问题划分成若干个规模较小的同类子问题；

② 求解子问题：当将子问题划分得足够小时，用较简单的方法即可解决；

③ 合并子问题的解：按原问题的要求，将子问题的解逐层合并构成原问题的解。

4.1.2 分治算法的思路

接下来开始讲解分治算法的解题思路，按照前面介绍的使用分治算法解题的一般步骤，在具体使用时，重点解决以下两个问题：

（1）找出基线条件分割问题，这种条件必须尽可能简单；

（2）确定如何缩小问题的规模，然后不断将问题分解为更小的问题（或者说缩小规模），直到符合基线条件。

下面举一个例子，假设有一个列表 [2, 4, 6, 8]，需要将该列表中的所有数字相加并返回结果。使用循环可以很容易地完成任务：

```
def sum(arr):
    total = 0
    for x in arr:
        total += x
    return total
```

但是，分治算法的思想是使用递归来完成该任务。通过递归对列表中数字进行累加的任务划分成子问题，具体步骤如下所示：

（1）找出基线条件

最简单的列表是什么样的呢？当然，如果列表中不包含任何元素或者只包含一个元素，该列表就是最简单的，计算该列表的总和也就非常容易。所以，基线条件就是列表不包含任何元素或者数组只包含一个元素。在不包含任何元素的情况下，数组总和为 0。而在只包含一个元素的情况下，列表的总和即为该元素的数值。

（2）每次递归调用都必须离空列表更近一步，要想缩小问题的规模，可参照如下步骤：

① 首先在计算总和需要这样做：

```
sum(2,4,6,8)=2+4+6+8=20
```

这种计算方法与下面的计算方法等效：

```
2+sum(4,6,8)=2+ (4+6+8) = 2+18=20
```

上述方法先把第一个元素 2 提取出来，然后计算剩下三个元素的总和为 18，再把 2 和 18 相加同样可以获得结果 20。

② 对于后面三个数相加的结果，依然沿用该思路，首先把 4 提取出来，具体过程如下所示：

```
sum(4,6,8)=4+sum(6,8) =4+ (6+8) =4+14=18
```

对于上面的计算式子，依然还是要对后面的两个数字相加进行分解，将 6 提取出来，效果如下所示：

```
sum(6,8) = 6+sum(8)=6+8=14
```

当提取到上述式子时，最后进行 sum 运算的只剩下一个元素 8，这正好符合基线条件。而且在一次次地提取元素的过程中，传递给 sum 的操作数组越来越短，这就相当于缩小了问题的规模。

到此为止，计算列表元素总和的代码如下所示：

```
def sum_recurve(list):
    if list == []
        return 0
    return list[0] + sum_recurve(list[1:])
```

当 list 数组内部为空时返回 0，否则将第一个元素提取出来，计算除第一个元素之外的其他数字的总和，然后与第一个元素相加，再返回结果。

注意：编写涉及数组的递归函数时，基线条件通常情况下都是数组为空或只包含一个元素。编程陷入困境时，可以检查基线条件设置得是否正确。

4.1.3 分治算法能解决什么类型的问题

分治算法所能解决的问题一般具有以下 4 个特征：

（1）当问题的规模缩小到一定的程度就可以容易地解决问题。此特征是绝大多数问题都可以满足的，因为问题的计算复杂性一般随着问题规模的增加而增加；

（2）问题可以分解为若干个规模较小的相同问题，即该问题具有最优子结构性质。此特征是应用分治算法的前提，它也是大多数问题可以满足的，此特征反映了递归思想的应用；

（3）利用该问题分解出的子问题的解可以合并为该问题的解。此特征最为关键，能否利用分治算法完全取决于问题是否具有特征（3），如果具备了特征（1）和特征（2），而不具备特征（3），则可以考虑用贪心算法或迭代算法；

（4）该问题所分解出的各个子问题是相互独立的，即子问题之间不包含公共的子问题。此特征涉及分治算法的效率问题，如果各子问题是不独立的则分治算法要做许多不必要的工作，重复地解公共的子问题，此时虽然可用分治算法，但一般用迭代算法较好。

4.2 算法演练——二分法找出有序列表指定值

二分法是一种快速查找的方法，时间复杂度低，逻辑简单易懂，总的来说就是不断的除以 2。在本节的内容中将讲解使用二分法找出有序列表指定值的过程。

（即扫即看）

4.2.1 算法分析：确定中位数

二分法查找非常快且非常常用，但唯一的要求是数组必须是有序的。例如需要查找有序数组 arr 里面的某个关键字 key 的位置，那么首先确认 arr 的中位数或者中点 center，分为三种情况：

（1）假如 arr[center]>key，说明 key 在 arr 中心左边范围；

（2）假如 arr[center]<key，说明 key 在 arr 中心右边范围；

（3）假如 arr[center]=key，说明 key 在 arr 中心。

每执行一次，查找范围缩小一半。可以编写一个 while 死循环，一直到找到最终结果为止。

4.2.2 第一种方案：先判断再查询

先看第一种方案，编写文件 erfen01.py，定义二分法查找函数 BinarySearch()，先判断 key 是否在 arr 里，然后再进行查询操作。文件 erfen01.py 的具体实现代码如下所示。

```
def BinarySearch(arr, key):
    # 记录数组的最高位和最低位
    min = 0
    max = len(arr) - 1

    if key in arr:
        # 建立一个死循环，直到找到 key
        while True:
            # 得到中位数
            # 这里一定要加 int，防止列表是偶数的时候出现浮点数据
            center = int((min + max) / 2)
            # key 在数组左边
            if arr[center] > key:
                max = center - 1
```

```
                # key 在数组右边
                elif arr[center] < key:
                    min = center + 1
                # key 在数组中间
                elif arr[center] == key:
                    print(str(key) + “在数组里面的第 " + str(center) + " 个位置 ")
                    return arr[center]
    else:
        print(“没有该数字 !")


if __name__ == “__main__”:
    arr = [1, 6, 9, 15, 26, 38, 49, 57, 63, 77, 81, 93]
    while True:
        key = input(“请输入你要查找的数字: ")
        if key == “  “:
            print(“谢谢使用！ ")
            break
        else:
            BinarySearch(arr, int(key))
```

执行后会输出：

```
请输入你要查找的数字: 9
9 在数组里面的第 2 个位置
请输入你要查找的数字: 26
26 在数组里面的第 4 个位置
请输入你要查找的数字:
谢谢使用！
```

4.2.3 第二种方案：判断某个元素是否在列表中

再看下面的实例文件 qi.py，是使用分治算法判断某个元素是否在列表中的过程。首先通过函数 is_in_list() 分解子问题，然后通过函数 solve() 递归解决子问题并合并子问题的答案，实现代码如下：

```
# 子问题算法（子问题规模为 1）
def is_in_list(init_list, el):
    return [False, True][init_list[0] == el]


# 分治算法
def solve(init_list, el):
    n = len(init_list)
    if n == 1:  # 若问题规模等于 1，直接解决
        return is_in_list(init_list, el)

    # 分解（子问题规模为 n/2）
    left_list, right_list = init_list[:n // 2], init_list[n // 2:]

    # 递归（树），分治，合并
    res = solve(left_list, el) or solve(right_list, el)

    return res

if __name__ == “__main__”:
    # 测试数据
    test_list = [12, 2, 23, 45, 67, 3, 2, 4, 45, 63, 24, 23]
    # 查找
    print(solve(test_list, 45))  # True
    print(solve(test_list, 5))  # False
```

执行后会输出：

```
True
False
```

4.2.4　第三种方案：找出有序列表中的指定值

再看下面的实例文件 erfen03.py，是使用二分法找出有序列表中的指定值。在函数 dichotomy() 中首先设置一个中位数 mid，如果要查找的数大于这个中位数 mid 则向右查找；如果要查找的数小于这个中位数 mid 则向左查找，具体实现代码如下：

```
data = [1,3,6,13,56,123,345,1024,3223,6688]
def dichotomy(min,max,d,n):
    '''
    min 表示有序列表头部索引
    max 表示有序列表尾部索引
    d 表示有序列表
    n 表示需要寻找的元素
    '''
    mid = (min+max)//2
    if mid==0:
        return 'None'
    elif d[mid]<n:
        print('向右侧找！')
        return dichotomy(mid,max,d,n)
    elif d[mid]>n:
        print('向左侧找！')
        return dichotomy(min,mid,d,n)
    else:
        print('找到了 %s'%d[mid])
        return
res = dichotomy(0,len(data),data,56)
print(res)
```

执行后会输出：

```
向左侧找！
向右侧找！
找到了 56
None
```

4.3　算法演练——求顺序表中数据的最大值

现在存在一个列表，列表中有 *n* 个整数，请用分治算法找出列表中的最大值。例如存在列表 [12, 2, 23, 45, 67, 3, 2, 4, 45, 63, 24, 23]，里面的最大值是 67。

（即扫即看）

4.3.1　算法分析：找出每一个分组中的最大值

我们分别通过如下两种情况来分析具体的算法实现：

（1）如果在列表中只有 1 个或 2 个元素时，使用内置函数 max() 返回其中的最大值；

（2）如果在列表中有多于两个元素时，将列表中的元素个数除以 2 进行分割，分割成两段列表。然后分别找出两段列表中的最大值，最后比较这两个最大值，其中较大的就是列表中的最大值。

4.3.2 具体实现：找出给定列表 list 中的最大值

编写实例文件 zuida.py，用分治算法求顺序表中数据最大值，定义以下两个函数：

- 函数 get_max()：当只有两个或更少数字时，通过此函数比较两个数的大小，并返回较大的数字；
- 函数 solve2()：是基于分治算法实现的，当只有两个或更少数字时调用上面的函数 get_max() 返回最大值，如果有两个以上的数字则使用分治算法拆分问题。

具体实现代码如下所示：

```
# 基本子算法（子问题规模小于等于 2 时）
def get_max(max_list):
    return max(max_list)

# 分治算法 版本二
def solve2(init_list):
    n = len(init_list)
    if n <= 2:  # 若问题规模小于等于 2，解决
        return get_max(init_list)

    # 分解（子问题规模为 n/2）
    left_list, right_list = init_list[:n // 2], init_list[n // 2:]

    # 递归（树），分治
    left_max, right_max = solve2(left_list), solve2(right_list)

    # 合并
    return get_max([left_max, right_max])

if __name__ == “__main__”:
    # 测试数据
    test_list = [12, 2, 23, 45, 67, 3, 2, 4, 45, 63, 24, 23]
    # 求最大值
    print(solve2(test_list))  # 67
```

执行后会输出：

```
67
```

4.4 算法演练——查找列表中元素的最小值和最大值

给定一个列表，找出列表中元素的最大值和最小值，假设数组中的元素两两各不相同。同前面的 4.3 小节的实例相比，在这个问题中增加了找出最小值的功能。

（即扫即看）

4.4.1 算法分析：合理分组

将列表中的元素两两分为一组，如果元素的个数是奇数，就把最后一个元素单独分为一组，然后分别对每一组中相邻两个元素比较，把两者中值小的数放在数组左边，值大的数放在数组右边，只需比较 $n/2$ 次就可以将数组分组完成。这时候最小值在每一组左边部分，最大值在每一组右边部分，接着在每一组左边部分找最小值，右边部分找最大值，查找分别需比较 $n/2-1$ 次和 $n/2-1$ 次。因此，总共比较次数约为 $(n/2)+(n/2-1)+(n/2-1)=3n/2-2$ 次。

4.4.2　第一种方案：分组计算

编写实例文件 daxiao.py，通过函数 getMax() 获得最大值，通过函数 getMin() 获得最小值，通过函数 GetmaxAndmin() 拆分数据，然后提取每一个分组中的最大值和最小值，最后组合每个分组中的最大值和最小值，并返回它们。文件 daxiao.py 的具体实现代码如下所示：

```
class MaxMin():
    def __init__(self):
        self.max = None
        self.min = None

    def getMax(self):
        return self.max

    def getMin(self):
        return self.min

    def GetmaxAndmin(self, arr):
        if arr == None:
            print("参数不合法")
            return
        i = 0
        lens = len(arr)
        self.max = arr[0]
        self.min = arr[0]
        # 两两分组，把较小放到左半部分，较大放到右半部分
        i = 0
        while i < (lens - 1):  # lens-1，否则会下标越界
            if arr[i] > arr[i + 1]:
                tmp = arr[i]
                arr[i] = arr[i + 1]
                arr[i + 1] = tmp
            i += 2
        # 在各个分组左半部分找最小值
        self.min = arr[0]
        i = 2
        while i < lens:
            if arr[i] < self.min:
                self.min = arr[i]
            i += 2
        # 在各个分组右半部分找最大值
        self.max = arr[1]
        i = 3
        while i < lens:
            if arr[i] > self.max:
                self.max = arr[i]
            i += 2
        # 如果数组元素个数是奇数，最后一个元素被分为一组，需特殊处理
        if lens % 2 == 1:
            if self.max < arr[lens - 1]:
                self.max = arr[lens - 1]
            if self.min > arr[lens - 1]:
                self.min = arr[lens - 1]


if __name__ == "__main__":
    array = [7, 3, 19, 40, 4, 7, 1]
    m = MaxMin()
    m.GetmaxAndmin(array)
    print("max=" + str(m.getMax()))
    print("min=" + str(m.getMin()))
```

执行后会输出：

```
max=40
min=1
```

注意：无论是最好、最坏或者平均情况，该 Max、Min 分治算法所用的比较次数都是 $3n/2-2$。而在实际应用中，任何一种以元素比较为基础的找最大值、最小值元素的算法，其元素比较次数的下界为 $3n/2-2$。因此，从这种情况上来看，该算法是最优的。

4.4.3 第二种方案：选择最大最小元素

看下面的实例文件 fuza.py，功能是使用分治算法找出列表中元素的最小值和最大值，具体思路和第一种方案相似，也是将问题分组，分别找出每一个人分组中的最大值和最小值，最后组合再比较找出最终的最大值和最小值。和第一种方案的区别是，本方案的比较大小功能是通过 Python 内置函数 max() 实现的，整个代码相对简单一些。

具体实现代码如下所示：

```
def selectMaxMin(a,low,high):
    '''
    分治算法选择最大、最小元素
    :param a:
    :param low:
    :param high:
    :return:
    '''
    if high-low<=1:
        max_=max(a[high],a[low])
        min_=min(a[high],a[low])
        return max_,min_
    max_L,min_L=selectMaxMin(a,low,low+(high-low)//2)
    max_R,min_R=selectMaxMin(a,low+(high-low)//2+1,high)
    return max(max_L,max_R),min(min_L,min_R)

print(selectMaxMin([1,3,-1,4,9,5,2],0,6))
```

执行后会输出：

```
(9, -1)
```

4.5 算法演练——找出一组序列中的第 *k* 小（大）的元素

找出一组序列中的第 *k* 小的元素，例如列表 [3, 4, 1, 6, 3, 7, 9, 13, 93, 0, 100, 1, 2, 2, 3, 3, 2] 中的第 3 小元素是 2，第 1 小元素是 1。

（即扫即看）

4.5.1 算法分析：设置枢纽元素

在本实例中，假设有 *n* 个数存储在列表 a 中，我们从 a 中随机找出一个元素作为枢纽元素，把列表分为两部分。其中左边元素都不比枢纽元素大，右边元素都不比枢纽元素小。此时枢纽元素所在的位置记为 mid，情况如下：

- 如果右半边（包括 a[mid]）的长度恰好为 *k*，说明 a[mid] 就是需要的第 *k* 大元素，直接返回 a[mid]；
- 如果右半边（包括 a[mid]）的长度大于 *k*，说明要寻找的第 *k* 大元素就在右半边，往右半边寻找；

- 如果右半边（包括 a[mid]）的长度小于 *k*，说明要寻找的第 *k* 大元素就在左半边，往左半边寻找。

4.5.2　第一种方案：分组比较

编写实例文件 k.py 中，是使用分治算法找出一组序列中的第 *k* 小的元素：

- 函数 partition()：设置枢纽元素 pi，将所有的元素分成两组，一组小于等于 pi，一组大于 pi；
- 函数 select()：使用分治算法比较分组中元素的大小，找出第 *k* 小的元素。

具体实现代码如下所示：

```
# 划分（基于主元 pivot）
def partition(seq):
    pi = seq[0]   # 挑选主元素
    lo = [x for x in seq[1:] if x <= pi]              # 所有小的元素
    hi = [x for x in seq[1:] if x > pi]               # 所有大的元素
    return lo, pi, hi

# 查找第 k 小的元素
def select(seq, k):
    # 分解
    lo, pi, hi = partition(seq)
    m = len(lo)
    if m == k:
        return pi                                     # 解决！
    elif m < k:
        return select(hi, k - m - 1)                  # 递归（树），分治
    else:
        return select(lo, k)                          # 递归（树），分治

if __name__ == '__main__':
    seq = [3, 4, 1, 6, 3, 7, 9, 13, 93, 0, 100, 1, 2, 2, 3, 3, 2]
    print(select(seq, 3))
    print(select(seq, 1))
```

执行后会输出：

```
2
1
```

4.5.3　第二种方案：快速排序的分治算法

再看下面的实例文件 k01.py，要寻找的是列表中第 *k* 小元素，本方案中我们用到了快速排序函数 quicksort()（确定基准值）和 findth() 函数（找到并返回某个数），具体实现代码如下所示：

```
def quicksort(num, low, high):  # 快速排序
    if low < high:
        location = partition(num, low, high)
        quicksort(num, low, location - 1)
        quicksort(num, location + 1, high)


def partition(num, low, high):
    pivot = num[low]
    while (low < high):
        while (low < high and num[high] > pivot):
```

```
            high -= 1
        while (low < high and num[low] < pivot):
            low += 1
        temp = num[low]
        num[low] = num[high]
        num[high] = temp
    num[low] = pivot
    return low


def findkth(num, low, high, k):   # 找到数组里第 k 个数
    index = partition(num, low, high)
    if index == k: return num[index]
    if index < k:
        return findkth(num, index + 1, high, k)
    else:
        return findkth(num, low, index - 1, k)


pai = [2, 3, 1, 5, 4, 6]
# quicksort(pai, 0, len(pai) - 1)

print(findkth(pai, 0, len(pai) - 1, 5))
```

执行后会找出列表 [2, 3, 1, 5, 4, 6] 中第 5 小的元素：

```
6
```

4.5.4 第三种方案：分组和排序同时进行

请看下面的实例文件 da.py，是需要找出列表中第 k 大的元素。实现方法有些类似快速排序的分治算法，但区别在于本案例将分组和排序功能放在同一个函数 selectTopK() 中实现。文件 da.py 的具体实现代码如下所示：

```
def selectTopK(a,low,high,k):
    ‘’’
    :param a:
    :param low:
    :param high:
    :param k:
    :return:
    ‘’’
    if low==high and k==0:
        return a[0]
    pivotkey=a[high]
    # print(pivotkey)
    i,j=low,high
    while i<j:
        while i<j and a[i]<=pivotkey:
            i+=1
        a[i],a[j]=a[j],a[i]
        while i<j and a[j]>=pivotkey:
            j-=1
        a[i], a[j] = a[j], a[i]
    print( ‘i:’ ,i)
    # return i  parttition 函数
    if k<i:
        return selectTopK(a,low,i-1,k)
    elif k>i:
        return selectTopK(a,i+1,high,k)
    else:
        return a[i]
```

```
print(selectTopK([1,5,3,4,2,3],0,5,3))
```

执行后会输出：

```
i: 3
3
```

4.5.5　第四种方案：生成随机校验码

请看下面的实例文件 si.py，是需要找出列表中第 *k* 大的元素。与快速排序的分治算法相比，本方案借助函数 random.randint() 生成了随机校验码。文件 si.py 的具体实现代码如下所示：

```
import random

def selectTopK(a,low,high,k):
    if low==high and k==0:
        return a[low]
    m=random.randint(low,high)
    pivotkey=a[m]
    a[m],a[high]=a[high],a[m]
    # print(pivotkey)
    i,j=low,high
    while i<j:
        while i<j and a[i]<=pivotkey:
            i+=1
        a[i],a[j]=a[j],a[i]
        while i<j and a[j]>=pivotkey:
            j-=1
        a[i], a[j] = a[j], a[i]
    print( ‘i:’ ,i)
    t=i-low+1
    # return i  parttition函数
    #
    if k<t:
        return selectTopK(a,low,i-1,k)
    elif k>t:
        return selectTopK(a,i+1,high,k-t)
    else:
        return a[i]
print(sorted([1,5,3,4,2,3,9]))
print(selectTopK([1,5,3,4,2,3,9],0,6,1))
```

执行后会输出：

```
[1, 2, 3, 3, 4, 5, 9]
i: 6
i: 3
i: 0
1
```

4.6　算法演练——快速排序

快速排序某个列表中的元素，要求按照从小到大的顺序进行排列。例如列表中的元素是 [5,11,3,5,8,2,6,7,3]，则排列后的结果是 [2, 3, 3, 5, 5, 6, 7, 8, 11]。

（即扫即看）

4.6.1　算法分析：设定基准线并对比

基于分治算法策略，设定一个基准线（pivot），将数据与基准线对比，分成大于和小于两部分，通过递归操作，不断通过分治算法实现数据的排序。基准线就是一个基准数，通常是第一个数，把比这个基准数大的放在右边，比基准数小的放在左边，这样一个序列就被基准数一分为二；然后再分别对左右两个序列选取基准数，执行上面同样的逻辑，继续拆分，直到将序列划分为只有一个元素或零个元素为止就排序完毕。

4.6.2 具体实现

编写实例文件 erfen02.py 实现快速排序，通过一次排序将要排序的数据分割成独立的两部分，其中一部分的所有数据都比另外一部分的所有数据要小，然后再按此方法对这两部分数据分别进行快速排序，整个排序过程可以递归进行，以此达到整个数据变成有序序列的目的。

具体实现代码如下所示：

```
def quick_sort(n):
    if len(n) < 2:
        return n
    else:
        pivot = n[0]
        left = [x for x in n[1:] if x < pivot]
        right = [x for x in n[1:] if x > pivot]
    return quick_sort(left) + [x for x in n if x == n[0]] + quick_sort(right)

print(quick_sort([5,11,3,5,8,2,6,7,3]))
```

执行后会输出：

```
[2, 3, 3, 5, 5, 6, 7, 8, 11]
```

4.6.3 第二种方案：列表推导

请看下面的实例文件 youhua.py，实现了第二种快速排序的方案，使用函数如下：

- 函数 quickSort_0()：基于列表推导实现快速排序；
- 函数 quickSort_1()：是对上面函数 quickSort_0() 的优化，先从数列中取出一个数作为基准数。将比这个数大的数全放到它的右边，小于或等于它的数全放到它的左边。再对左右区间重复此操作，直到各区间只有一个数。

具体实现代码如下所示：

```
def quickSort_0(a):
    ‘’’
    python 的列表推导 快速排序  可以继续用随机算法优化
    :param a:
    :return:
    ‘’’
    if a==[]:
        return a
    else:
        key=a[0]
            return quickSort_0([i for i in a if i<key])+[i for i in a if
i==key]+quickSort_0([i for i in a if i>key])

def quickSort_1(a,low,high):
    ‘’’
    快速排序 修改原列表版本
    :param a:
    :param low:
    :param high:
```

```
    :return:
    '''
    if low<high:
        pivot=partion(a,low,high)
        quickSort_1(a,low,pivot-1)
        quickSort_1(a,pivot+1,high)

def partion(a,low,high):
    pivotkey = a[high]
    print(pivotkey)
    while low<high:
        while low<high and a[low]<=pivotkey:
            low+=1
        a[low],a[high]=a[high],a[low]
        while low<high and a[high]>=pivotkey:
            high-=1
        a[low], a[high] = a[high], a[low]
    print(a)
    return low
a=[2,8,7,1,3,5,6,4]
quickSort_1(a,0,7)
print(a)

b=[1]
quickSort_1(b,0,0)
print(b)
```

执行后会输出：

```
4
[2, 3, 1, 4, 7, 5, 6, 8]
1
[1, 3, 2, 4, 7, 5, 6, 8]
2
[1, 2, 3, 4, 7, 5, 6, 8]
8
[1, 2, 3, 4, 7, 5, 6, 8]
6
[1, 2, 3, 4, 5, 6, 7, 8]
[1, 2, 3, 4, 5, 6, 7, 8]
[1]
```

4.7　算法演练——实现归并排序

归并排序（Merge Sort）与快速排序算法思想十分类似，也是将待排序数据分成两部分，然后继续将两个子部分进行递归的归并排序；最后将已经有序的两个子部分进行合并，最终完成排序。请编写一个 Python 程序，使用分治算法对一个指定的列表实现归并排序。

（即扫即看）

4.7.1　算法分析：中间下标与值大小分配

归并排序的基本思路是先找到一个数组的中间下标 mid，然后以这个 mid 为中心，对两边分别进行排序，之后我们再根据两边已排好序的子数组，重新进行值大小分配。假设我们要排序的数字是 8，6，2，3，1，5，7，4，则使用归并排序的过程如下：

（1）利用分治算法思想将待排序列递归分成细度为 1 的子序列，如图 4-1 所示；

（2）此时，每个子序列只有一个元素，无须排序，两两进行简单的归并，如图 4-2 所示；

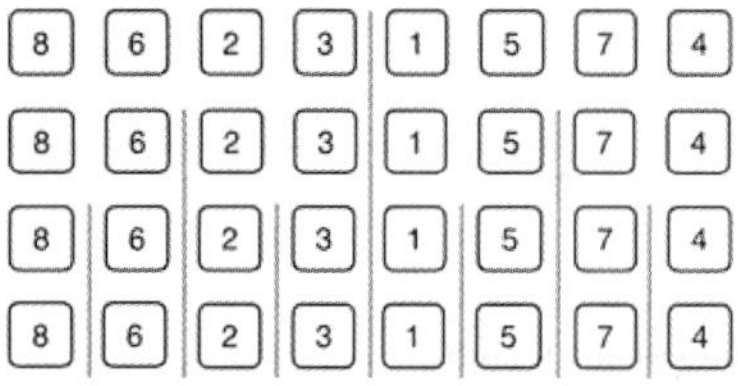

图 4-1 步骤一

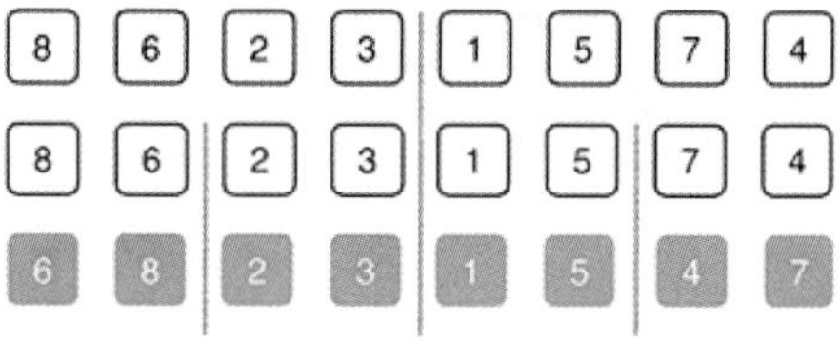

图 4-2 步骤二

（3）归并到上一个层级后继续归并，归并到更高的层级，如图 4-3 所示；

（4）直至归并完成，完成排序工作，如图 4-4 所示。

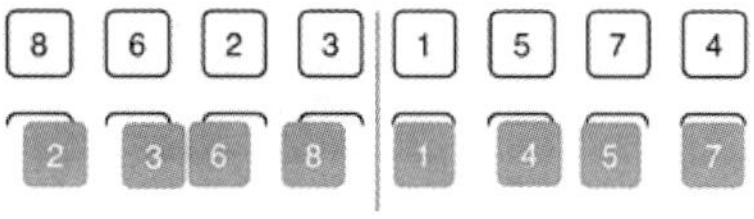

图 4-3 步骤三

图 4-4 步骤四

4.7.2 具体实现：对列表 [1,6,12,3,8] 进行归并排序

编写实例文件 guibing.py，功能是对列表 [1,6,12,3,8] 实现归并排序。首先设置列表的中间下标是 mid=len(seq)，然后以这个 mid 为中心，对两边分别进行排序，最后根据两边已排好序的子数组，重新进行值大小分配。

具体实现代码如下所示：

```
def mergesort(seq):
    mid = len(seq) // 2
    if len(seq) <= 1:
        return seq
    lft = mergesort(seq[:mid])
    rgt = mergesort(seq[mid:])
    res = []
    while lft and rgt:
        if lft[-1] >= rgt[-1]:
            res.append(lft.pop())
        else:
            res.append(rgt.pop())
    res.reverse()
    # 返回合并排序后的序列
    return lft + rgt + res

print(mergesort([1,6,12,3,8]))
```

执行后会输出：

```
[1, 3, 6, 8, 12]
```

4.8 算法演练——整数划分

整数划分问题：将正整数 n 表示成一系列正整数之和：$n=n_1+n_2+\cdots+n_k$，其中 $n_1 \geqslant n_2 \geqslant \cdots \geqslant n_k \geqslant 1$，$k \geqslant 1$。正整数 n 的这种表示称为正整数 n 的划分。例如正整数 6 有如下 11 种不同的划分：

（即扫即看）

```
6;
5+1;
4+2, 4+1+1;
3+3, 3+2+1, 3+1+1+1;
2+2+2, 2+2+1+1, 2+1+1+1+1;
1+1+1+1+1+1
```

请编写一个 Python 程序，解决整数划分问题，计算整数 6 最大的加数是 2 时的划分数量。

4.8.1　算法分析：梳理递归关系

在正整数 n 的所有划分中，将最大加数 n_1 不大于 m 的划分的个数记做 divide（n,m），建立如下所示的递归关系式：

（1）当最大加数不大于 1 的时候，只有一种划分形式，也就是 1+1+1+1……；

（2）最大加数实际上不可能大于 n，所以当 $m>n$ 的时候，划分的个数也是 1；

（3）当 $n=m$ 的时候，正整数的划分是有 $n1=m$ 和 $n1 \leqslant =n-1$ 的划分组成；

（4）当 $n>m>1$ 的时候，正整数的最大加数 n_1 不大于 m 的划分由 $n_1=m$ 的划分和 $n_1<=m-1$ 的划分组成。

4.8.2　具体实现

编写实例文件 zheng.py，使用分治算法计算整数 6 最大的加数是 2 时的划分数量。

具体实现代码如下所示：

```
def intDivide(n,m):
    ‘’’
    整数划分
    :param n: 待划分整数
    :param m: 划分的最大值
    :return:
    ‘’’
    if n==1 or m==1:
        return 1
    if n<m :
        return intDivide(n,n)
    if n==m :
        return intDivide(n,m-1)+1
    if n>m and m>1:
        return intDivide(n-m,m)+intDivide(n,m-1)
    return 0

print(intDivide(6,2))
```

执行后会输出：

```
4
```

这说明整数 6 最大的加数是 2 时的划分数量是 4，这 4 种情况分别是：

```
2+2+2
2+2+1+1
2+1+1+1+1;
1+1+1+1+1+1
```

4.9 小结

到此为止，分治算法思想的基本知识和具体用法已经讲解完毕。在算法的实践应用中，分治算法比前面介绍的递归算法和枚举算法的效率要高一些，因为它将处理的数据分解成了两个部分，并对两部分数据同时进行处理，从而提高了算法效率。在接下来的第 5 章中，我们将对贪心算法进行详细讲解。

第 5 章

贪心算法思想

贪心算法又被称为贪婪算法，在求解一个问题时总是做出在当前看来是最好的选择。在本章的内容中将详细讲解贪心算法思想的基本知识，并通过具体例子详细讲解贪心算法的用法和技巧。希望读者理解并掌握贪心算法思想的用法和核心知识，为读者步入本书后面知识的学习打下基础。

5.1 贪心算法思想基础

在求解问题时，贪心算法不从整体最优方面考虑问题，只是得出一个在局部某种意义上的最优解。在本节的内容中，将详细讲解使用 Python 语言实现贪心算法的知识。

（即扫即看）

5.1.1 贪心算法介绍

贪心算法的核心是贪心策略的选择，必须确保选择的贪心策略具备无后效性，即某个状态以前的过程不会影响以后的状态，只是与当前的状态有关。

当使用贪心算法解决某一个问题时，会从问题的某一个初始解出发逐渐逼近给定的目标解，这样可以尽快求出更好的解。当达到算法中的某一步不能再继续前进时，就停止运行并给出一个近似解。

由贪心算法的特点和解题思路可看出，贪心算法存在以下 3 个问题：

（1）不能保证最后的解是最优的；

（2）不能用来求最大或最小解问题；

（3）只能求满足某些约束条件的可行解的范围。

当一个问题的最优解包含其子问题的最优解时，称此问题具有最优子结构性质。运用贪心策略在每一次转化时都取得了最优解。问题的最优子结构性质是该问题可用贪心算法或动态规划算法求解的关键特征。贪心算法的每一次操作都对结果产生直接影响，而动态规划则不是。贪心算法对每个子问题的解决方案都做出选择，不能回退。动态规划则会根据以前的选择结果对当前进行选择，有回退功能。动态规划主要运用于二维或三维问题，而贪心算法

一般是一维问题 。

5.1.2 贪心算法的基本思路

贪心算法的基本思路是从问题的某一个初始解出发，然后按照顺序依次进行，根据某个决策确保每一步都能获得局部最优解。在每一步只考虑一个数据，这个被选取的数据应该是局部最优解的条件。如果下一个数据和局部最优解连在一起不再是可行解时，就不把该数据添加到部分解中，直到把所有数据枚举完，或者不能再添加算法停止 。

5.2 算法演练——解决“找零方案”问题

假设有 1 分、2 分、五分、1 角、2 角、5 角、1 元等几种类型的硬币。在超市结账时，如果需要找零钱，收银员希望将最少的硬币数找给顾客。那么，给定需要找的零钱数目，如何求得最少的硬币数呢？

（即扫即看）

5.2.1 算法分析：零钱的面额是固定的

在找零钱时可以有多种方案，例如需补零钱 5 角时可有以下方案：

① 1 张 5 角

② 2 张 2 角和 1 张 1 角

③ 5 张 1 角

……

假设要找的金额是 *n*，则先用 *n* 除最大面额零钱的面值，取整就是所找的最大面额零钱的个数，取模得出余数重新赋给 *n*。重复上述操作直到除最小面额结束。

开始使用贪心算法解决问题：首先如果没有面值为 1 的硬币必定无法满足要求，可以直接输出 -1，接下来考虑贪心策略，设想如果能够组合出 1 到 5 之间的任何数值，只要一个面值为 6 的硬币就能组合出 1 到 11 的任意值，即如果当前能够组合出 1 到 *n* 的硬币，再加入一个 *n*+1 面值的硬币就能组合出 1 到 *n*+*n*+1 的所有面值。所以基本思路就是用一个变量 cur 存储当前能表示的面值，将硬币排序，从大往小找到第一个小于等于 cur+1 的硬币，硬币数加一同时更新 cur，当 cur 大于 *m* 时输出。

5.2.2 具体实现

编写实例文件 ling.py，核心功能是使用 if 语句进行判断，当输入的总金额比收银员的总金额多时则无法进行找零。通过上面的算法分析可知，只要一个面值为 6 的硬币就能组合出 1 到 11 的任意值，所以在程序中设置循环次数 i 的值是 6。

具体实现代码如下所示：

```
def main():
    d = [0.01,0.02,0.05,0.1,0.2,0.5,1.0] # 存储每种硬币面值
    d_num = [] # 存储每种硬币的数量
    s = 0
    # 拥有的零钱总和
    temp = input( '请输入每种零钱的数量：')
```

```
    d_num0 = temp.split(" ")

    for i in range(0, len(d_num0)):
        d_num.append(int(d_num0[i]))
        s += d[i] * d_num[i] # 计算出收银员拥有多少钱

    sum = float(input("请输入需要找的零钱 :"))

    if sum > s:
        # 当输入的总金额比收银员的总金额多时，无法进行找零
        print("数据有错")
        return 0

    s = s - sum
    # 要想用的钱币数量最少，那么需要利用所有面值大的钱币，因此从数组的面值大的元素开始遍历
    i = 6
    while i >= 0:
        if sum >= d[i]:
            n = int(sum / d[i])
            if n >= d_num[i]:
                n = d_num[i]  # 更新 n
            sum -= n * d[i] # 贪心的关键步骤，令 sum 动态的改变，
            print("用了 %d 个 %f 元硬币"%(n, d[i]))
        i -= 1

if __name__ == "__main__":
    main()
```

执行后先输入拥有的零钱个数，然后输入需要找零的金额，例如 8 角，按下【Enter】键后会输出找零方案：

```
请输入每种零钱的数量：12 11 11 11 11 11 11
请输入需要找的零钱 :0.8
用了 1 个 0.500000 元硬币
用了 1 个 0.200000 元硬币
用了 1 个 0.100000 元硬币
```

5.3 算法演练——解决“汽车加油”问题

一辆汽车加满油后可行驶 n 公里，旅途中有 k 个加油站。设计一个有效算法，指出应在哪些加油站停靠加油，使沿途加油次数最少。对于给定的 $n(n \leqslant 5000)$ 和 $k(k \leqslant 1000)$ 个加油站位置，编程计算最少加油次数。

（即扫即看）

5.3.1 算法分析：先加油后贪心

在汽车行驶过程中，应走到自己能走到并且离自己最远的那个加油站，在那个加油站加油后再按照同样的方法向前走。编程思路是先检测各加油站之间的距离，若发现其中有一个距离大于汽车加满油能跑的距离，则输出 no solution（无解）。否则，对加油站间的距离进行逐个扫描，尽量选择往远处走，不能走了就让 num++，最终统计出来的 num 便是最少的加油站数。

5.3.2 具体实现

假设汽车加满油后可行驶 n 公里，且旅途中有 k 个加油站。通过下面的实例文件 jiayou.

py，演示了使用贪心算法解决“汽车加油”问题的过程。使用变量 num 表示加油次数，找到汽车满油量时可以行驶的最大路程范围内的最后一个加油站，加油后则继续用此方法前进。在整个过程中，需要检查每一段路程是否超过汽车满油量时的最大可行驶的路程。

具体实现代码如下：

```
def greedy():
    n = 100
    k = 5
    d = [50,80,39,60,40,32]
    # 表示加油站之间的距离
    num = 0
    # 表示加油次数
    for i in range(k):
        if d[i] > n:
            print('no solution')
            # 如果距离中得到任何一个数值大于 n 则无法计算
            return

    i, s = 0, 0
    # 利用 s 进行迭代
    while i <= k:
        s += d[i]
        if s >= n:
            # 当局部和大于 n 时，则局部和更新为当前距离
            s = d[i]
            # 贪心意在令每一次加满油之后跑尽可能远的距离
            num += 1
        i += 1
    print(num)

if __name__ == '__main__':
    greedy()
```

执行后会输出：

```
3
```

5.4 算法演练——解决“求最大子元素之和问题”问题

给定一个整数列表（里面的元素有负有正），请编写一个 Python 程序，能够计算整数列表内连续子元素之和的最大值。

（即扫即看）

5.4.1 算法分析：确定目前子元素的和是否最大

这个问题的要求是计算列表中拥有最大和的子元素，肯定需要先遍历列表，不然怎么能确定我们考虑到了列表中的所有元素呢？我们结合贪心算法的定义，怎么确定现在的子元素元素的和到目前为止是最大的呢？方法是与在添加了下一个元素之前的列表进行比较。一旦加到某个元素出现和为负的情况，就应该舍弃前面的所有元素，然后在下一个元素处重新开始求和。如果等于零，那么就要从这个元素开始重新求和。

注意：不要钻最大子元素在中间的这一种情况的牛角尖，除非在计算时，列表前面的元素和小于等于零，否则我们在这个代码里永远会得到 [0...*x*]（*x* 代表子数组中的最后一个元素）。

5.4.2　具体实现：计算整数列表 s 的最大连续子元素之和

编写实例文件 max.py，使用贪心算法解决“求最大子元素之和”问题。首先设置了要处理的列表 s，然后遍历列表中的元素，逐个比较元素和的值是否最大。

具体实现代码如下所示：

```
def main():
    s = [12,-4,32,-36,12,6,-6]
    print(“定义的列表为：",s)
    s_max, s_sum = 0, 0
    for i in range(len(s)):
        s_sum += s[i]
        if s_sum >= s_max:
            s_max = s_sum # 不断更新迭代s_max的值，尽可能的令其最大
        elif s_sum < 0:
            s_sum = 0
    print(“最大子列表和为：",s_max)

if __name__ == “__main__”:
    main()
```

执行后会输出：

```
定义的列表为： [12, -4, 32, -36, 12, 6, -6]
最大子列表和为： 40
```

5.5　算法演练——解决“幼儿园分糖果”问题

幼儿园里老师正在给孩子们分糖果，每个孩子有需求因子 g，每个糖果有大小 s，当某个糖果的大小 s 大于等于某个孩子的需求因子 g 时，代表该糖果可以满足该孩子，求使用这些糖果，最多能满足多少个孩子（注意：某个孩子最多只能用 1 个糖果满足）。

（即扫即看）

5.5.1　算法分析：优先从需求因子小的孩子进行尝试

首先考虑下面 3 个问题：

（1）当某个孩子可以被多个糖果满足时，是否需要优先用某个糖果满足某个孩子？

（2）当某个糖果可以满足多个孩子时，是否需要优先满足某个孩子？

（3）贪心规律是什么？

如果某个糖果不能满足某个孩子，则该糖果也一定不能满足需求因子更大的孩子。如果某个孩子可以用更小的糖果满足，则没必要用更大的糖果满足，因为可以保留更大的糖果满足需求因子更大的孩子。孩子的需求因子更小则其更容易被满足，所以优先从需求因子小的孩子尝试，可以得到正确的结果（因为我们追求更多的孩子被满足，所以用一个糖果满足需求因子较小或较大的孩子都是一样的）。

5.5.2　具体实现

编写实例文件 tangguo.py，首先将需求因子数组 g 和糖果大小数组 s 进行从小到大的排序。然后按照从小到大的顺序使用各糖果尝试是否可满足某个孩子，每个糖果只尝试 1 次，

只有尝试成功时，换下一个孩子尝试，直到发现没有更多的孩子或者没有更多的糖果，循环结束。具体实现代码如下所示。

```
class Solution:
    def findContentChild(self,g,s):
        g = sorted(g)
        s = sorted(s)
        child = 0
        cookie = 0
        while child < len(g) and cookie < len(s):
            if g[child] <= s[cookie]:
                child +=1
            cookie+=1
        return child
if __name__ ==”__main__”:
    g = [5,10,2,9,15,9]
    s = [6,1,20,3,8]
    S = Solution()
    result = S.findContentChild(g,s)
    print(result)
```

在上述代码中，设置需求因子数组 g 的值是列表 [5,10,2,9,15,9]，糖果大小数组 s 是列表 [6,1,20,3,8]。执行后会输出 3，这说明设置的 g 和 s 最多能满足 3 个孩子。

```
3
```

5.6 算法演练——圣诞节的礼物

（即扫即看）

圣诞节来临，在城市 A 中，圣诞老人准备分发糖果。现在有多箱不同的糖果，每一种糖果都有自己的价值和重量。每箱糖果都可以拆分成任意散装组合带走。圣诞老人的驯鹿最多只能承受一定重量的糖果。请问圣诞老人最多能带走多大价值的糖果。

（1）输入数据：

输入的第一行由两个部分组成，分别为糖果箱数正整数 $n(1<=n<=100)$，驯鹿能承受的最大重量正整数 $w(0<w<10000)$；其余 n 行每行对应一箱糖果，由两部分正整数 v 和 w 组成，分别为一箱糖果的价值和重量。

（2）输出要求

输出圣诞老人能带走的糖果的最大总价值，保留一位小数，输出为一行。

（3）输入样例：

```
4      15
100     4
412     8
266     7
591     2
```

（4）输出样例：

```
1193.0
```

注意：此处并没有按照这样的格式进行输入。

5.6.1 算法分析：单位价值最大

因为题目的要求是装尽可能多的糖果，所以非常明显，使用贪心算法即可解决这个问题。既然这每箱糖果可以任何拆分带走，那么我们只需依次装价值高的就好了。下面是解题思路：

（1）首先放总重量最大的糖果；注意，重量大的价值不一定是最高的；

（2）然后提取总价值最高的糖果；注意，总价值高的其总重量可能会很大；

（3）在前面两步中要求总重量最大和总价值最高，实际上只要得到“价值 / 重量”的比值最大即可，通俗一点就是单位价值最高。贪心算法的目的是选择“单位价值”最大，因为题目的要求是装尽可能多的糖果，所以或者可以装入所有的糖果，或者可以放满驯鹿所能承受的最大容量。最终得出“放入的总量是确定的”这一结论；

（4）最后根据“单位价值”最大的策略放糖果，按照单位重量的价值将糖果从高到低进行排序，然后依次放入，直到放满或装入所有糖果为止。

5.6.2　具体实现

编写实例文件 tangguo02.py，首先使用列表 sum 存放取走的总重量，其中 sum 中的第 1 个值是取走的重量，第 2 个值表示超出前的备份。如果所有取走的重量超出驯鹿的最大承受量，就依次减 1 个单元的重量，并循环下去。当取走的重量 *v* 等于最大承受量时，那么取走其中价值较大的一件物品。

具体实现代码如下所示。

```
    input_a = input(u' 箱数 :')
    input_b = input(u' 最大承受重量 :')

    list_c = []
    list_z = []

    for i in range(1,int(input_a)+1):
        input_c = input( '第 '+str(i)+' 箱的总价值 :')
        input_d = input( '第 '+str(i)+' 箱的总重量 :')
        avg = round(int(input_c)/int(input_d),1)# 每一箱，重量为 1 的价值
        list_c.append(avg)# 添加到列表，用于之后做比较
         list_z.append([int(input_d),avg,0])# 此处列表中添加，中间的列表一个存放总重量，第二
个存放单位价值，第三个存放表示该物品是否已被取走

    list_c.sort(reverse=True) # 降序排列
    sum =[0,0]# 用于存放取走的总重量，第一个参数是取走的重量，第二个是超出前的备份
    num =0
    ji = 0


    for i in range(len(list_c)):
        for k in range(len(list_z)):
            if ji == 0:# 做是否超出马车最大承受量的标记，未超出为 0
                if (list_c[i] == list_z[k][1]) and (list_z[k][2]==0):
                    sum[1] = sum[0]# 备份
                    sum[0] = sum[0] + list_z[k][0]# 取走的重量
                    v = list_z[k][0]# 取走的重量
                     if sum[0] > int(input_b):# 如果所有取走的重量超出马车的重量，就依次减少
                                                                        一单元的重量
                        ji = 1# 超出为 1
                        t= list_z[k][0]
                        while True:# 依次减去单位 1 的重量
                            z = sum[1] + t# 使用备份进行判断，此时取走的数量已经大于最大承受量
                            if z <= int(input_b):
```

```
                            break
                        t = t-1
                    v=t# 等于最大承受量时，价值较大的一件物品为应取走的数量
                    sum[0]=sum[1]# 从备份恢复
                    sum[0] = sum[0] + t# 此时为真正的取走数量
                num = list_c[i]*v + num# 总价值
                list_z[k][2] = 1# 取走的标记
print(u' 能带走的糖果的最大价值为 :',num)
```

执行后会输出：

```
箱数 :4
最大承受重量 :15
第 1 箱的总价值 :100
第 1 箱的重量 :4
第 2 箱的总价值 :412
第 2 箱的重量 :8
第 3 箱的总价值 :266
第 3 箱的重量 :7
第 4 箱的总价值 :591
第 4 箱的重量 :2
能带走的糖果的最大价值为 : 1193.0
```

5.7 算法演练——解决“活动安排”问题

设有 n 个活动的集合 E = {1,2,⋯,n}，其中每个活动都要求使用同一资源，如演讲会场等。而在同一时间内只有一个活动能使用这一资源。每个活动 i 都有一个要求使用该资源的起始时间 s_i 和一个结束时间 f_i，且 $s_i < f_i$。如果选择了活动 i，则它在半开时间区间 $[s_i, f_i)$ 内占用资源。若区间 $[s_i, f_i)$ 与区间 $[s_j, f_j)$ 不相交，则称活动 i 与活动 j 是相容的。也就是说，当 $s_i \geqslant f_j$ 或 $s_j \geqslant f_i$ 时，活动 i 与活动 j 相容。

（即扫即看）

假设某个场地安排 10 个活动，每个活动的开始时间和结束时间按结束时间的非减序排列，如表 5-1 所示。

表 5-1　10 个活动的时间信息表

i	1	2	3	4	5	6	7	8	9	10
s_i	3	1	0	3	5	6	5	8	2	8
f_i	5	4	6	8	7	10	9	11	13	12

5.7.1 算法分析：活动安排问题的最优解

活动安排问题就是要在所给的活动集合中选出最大的相容活动子集合。

将活动按照结束时间进行从小到大排序。然后用 i 代表第 i 个活动，s[i] 代表第 i 个活动的开始时间，f[i] 代表第 i 个活动的结束时间。挑选出结束时间尽量早的活动（活动结束时间最早的活动），并且满足后一个活动的起始时间晚于前一个活动的结束时间，全部找出这些活动就是最大的相容活动子集合。即有活动 i，j 为 i 的下一个活动。f[i] 最小，s[j] >= f[i]。

假设 E = {0，1，2，⋯，n-1} 为所给的活动集合。由于 E 中活动安排安结束时间的非减序排列，所以活动 1 具有最早完成时间。首先证明活动安排问题有一个最优解，以贪心选

择开始（选择了活动 1）。设 A 是所给的活动安排问题的一个最优解，且 B 中活动也按结束时间非减序排列，A 中的第一个活动是活动 k。若 k = 1，则 A 就是一个以贪心选择开始的最优解。若 k > 1，则设 B = A – {k} ∪ {1}。由于 end[1] ≤ end[k]（非减序排列），且 A 中活动是互为相容的，故 B 中的活动也是互为相容的。又由于 B 中的活动个数与 A 中活动个数相同，且 A 是最优的，故 B 也是最优的。也就是说，B 是一个以贪心选择活动 1 开始的最优活动安排。因此，证明总存在一个以贪心选择开始的最优活动安排方案，也就是算法具有贪心选择性质。

注意：贪心算法并不总能求得问题的整体最优解。但对于活动安排问题，贪心算法却能求得整体最优解，即它最终所确定的相容活动集合 A 的规模最大。这个结论可以用数学归纳法证明。

5.7.2　第一个方案：快速排序

编写实例文件 huodong.py 解决活动安排问题，编写函数 QuickSort（mylist, start, end））实现快速排序功能，其 3 个参数分别表示活动名称、开始时间和结束时间。根据题意选择对活动的结束时间（f_i）排序（快速排序），使用类来排序参数 mylist，当然也可以把它拆分为两个列表，活动名称和开始时间为一个列表，结束时间单独为一个列表，这样就可以对结束时间这个列表进行从小到大的排序了。

具体实现代码如下所示：

```
class task():
    def __init__(self, name, start, end):
        self.name = name
        self.start = start
        self.end = end

    def __str__(self):
        return “[ ‘%s’ ,%d,%d]” % (self.name, self.start, self.end)

    def __repr__(self):
        return self.__str__()


def QuickSort(mylist, start, end):
    if start < end:
        i, j = start, end
        base = mylist[i]
        while i < j:
            while (i < j) and (mylist[j].end >= base.end):
                j -= 1
            mylist[i] = mylist[j]
            while (i < j) and (mylist[i].end <= base.end):
                i += 1
            mylist[j] = mylist[i]
        mylist[i] = base
        QuickSort(mylist, start, i - 1)
        QuickSort(mylist, j + 1, end)
    return mylist


def get_max(joblist):
    job_schedule = []
    num_jobs = len(joblist)
```

```
        for n in range(num_jobs):
            if not job_schedule:
                job_schedule.append(joblist[n])
            else:
                if job_schedule[-1].end <= joblist[n].start:
                    job_schedule.append(joblist[n])
        return job_schedule


if __name__ == "__main__":
    joblist = [task('1', 3, 5), task('2', 1, 4), task('3', 0, 6), task('4', 3,
8), task( '5' , 5, 7), task( '6' , 6, 10),
              task('7', 5, 9), task('8', 8, 11), task('9', 2, 13), task('10', 8,
12)]
    list_final = QuickSort(joblist, 0, len(joblist) - 1)
    print(get_max(list_final))
```

执行后会输出：

```
[[ '2' ,1,4], [ '5' ,5,7], [ '8' ,8,11]]
```

5.7.3 第二个方案：通过冒泡排序同步交换数据

下面再看另一个使用贪心算法解决“活动安排”问题的方法，编写实例文件 huodong02.py，用两个列表 s 和 f 分别存储活动的起止时间，根据活动的结束时间对活动进行一个非减的活动序列，同样活动的开始时间 list 也要做相应的调整。在本实例中是通过冒泡排序同步交换的，例如活动是（1，4）（2，3）（3，5），则得到的是：

```
s = [2,1,3]
f = [3,4,5]
```

通过比较下一个活动的开始时间与上一个活动的结束时间的大小关系，确定这两个活动是否是相容的，如果开始时间大于结束时间则相容，反之则不相容。文件 huodong02.py 的具体实现代码如下所示：

```
#用冒泡排序对结束时间进行排序，同时得到对应的开始时间的 list
def bubble_sort(s,f):
    for i in range(len(f)):
        for j in range(0,len(f)-i-1):
            if f[j] > f[j+1]:
                f[j], f[j+1] = f[j+1],f[j]
                s[j],s[j+1] = s[j+1],s[j]
    return s,f

def greedy(s,f,n):
    a = [True for x in range(n)]
    #初始选择第一个活动
    j = 0
    for i in range(1,n):
        #如果下一个活动的开始时间大于等于上一个活动的结束时间
        if s[i] >= f[j]:
            a[i] = True
            j = i
        else:
            a[i] = False
    return a
```

```
n = int(input())
arr = input().split()
s = []
f = []
for ar in arr:
    ar = ar[1:-1]
    start = int(ar.split( ‘,’ )[0])
    end = int(ar.split( ‘,’ )[1])
    s.append(start)
    f.append(end)

s,f = bubble_sort(s,f)
A = greedy(s,f,n)

res = []
for k in range(len(A)):
    if A[k]:
        res.append( ‘({},{})’ .format(s[k],f[k]))
print( ‘  ‘.join(res))
```

执行后需要输入每个活动的时间信息，例如输入如下 11 个活动的时间信息后会输出：

```
11
(12,14) (2,13) (8,12) (8,11) (6,10) (5,9) (3,8) (5,7) (0,6) (3,5) (1,4)
(1,4) (5,7) (8,11)
```

5.8　算法演练——解决“摇摆序列”问题

一个整数序列，如果两个相邻元素的差恰好正负（负正）交替出现，则该序列被称为摇摆序列，一个小于 2 个元素的序列直接称为摇摆序列，给出一个随机序列，求这个序列满足摇摆序列定义的最长子序列的长度。

（即扫即看）

例如序列 [1,7,4,9,2,5] 中相邻元素的差是 (6,–3,5,–7,3)，则该序列为摇摆序列。序列 [1,4,7,2,5] 中相邻元素的差是 (3,3,–5,3)，此序列不是摇摆序列。

5.8.1　算法分析：选择使得摇摆子序列长度更长的数

举个例子，[1,17,5,10,13,15,10,5,16,8]，整体不是摇摆序列，但是我们观察该序列的前 6 位 [1,17,5,10,13,15]，其中 5,10,13,15 部分为上升段，有如下 3 个子序列是摇摆序列：

```
[1,17,5,10….]
[1,17,5,13,…]
[1,17,5,15…..]
```

在不清楚原始序列第 7 位是什么的情况下，只看前 6 位，摇摆子系列的第 4 位从 10、13、15 中选择一个数，我们应该选择哪一个呢？应该选择使得摇摆子序列长度更长的数，所以应该是 15，这样遇到比它小的数的可能性就会大一点儿，按照这种思路总结出贪心规律。当序列有一段连续的递增（或递减）时，为了形成摇摆子序列，我们只需要保留这段连续的递增（或递减）的首尾元素，这样更有可能使得尾部的后一个元素成为摇摆子序列的下一个元素。

开始设计算法，设置最长摇摆子序列长度为 max_length，从头到尾扫描原始序列，这个过程中设置三种状态，即起始、上升、下降。在不同的状态中，根据当前数字和前一个数字的比较结果进行累加 max_length 计算或者状态切换。具体如图 5-1 所示。

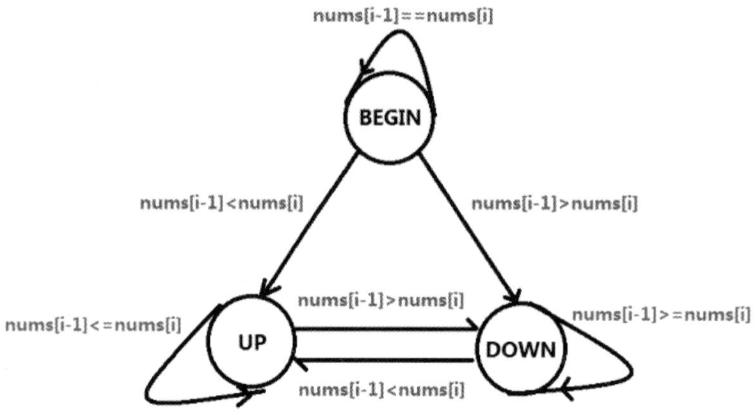

图 5-1　算法分析

对图 5-1 中各个元素的具体说明如下：

- BEGIN（初始）、UP（上升）和 DOWN（下降）：分别表示当前扫描完成的摇摆子序列的状态。当状态转换时，最长摇摆子序列的长度是 max_length++；
- nums[i-1]：表示正在扫描的原始序列元素的前一个元素，同时也是最长摇摆子序列的最后一个元素；
- nums[i]：表示正在扫描的新元素。

根据上述算法，处理列表 [1, 17, 5, 10, 13, 15, 10, 5, 16, 8] 的流程，如图 5-2 所示。

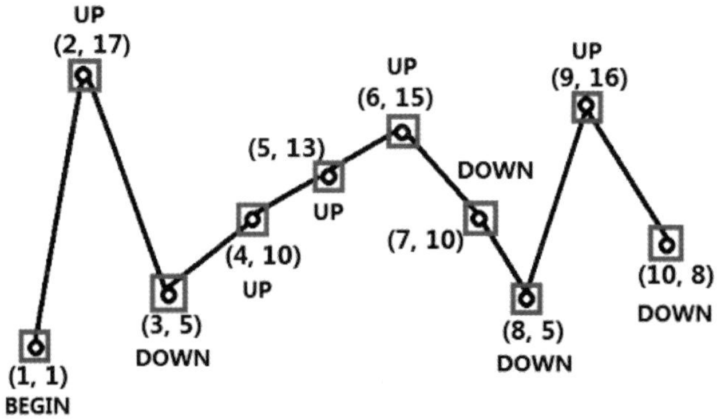

图 5-2　处理列表 [1, 17, 5, 10, 13, 15, 10, 5, 16, 8] 的流程

5.8.2　具体实现

编写实例文件 yaobai.py，功能是使用贪心算法解决“摇摆序列”问题。通过函数 maxlength() 计算满足摇摆序列定义的最长子序列的长度。设置最长摇摆子序列长度为 max_length，从头到尾扫描原始序列具体实现代码如下所示：

```
class Solution:
    def maxlength(self, nums):
        if len(nums) < 2:
            return len(nums)
        BEGIN = 0
        UP = 1
        DOWN = 2
```

```
        STATE = BEGIN
        max_length = 1
        vision = [UP, BEGIN, DOWN]
        for i in range(1, len(nums)):

            if STATE == 0:
                if nums[i - 1] < nums[i]:
                    STATE = 1
                    max_length += 1
                elif nums[i - 1] > nums[i]:
                    STATE = 2
                    max_length += 1
            if STATE == 1:
                if nums[i - 1] > nums[i]:
                    STATE = 2
                    max_length += 1

            if STATE == 2:
                if nums[i - 1] < nums[i]:
                    STATE = 1
                    max_length += 1
        return max_length


if __name__ == "__main__":
    S = Solution()
    g = [1, 17, 5, 10, 13, 15, 10, 5, 16, 8]
    result = S.maxlength(g)
    print(result)
```

执行后会输出：

```
7
```

5.9　算法演练——移除 *k* 个数字

已知一个使用字符串表示非负整数 num，将 num 中的 *k* 个数字移除，求移除 *k* 个数字后，可以获得的最小的可能的新数字（num 不会以 0 开头，num 长度小于 10002）。

（即扫即看）

例如输入：

```
num = "1432219",k=3
```

在去掉 3 个数字后得到的很多可能中，如 1432，4322，2219，1219……，去掉数字 4、3、2 后，1219 是最小值。

5.9.1　算法分析：从高位向低位遍历

一个长度为 *n* 的数字，去掉 *k* 个数字，可以有多少种可能？ $C(k,n)=n!/(n-k)!*k!C(k,n)=n!/(n-k)!*k!$ 种可能，数字太大，所以用枚举法肯定是不可能的。若去掉某一位数字，为了使得到的新数字最小，首先需要尽可能让得到的新数字优先最高位最小，其次第二位最小，再其次第三位最小……。例如：一个四位数 “1xxx”，一定比任何“9xxx”小。一个 4 位数若最高位确定，如“51xx”一定比任何“59xx”、“57xx”小。

贪心算法的规律是从高位向低位遍历，如果对应的数字大于下一位数字，则把该位数字去掉，得到的数字最小。为此，针对本问题的算法设计如下所示：

使用栈存储最终结果或删除工作，从高位向低位遍历 num，如果遍历的数字大于栈顶元素，则将该数字 push 入栈，如果小于栈顶元素则进行 pop 弹栈，直到栈为空或不能再删除数字 (*k*==0) 或栈顶小于当前元素为止。最终栈中从栈底到栈顶存储的数字即为结果。

5.9.2 具体实现

编写实例文件 yichu.py，编写函数 removeknums(self, nums, *k*) 移除 *k* 个数字。其中参数 nums 是要处理的列表，按照上面介绍的算法思路从高位向低位进行遍历，根据被遍历的数字是否大于栈顶元素进行不同的操作。

具体实现代码如下所示：

```
class Solution:
    def removeknums(self, nums, k):
        s = []
        nums = list(map(int, nums))
        for i in range(len(nums)):
            number = int(nums[i])
            while len(s) != 0 and s[len(s) - 1] > number and k > 0:
                s.pop(-1)
                k -= 1
            if number != 0 or len(s) != 0:
                s.append(number)
        while len(s) != 0 and k > 0:
            s.pop(-1)
            k -= 1
        result = “”

        result = ‘’ .join(str(i) for i in s)

        return result


if __name__ == “__main__”:
    S = Solution()
    print(S.removeknums(“1432219”, 2))
```

执行后会输出：

```
12219
```

5.10 算法演练——四种解决“霍夫曼编码”问题的方案

霍夫曼编码是一种十分有效的编码方法，广泛用于数据压缩中，其压缩率通常在 20% ～ 90% 之间。霍夫曼编码不仅会考察文本中有多少个不同字符，还会考察每个字符出现的频率，根据频率的不同，选择不同长度的编码。霍夫曼编码试图用这种不等长的编码方法来进一步增加压缩的效率。如何给不同频率的字符选择不同长度的编码呢？根据贪心算法的思想，针对出现频率比较多的字符，我们可以使用稍微短一些的编码；出现频率比较少的字符，使用稍微长一些的编码。

（即扫即看）

对于等长的编码来说，解压缩很简单。比如我们用 3 个 bit 表示一个字符。在解压缩的时候，每次从文本中读取 3 位二进制码，然后翻译成对应的字符即可。但是，霍夫曼编码是不等长的，每次应该读取 1 位还是 2 位、3 位等来进行解压缩呢？这个问题就导致霍夫曼编码解压缩起来比较复杂。为了避免解压缩过程中出现的歧义，霍夫曼编码要求各个字符的编码之间不会出现某个编码是另一个编码前缀的情况。

请编写一个 Python 程序，构建字符串“1310773597218806522025”的霍夫曼编码。

5.10.1　算法分析

将字符串构建霍夫曼树，树的结点名称为字符，结点的权重为字符出现的次数，以此来构建霍夫曼树，最终形成编码并输出结果。具体过程如图 5-3 所示。

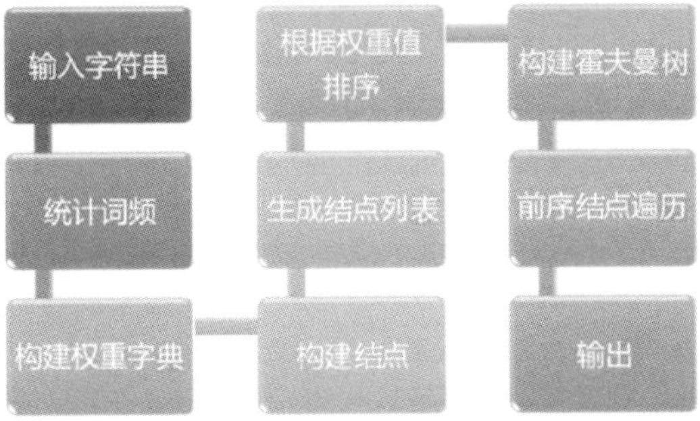

图 5-3　实现流程

霍夫曼编码问题的实质是用来实现一个可变长度的编码问题，但可以总结成这样一个问题：假设我们有很多的叶子结点，每个结点都有一个权值 w（可以是任何有意义的数值，比如它出现的概率），我们要用这些叶子结点构造一棵树，那么每个叶子结点就有一个深度 d，我们的目标是使得所有叶子结点的权值与深度的乘积之和最小。

大家很自然的一个想法就是，对于权值大的叶子结点我们让它的深度小些（更加靠近根结点），权值小的让它的深度相对大些，这样的话我们自然就会想着每次取当前权值最小的两个结点将它们组合出一个父结点，一直这样组合下去直到只有一个结点即根结点为止。如图 5-4 所示的例子。

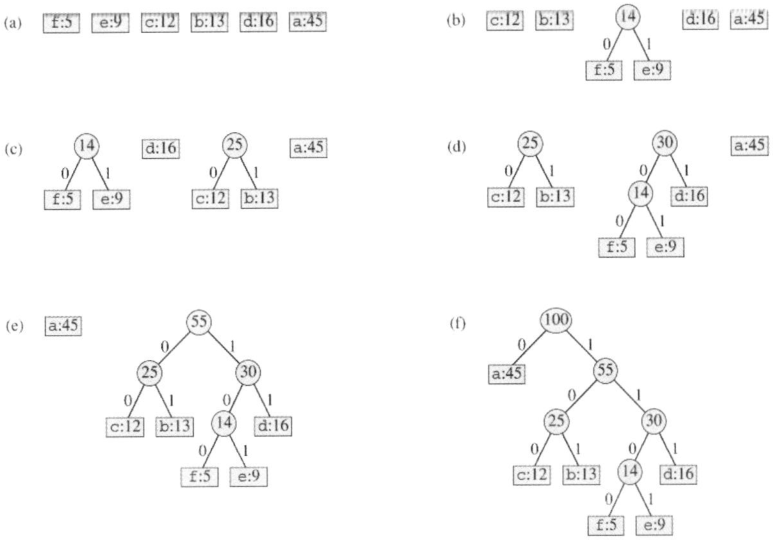

图 5-4　霍夫曼过程

5.10.2 第一种方案：权值排序

因为霍夫曼树本身的定义没有规定两棵子树的权值排序，所以两棵都是霍夫曼树。但结构化的霍夫曼算法生成的霍夫曼树子树都是有序的，所以一般生成霍夫曼树时都为结点排序．即使这样结果也不唯一。霍夫曼编写实例文件 hafuman01.py 基于权值排序解决霍夫曼树问题，每次循环都采用 sort 的方式，相对于采用堆的数据结构来说，这样会增加时间复杂度。

具体实现代码如下所示：

```
from heapq import *
import numpy as np
import pandas as pd

X = "13107735972188065220 25"

inp = input("请输入要构建霍夫曼树的字符串")


# 统计每个自字符出现的频率并生成字典
def generate_dict(s):
    dic = {}

    for i in s:
        if i not in dic:
            dic[i] = 1
        else:
            dic[i] += 1

    return dic


dic = generate_dict(inp)


# 结点类
class Node(object):
    def __init__(self, name=None, weight=None):
        self.name = name
        self.weight = weight
        self.parent = None
        self.left = None
        self.right = None
        self.id = None

    # 自定义类的比较
    def __lt__(self, other):
        return int(self.weight) < int(other.weight)


# 按权值排序
def sort(list):
    return sorted(list, key=lambda Node: Node.weight)


# 用带权值的字典生成带权值的结点列表 1
def generate_node(dic):
    lis = []

    for i in dic:
        newNode = Node(i, dic[i])
        lis.append(newNode)
    return lis

lis = generate_node(dic)
```

```
# Huffman 编码 1   # 每次循环下来进行排序
def HuffmanTree(lis):
    while (len(lis) != 1):
        a, b = lis[0], lis[1]

        new = Node()
        new.weight = a.weight + b.weight
        new.left, new.right = a, b

        a.parent = new
        b.parent = new

        lis.remove(a)
        lis.remove(b)
        lis.append(new)
        lis = sort(lis)
    return lis


lis = HuffmanTree(lis)

node = lis[0]   # 获取根结点


# 前序遍历方法并执行一定的操作
def pre_order(root, code):
    if root is None:
        code = code[:-1]
        return

    pre_order(root.left, code + "0")

    if root.name is not None:
        print(root.name, "的权重为", root.weight, "编码为", code)

    pre_order(root.right, code + "1")


code = ""
# print(res)
print("构建的霍夫曼树为:")
pre_order(node, code)
```

执行后会要求输入要构建霍夫曼树的字符串，例如输入 1310773597218806522025 后会输出：

```
请输入要构建霍夫曼树的字符串 1310773597218806522025
构建的霍夫曼树为：
8 的权重为 2 编码为 000
9 的权重为 1 编码为 0010
6 的权重为 1 编码为 0011
1 的权重为 3 编码为 010
```

5.10.3　第二种方案：使用 Python 自带的内置库 heapq

第二种方案是使用 Python 自带的内置库 heapq 将列表作为一个堆来处理。库 heapq 是 Python 官方为我们提供的内置库，在处理数据结构方面有着很大的优势，无须开发者编写自定义函数，节省开发时间。

文件 hafuman02.py 的具体实现代码如下所示：

```
from heapq import *

inp = input("请输入要构建霍夫曼树的字符串 ")


# 统计每个自字符出现的频率并生成字典
def generate_dict(s):
    dic = {}

    for i in s:
        if i not in dic:
            dic[i] = 1
        else:
            dic[i] += 1

    return dic


dic = generate_dict(inp)


# 结点类
class Node(object):
    def __init__(self, name=None, weight=None):
        self.name = name
        self.weight = weight
        self.parent = None
        self.left = None
        self.right = None
        self.id = None

    # 自定义类的比较
    def __lt__(self, other):
        return int(self.weight) < int(other.weight)


# 按权值排序
def sort(list):
    return sorted(list, key=lambda Node: Node.weight)


def generate_node2(dic):
    lis = []

    for i in dic:
        newNode = Node(i, dic[i])
        heappush(lis, newNode)

    return lis


# lis = generate_node(dic)
lis = generate_node2(dic)


# Huffman 编码 2   # 使用堆的方式
def HuffmanTree2(lis):
    global id
    while (len(lis) != 1):
        a = heappop(lis)
        b = heappop(lis)
        new = Node()
        new.weight = a.weight + b.weight
        new.left, new.right = a, b

        a.parent = new
        b.parent = new
```

```
        heappush(lis, new)
    return lis


lis = HuffmanTree2(lis)

node = lis[0]   # 获取根结点


# 前序遍历方法并执行一定的操作
def pre_order(root, code):
    if root is None:
        code = code[:-1]
        return

    pre_order(root.left, code + “0”)

    if root.name is not None:
        print(root.name, “的权重为", root.weight, "编码为", code)

    pre_order(root.right, code + “1”)


code = “”
# print(res)
print(“构建的霍夫曼树为:")
pre_order(node, code)
```

执行后会要求输入要构建霍夫曼树的字符串，例如输入 1310773597218806522025 后会输出：

```
请输入要构建霍夫曼树的字符串 1310773597218806522025
构建的霍夫曼树为:
2 的权重为 4 编码为 00
9 的权重为 1 编码为 0100
6 的权重为 1 编码为 0101
0 的权重为 3 编码为 011
1 的权重为 3 编码为 100
5 的权重为 3 编码为 101
7 的权重为 3 编码为 110
3 的权重为 2 编码为 1110
8 的权重为 2 编码为 1111
```

5.10.4　第三种方案：使用内置统计函数

第三种方案实现起来比较简单，在代码中用到了 heapq 模块。使用 list 来保存树结构，将 Python 内置标准库中的统计函数 count() 作为 zi() 函数的参数进行处理，这样可以减少代码的编写量。

文件 hafuman03.py 的具体实现代码如下所示：

```
from heapq import heapify, heappush, heappop
from itertools import count

def huffman(seq, frq):
    num = count()
    trees = list(zip(frq, num, seq))          # num ensures valid ordering
    heapify(trees)                            # A min-heap based on freq
    while len(trees) > 1:                     # Until all are combined
        fa, _, a = heappop(trees)             # Get the two smallest trees
        fb, _, b = heappop(trees)
        n = next(num)
        heappush(trees, (fa+fb, n, [a, b]))   # Combine and re-add them
```

```
    # print trees
    return trees[0][-1]

seq = "abcdefghi"
frq = [4, 5, 6, 9, 11, 12, 15, 16, 20]
print(huffman(seq, frq))
```

执行后会输出：

```
[[ 'i' , [[ 'a' , 'b' ], 'e' ]], [[ 'f' , 'g' ], [[ 'c' , 'd' ], 'h' ]]]
```

5.10.5 第四种方案：实现完整树的队列操作

和前面的几个方案相比，本方案是在创建树结点类 TreeNode 后，分别编写了完整的树队列操作函数。具体实现流程如下所示：

（1）构建树结点类 TreeNode，此类共有 5 个属性：结点的值、结点的优先度、结点的左子结点、结点的右子结点和结点值的编码。具体代码如下所示：

```
# 树结点类构建
class TreeNode(object):
    def __init__(self, data):
        self.val = data[0]
        self.priority = data[1]
        self.leftChild = None
        self.rightChild = None
        self.code = ""
```

（2）创建树结点队列函数 creatnodeQ()，对于所有的字母结点来说，将其组成一个队列，这里使用 list 列表来完成队列的功能。将所有树结点够放进列表中，当然传进来的是按优先度从小到大已排序的元素列表。具体代码如下所示：

```
# 创建树结点队列函数
def creatnodeQ(codes):
    q = []
    for code in codes:
        q.append(TreeNode(code))
    return q
```

（3）定义函数 addQ() 为队列添加结点元素，并保证优先度从大到小排列。当有新生成的结点时，需将其插入列表并放在合适位置，使队列依然是按优先度从小到大排列的。具体代码如下所示：

```
# 为队列添加结点元素，并保证优先度从大到小排列
def addQ(queue, nodeNew):
    if len(queue) == 0:
        return [nodeNew]
    for i in range(len(queue)):
        if queue[i].priority >= nodeNew.priority:
            return queue[:i] + [nodeNew] + queue[i:]
    return queue + [nodeNew]
```

（4）定义结点队列类 nodeQeuen，在创建类初始化时需要传进去的是一个列表，列表中的每个元素是由字母与优先度组成的元组。元组第一个元素是字母，第二个元素是优先度（即在文本中出现的次数）。当初始化类时，调用“创建树结点队列函数”，队列中的每个元素都是一个树结点。在此类中还包含一个队列规模属性以及另外两个操作函数：添加结点函数和弹出结点函数。添加结点函数直接调用之前定义的函数即可，输入的参数为队列和新结点，并且队列规模加 1。如果弹出第一个元素则直接调用列表的 pop(0) 函数，同时队列规模减 1。

具体代码如下所示：

```
# 结点队列类定义
class nodeQeuen(object):

    def __init__(self, code):
        self.que = creatnodeQ(code)
        self.size = len(self.que)

    def addNode(self, node):
        self.que = addQ(self.que, node)
        self.size += 1

    def popNode(self):
        self.size -= 1
        return self.que.pop(0)
```

（5）定义函数 freChar() 计算文本中个字母的优先度，即出现的次数。首先定义一个字典，遍历文本中的每一个字母。如果字母不在字典里说明是第一次出现，则定义该字母为键，令键值为 1，若在字典里有，则只需将相应的键值加 1。遍历后就得到了每个字母出现的次数。具体代码如下所示：

```
# 各个字符在字符串中出现的次数，即计算优先度
def freChar(string):
    d = {}
    for c in string:
        if not c in d:
            d[c] = 1
        else:
            d[c] += 1
    return sorted(d.items(), key=lambda x: x[1])
```

（6）编写函数 creatHuffmanTree(nodeQ) 创建霍夫曼树，具体代码如下所示：

```
def creatHuffmanTree(nodeQ):
    while nodeQ.size != 1:
        node1 = nodeQ.popNode()
        node2 = nodeQ.popNode()
        r = TreeNode([None, node1.priority + node2.priority])
        r.leftChild = node1
        r.rightChild = node2
        nodeQ.addNode(r)
    return nodeQ.popNode()


codeDic1 = {}
codeDic2 = {}
```

（7）编写函数 HuffmanCodeDic() 通过霍夫曼树得到编码表，在函数中定义了两个全局字典用于存放字母编码，其中一个字典用于编码，另一个字典用于解码，这样程序操作起来比较方便。这里主要就是遍历，运用的是二叉树的中序遍历。如果明白中序遍历的话，就能看懂这里的代码，每递归到深一层的时候，就在后面多加一个‘0’（左子树）或‘1’（右子树）。具体代码如下所示：

```
# 由霍夫曼树得到霍夫曼编码表
def HuffmanCodeDic(head, x):
    global codeDic, codeList
    if head:
        HuffmanCodeDic(head.leftChild, x + '0')
        head.code += x
        if head.val:
```

```
            codeDic2[head.code] = head.val
            codeDic1[head.val] = head.code
        HuffmanCodeDic(head.rightChild, x + '1')
```

（8）分别通过函数 TransEncode() 和 TransDecode() 实现字符串编码和字符串解码工作，具体代码如下所示：

```
# 字符串编码
def TransEncode(string):
    global codeDic1
    transcode = ""
    for c in string:
        transcode += codeDic1[c]
    return transcode


# 字符串解码
def TransDecode(StringCode):
    global codeDic2
    code = ""
    ans = ""
    for ch in StringCode:
        code += ch
        if code in codeDic2:
            ans += codeDic2[code]
            code = ""
    return ans
```

（9）开始测试，具体代码如下所示：

```
# 举例
string = "AAGGDCCCDDDGFBBBFFGGDDDDGGGEFFDDCCCCDDFGAAA"
t = nodeQeuen(freChar(string))
tree = creatHuffmanTree(t)
HuffmanCodeDic(tree, '')
print(codeDic1, codeDic2)
a = TransEncode(string)
print(a)
aa = TransDecode(a)
print(aa)
print(string == aa)
```

执行后会对测试字符串 string 实现霍夫曼操作，执行后会输出：

```
    {'E': '0000', 'B': '0001', 'A': '001', 'G': '01', 'D': '10', 'F': '110', 'C':
'111'} {'0000': 'E', '0001': 'B', '001': 'A', '01': 'G', '10': 'D', '110': 'F',
'111': 'C'}
    001001010110111111111110101001110000100010001110110010110101010010101000011011010101111111111111101011001001001001
    AAGGDCCCDDDGFBBBFFGGDDDDGGGEFFDDCCCCDDFGAAA
    True
```

5.11 算法演练——解决“Kruskal 算法”问题

Kruskal 算法是一种求最小生成树的算法，下面我们先来了解几个相关概念：

- 图：由顶点集 V 和边集 E 组成，表示为 G=(V,E)；
- 边权：边集 E 具有权重（结合不同环境具体可以理解为两点的距离、相似度）；
- 树：任意两点都有路径相连，但是没有回路；

（即扫即看）

- 最小生成树（MST：Minimum Spanning Tree）：边权之和最小的树，*n* 个顶点产生 (*n*–1) 个边。

Kruskal 算法的原理如下所示：

- 将边按权重从小到大进行排序；
- 将每个顶点独立视为根结点，产生 *n* 个树；
- 依次选取每条边，如果边的两个顶点不属于同一棵树，则将其合并，如果属于同一棵树（意味着会形成回路），则将其舍弃，考虑下一条边，最后形成 (*n*–1) 条边。

5.11.1　算法分析：顺序选取权重边

图 5-5 中的图（a）由顶点集 { ‘A’，‘B’，‘C’，‘D’，‘E’，‘F’，‘G’ } 和一系列带有权重的边组成（本质上 *n* 个顶点两两相连可以形成 *n*（*n*–1）/2 条边，图中省略部分边及边权）。将 7 个顶点视为 7 棵树的根结点。首先选取权重最小的边 e（BF），其顶点为 B、F，两点不属于同一棵树，故合并得到图（b）。然后选取权重为 3 的边 e（CD），两点也不属于同一棵树，故合并得到图（c）。重复上述步骤，依此得到图（d）、图（e）和图（f）。当选取到权重为 6 的边 e（EF）时，发现顶点 E，F 同属于一棵树，故舍弃，最后最小生成树有以下两种情况，如图（g）和图（h）。

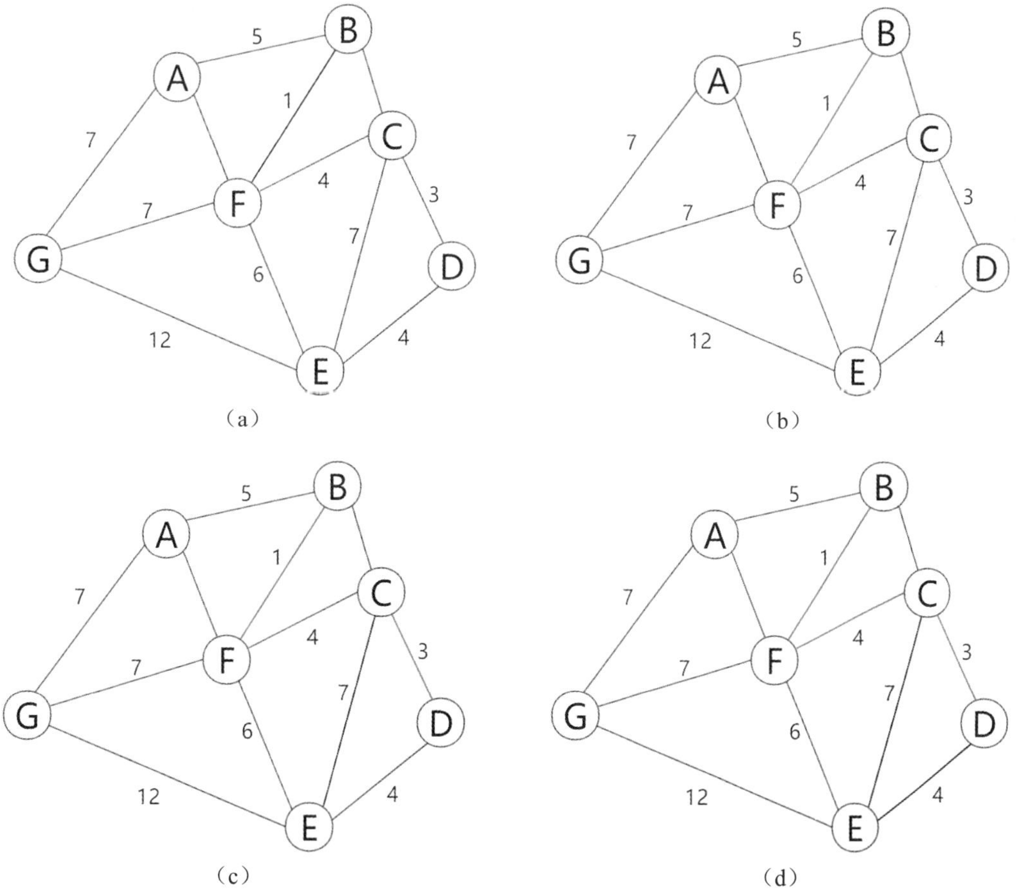

图 5-5　最小生成树

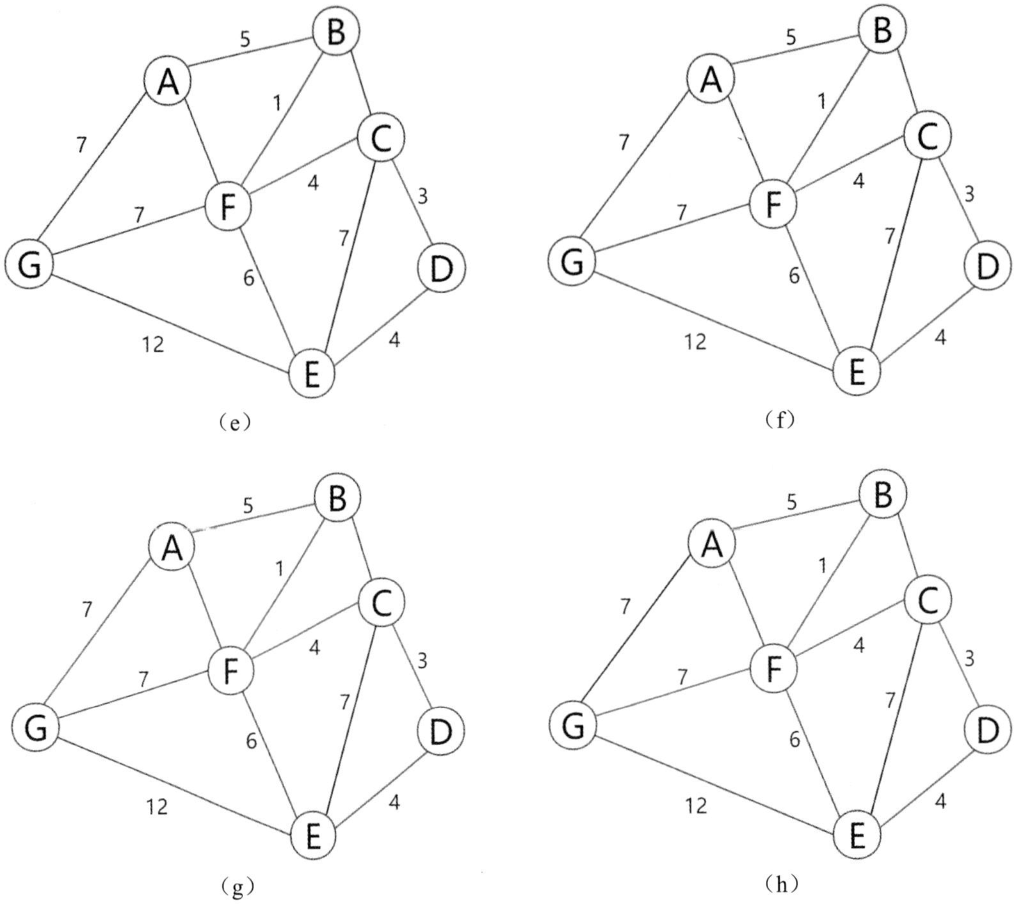

图 5-5　最小生成树（续）

5.11.2　第一种方案：判断根结点是否相同

本方案使用 Kruskal 算法获取最小生成树，根据上面的算法分析思路编写函数 find_node(x) 找出根结点，判断两个顶点的根结点是否相同并决定是否合并。循环添加边和顶点，最终构成多边形。

文件 kr01.py 的具体实现流程如下所示：

（1）定义顶点，具体实现代码如下所示：

```
vertices=list('ABCDEFG')
```

（2）根据图 5-5，定义预先设置的边并按边权进行排序，具体实现代码如下所示：

```
edges = [("A", "B", 5), ("A", "G", 7),
         ("B", "F", 1), ("C", "F", 4),
         ("C", "D", 3), ("C", "E", 7),
         ("E", "F", 6), ("D", "E", 4),
         ("E", "G", 12),("F", "G", 12)]
edges.sort(key=lambda x:x[2])
print(edges)
```

（3）将每个顶点视为一棵结点树，可以用字典表示，键表示顶点，键值表示顶点所在树的结点。具体实现代码如下所示：

```
ori_trees=dict()
for i in vertices:
    ori_trees[i]=i
print(ori_trees)
```

（4）根据边的两个顶点的根结点是否相同考虑是否合并，具体实现代码如下所示：

```
#寻找根结点
def find_node(x):
    if ori_trees[x]!=x:
        ori_trees[x]=find_node(ori_trees[x])
    return ori_trees[x]
#定义最小生成树
mst=[]
#定义循环次数，n 为需要添加的边数 = 顶点数 -1
n=len(vertices)-1
#循环
for edge in edges:
    v1,v2,_=edge
    if find_node(v1)!=find_node(v2):
        ori_trees[find_node(v2)]=find_node(v1)
        mst.append(edge)
        print('添加第 '+str(7-n)+' 条边后：')
        n-=1
        print(ori_trees)
        print(mst)
        if n==0:
            break
```

执行后会输出：

```
添加第 1 条边后：
{'A': 'A', 'B': 'B', 'C': 'C', 'D': 'D', 'E': 'E', 'F': 'B', 'G': 'G'}
[('B', 'F', 1)]
添加第 2 条边后：
{'A': 'A', 'B': 'B', 'C': 'C', 'D': 'C', 'E': 'E', 'F': 'B', 'G': 'G'}
[('B', 'F', 1), ('C', 'D', 3)]
添加第 3 条边后：
{'A': 'A', 'B': 'C', 'C': 'C', 'D': 'C', 'E': 'E', 'F': 'B', 'G': 'G'}
[('B', 'F', 1), ('C', 'D', 3), ('C', 'F', 4)]
添加第 4 条边后：
{'A': 'A', 'B': 'C', 'C': 'C', 'D': 'C', 'E': 'C', 'F': 'B', 'G': 'G'}
[('B', 'F', 1), ('C', 'D', 3), ('C', 'F', 4), ('D', 'E', 4)]
添加第 5 条边后：
{'A': 'A', 'B': 'C', 'C': 'A', 'D': 'C', 'E': 'C', 'F': 'B', 'G': 'G'}
[('B', 'F', 1), ('C', 'D', 3), ('C', 'F', 4), ('D', 'E', 4), ('A', 'B', 5)]
添加第 6 条边后：
{'A': 'A', 'B': 'A', 'C': 'A', 'D': 'C', 'E': 'A', 'F': 'A', 'G': 'A'}
[('B', 'F', 1), ('C', 'D', 3), ('C', 'F', 4), ('D', 'E', 4), ('A', 'B', 5), ('A',
'G', 7)]
```

5.11.3　第二种方案：将权重最小的边加入到最小生成树

再来看下面的实例文件 kr02.py，是使用 Kruskal 算法获取最小生成树的另外一种方案。首先遍历全图找到权重最小的边，然后将这个边加入最小生成树。再次进行遍历操作，如果出现了环则取下一条小权重的边加入。重复上述步骤，直到所有的结点都加入其中才表示完成所有工作。文件 kr02.py 的具体实现代码如下所示：

```
data = [[0, 2, 8, 1, 0, 0, 0, 0],
        [2, 0, 6, 0, 1, 0, 0, 0],
        [8, 6, 0, 7, 5, 1, 2, 0],
        [1, 0, 7, 0, 0, 0, 9, 0],
```

```
        [0, 1, 5, 0, 0, 3, 0, 8],
        [0, 0, 1, 0, 3, 0, 4, 6],
        [0, 0, 2, 9, 0, 4, 0, 3],
        [0, 0, 0, 0, 8, 6, 3, 0]]


# 转换数据格式
def build_graph(data):
    G = {}
    for i in range(len(data)):
        G[str(i)] = {}
        for j in range(len(data[i])):
            if data[i][j] != 0:
                G[str(i)][str(j)] = data[i][j]
    return G


G = build_graph(data)


# 返回 U 中包含定点 v 的连通分支的名字。这个运算用来确定某条边的两个端点所属的连通分支
def find(C, u):
    if C[u] != u:
        C[u] = find(C, C[u])
    return C[u]


# 将 C，R 两个连通分支连接起来
def union(C, R, u, v):
    u, v = find(C, u), find(C, v)
    if R[u] > R[v]:
        C[v] = u
    else:
        C[u] = v
    if R[u] == R[v]:
        R[v] += 1


def kruskal(G):
    E = [(G[u][v], u, v) for u in G for v in G[u]]
    print(E)
    T = set()
    C, R = {u: u for u in G}, {u: 0 for u in G}
    print(C, R)
    for _, u, v in sorted(E):
        print(_, u, v)
        if find(C, u) != find(C, v):
            T.add((u, v))
            union(C, R, u, v)
    return T


print(list(kruskal(G)))
```

执行后会输出：

```
    [(2, '0', '1'), (8, '0', '2'), (1, '0', '3'), (2, '1', '0'), (6, '1', '2'),
(1, '1', '4'), (8, '2', '0'), (6, '2', '1'), (7, '2', '3'), (5, '2', '4'), (1, '2',
'5'), (2, '2', '6'), (1, '3', '0'), (7, '3', '2'), (9, '3', '6'), (1, '4', '1'),
(5, '4', '2'), (3, '4', '5'), (8, '4', '7'), (1, '5', '2'), (3, '5', '4'), (4, '5',
'6'), (6, '5', '7'), (2, '6', '2'), (9, '6', '3'), (4, '6', '5'), (3, '6', '7'), (8,
'7', '4'), (6, '7', '5'), (3, '7', '6')]
    {'0': '0', '1': '1', '2': '2', '3': '3', '4': '4', '5': '5', '6': '6', '7':
'7'} {'0': 0, '1': 0, '2': 0, '3': 0, '4': 0, '5': 0, '6': 0, '7': 0}
```

```
    1 0 3
    1 1 4
    1 2 5
    1 3 0
    1 4 1
    1 5 2
    2 0 1
    2 1 0
    2 2 6
    2 6 2
    3 4 5
    3 5 4
    3 6 7
    3 7 6
    4 5 6
    4 6 5
    5 2 4
    5 4 2
    6 1 2
    6 2 1
    6 5 7
    6 7 5
    7 2 3
    7 3 2
    8 0 2
    8 2 0
    8 4 7
    8 7 4
    9 3 6
    9 6 3
    [('2', '6'), ('6', '7'), ('1', '4'), ('4', '5'), ('2', '5'), ('0', '3'), ('0',
'1')]
```

5.11.4　第三种方案：基于不相交集实现

再看下面的实例文件 kr03.py，是使用 Kruskal 算法获取最小生成树的另外一种方案，具体说明如下所示：

（1）编写函数 Kruskal_1(nodes, edges)，功能是基于不相交集实现 Kruskal 算法，因为最小生成树的边数等于顶点数减 1，所以在每次循环时根据这个规律创建点和边；

（2）编写函数 Kruskal(nodes, edges)：功能是通过 Kruskal 无向图生成最小生成树，对于任一个生成树 T，如果将一条不属于 T 的边 e 添加进来，则产生一个圈。如果从该圈中除去任意一条边，则又恢复生成树的特性。如果边 e 的值比除去的边的值低，那么新的生成树的值就比原生成树的值低。

具体实现代码如下所示：

```
class DisjointSet(dict):
    ''' 不相交集 '''

    def __init__(self, dict):
        pass

    def add(self, item):
        self[item] = item

    def find(self, item):
        if self[item] != item:
            self[item] = self.find(self[item])
```

```
        return self[item]

    def unionset(self, item1, item2):
        self[item2] = self[item1]


def Kruskal_1(nodes, edges):
    ''' 基于不相交集实现 Kruskal 算法 '''
    forest = DisjointSet(nodes)
    MST = []
    for item in nodes:
        print(item)
        forest.add(item)
    edges = sorted(edges, key=lambda element: element[2])
    num_sides = len(nodes) - 1  # 最小生成树的边数等于顶点数减 1
    for e in edges:
        node1, node2, _ = e
        parent1 = forest.find(node1)
        parent2 = forest.find(node2)
        if parent1 != parent2:
            MST.append(e)
            num_sides -= 1
            if num_sides == 0:
                return MST
            else:
                forest.unionset(parent1, parent2)
    pass


def Kruskal(nodes, edges):
    ''' Kruskal 无向图生成最小生成树 '''
    all_nodes = nodes  # set(nodes)
    used_nodes = set()
    MST = []
    edges = sorted(edges, key=lambda element: element[2], reverse=True)
    # 对所有的边按权重升序排列
    while used_nodes != all_nodes and edges:
        element = edges.pop(-1)
        if element[0] in used_nodes and element[1] in used_nodes:
            continue
        MST.append(element)
        used_nodes.update(element[:2])
        # print(used_nodes)
    return MST


def main():
    nodes = set(list('ABCDEFGHI'))
    edges = [("A", "B", 4), ("A", "H", 8),
             ("B", "C", 8), ("B", "H", 11),
             ("C", "D", 7), ("C", "F", 4),
             ("C", "I", 2), ("D", "E", 9),
             ("D", "F", 14), ("E", "F", 10),
             ("F", "G", 2), ("G", "H", 1),
             ("G", "I", 6), ("H", "I", 7)]
    print("\n\n 无向图是 :", edges)
    print("\n\nKruskal 的最小生成树是 : ")
    print(Kruskal_1(nodes, edges))


if __name__ == '__main__':
    main()
```

执行后会输出：

```
    无向图是： [('A', 'B', 4), ('A', 'H', 8), ('B', 'C', 8), ('B', 'H', 11), ('C',
'D', 7), ('C', 'F', 4), ('C', 'I', 2), ('D', 'E', 9), ('D', 'F', 14), ('E', 'F',
10), ('F', 'G', 2), ('G', 'H', 1), ('G', 'I', 6), ('H', 'I', 7)]


    Kruskal 的最小生成树是：
    I
    A
    C
    F
    G
    H
    D
    E
    B
    [('G', 'H', 1), ('C', 'I', 2), ('F', 'G', 2), ('A', 'B', 4), ('C', 'F', 4), ('C',
'D', 7), ('A', 'H', 8), ('D', 'E', 9)]
```

5.12　算法演练——解决“Prim 算法”问题

在现实应用中，Prim 算法是解决最小生成树的常用算法之一，目的是获取整个图所有权重的最小和，每次添加到集合中的是到整个集合最短距离的点。Prim 算法是从一个点开始，在给的无向图中寻找这个点所连接的权值最小的边，并在树中连接这条边，再寻找树中结点在无向图连接的权值最小的边，找到之后要判断这条边是否会构成一个环，最小生成树中是不能出现环的。

（即扫即看）

例如在图 5-6 中，①从点 1 开始，权值最小的边是（1,3），权值为 1，连接；②点 1 和点 3 在原始无向图中权值最小的边是（3,6），权值为 4，连接；③从点 1、点 3 和点 6 中权值最小的边是（6,4），权值为 2 连接；④在点 1、3、6、4 中权值最小的边是（4,1）和（3,2），权值都为 5，但是（4,1）连接后会构成环，所以不能连接（4,1）；⑤再找点 1、3、6、4、2 中权值最小的边，连接（2,5），完成最小生成树的构造。

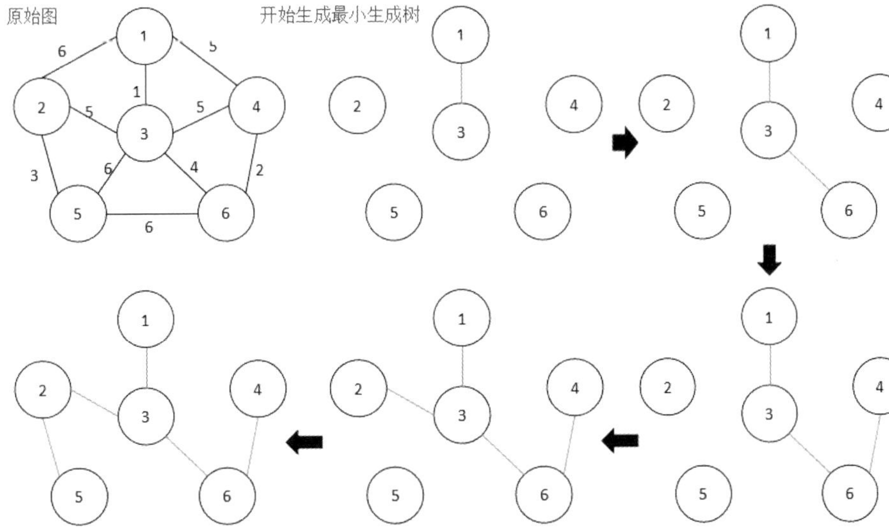

图 5-6　最小生成树的构造过程

5.12.1 算法分析：将结点分组

Prim 算法的基本思路是先对边按权重从小到大排序，先选取权重最小的一条边，如果该边的两个结点均为不同的分量，则加入最小生成树，否则计算下一条边，直到遍历完所有的边。在具体实现时，可以将所有的结点分成两个 group，一个为已经选取的 selected_node（为 list 类型），一个为 candidate_node，首先任取一个结点加入 selected_node，然后遍历头结点在 selected_node，尾结点在 candidate_node 的边，选取符合这个条件的边里面权重最小的边，加入最小生成树，选出的边的尾结点加入 selected_node，并从 candidate_node 删除。直到 candidate_node 中没有备选结点（这个循环条件要求所有结点都有边连接，即边数要大于等于结点数减去1，循环开始前要加入这个条件判断，否则可能会有结点一直在candidate中，导致死循环）。

5.12.2 第一种方案：选取权重最小的一条边

本方案选取权重最小的一条边，但不能构成回路。那么顶点的选中与否使用 seleted_node 来表示，当选中一个数据的时候就标记，注意这里最小权值边是有限制的，边的一个顶点一定在已选顶点中，另一个顶点当然就是在未选顶点集合中了。

实例文件 zuixiao.py 具体实现代码如下所示：

```
        group = [[i] for i in range(self.nodenum)]
        for edge in edge_list:
            for i in range(len(group)):
                if edge[0] in group[i]:
                    m = i
                if edge[1] in group[i]:
                    n = i
            if m != n:
                res.append(edge)
                group[m] = group[m] + group[n]
                group[n] = []
        return res

    def prim(self):
        res = []
        if self.nodenum <= 0 or self.edgenum < self.nodenum - 1:
            return res
        res = []
        seleted_node = [0]
        candidate_node = [i for i in range(1, self.nodenum)]

        while len(candidate_node) > 0:
            begin, end, minweight = 0, 0, 9999
            for i in seleted_node:
                for j in candidate_node:
                    if self.maps[i][j] < minweight:
                        minweight = self.maps[i][j]
                        begin = i
                        end = j
            res.append([begin, end, minweight])
            seleted_node.append(end)
```

```
            candidate_node.remove(end)
        return res


max_value = 9999
row0 = [0, 7, max_value, max_value, max_value, 5]
row1 = [7, 0, 9, max_value, 3, max_value]
row2 = [max_value, 9, 0, 6, max_value, max_value]
row3 = [max_value, max_value, 6, 0, 8, 10]
row4 = [max_value, 3, max_value, 8, 0, 4]
row5 = [5, max_value, max_value, 10, 4, 0]
maps = [row0, row1, row2, row3, row4, row5]
graph = Graph(maps)
print('邻接矩阵为\n%s' % graph.maps)
print('结点数据为%d，边数为%d\n' % (graph.nodenum, graph.edgenum))
print('------最小生成树kruskal算法------')
print(graph.kruskal())
print('------最小生成树prim算法')
print(graph.prim())
```

在上述代码中，要处理的原始图的结构如图 5-7 所示。

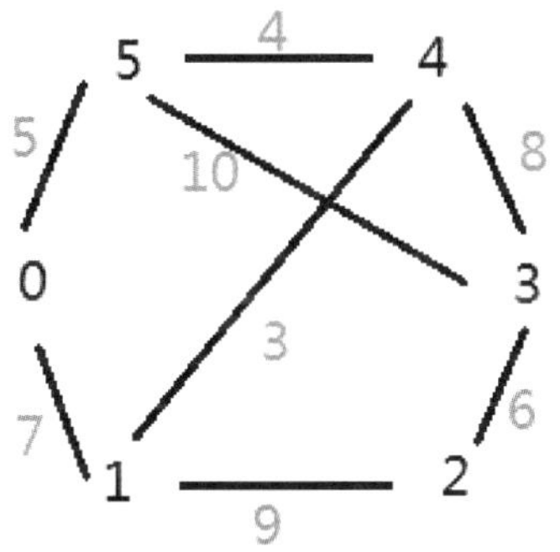

图 5-7　要处理的原始图的结构

执行后会输出显示上述原始图最小生成树结果：

```
邻接矩阵为
[[0, 7, 9999, 9999, 9999, 5], [7, 0, 9, 9999, 3, 9999], [9999, 9, 0, 6, 9999,
9999], [9999, 9999, 6, 0, 8, 10], [9999, 3, 9999, 8, 0, 4], [5, 9999, 9999, 10, 4, 0]]
结点数据为6，边数为8

------最小生成树kruskal算法------
[[1, 4, 3], [4, 5, 4], [0, 5, 5], [2, 3, 6], [3, 4, 8]]
------最小生成树prim算法
[[0, 5, 5], [5, 4, 4], [4, 1, 3], [4, 3, 8], [3, 2, 6]]
```

5.12.3　第二种方案：随机选取结点

再来看下面的实例文件 zuixiao02.py，功能也是使用 Prim 算法求最小生成树。首先随机选取一个结点，然后取结点权重最小的一条边，把边连接的结点也考虑进去，再次选择所有边中权重最小的边，直到选取了所有的结点。文件 zuixiao02.py 的具体实现代码如下所示：

```
from heapq import heappush, heappop
import math
```

```
data = [[0, 2, 8, 1, 0, 0, 0, 0],
        [2, 0, 6, 0, 1, 0, 0, 0],
        [8, 6, 0, 7, 5, 1, 2, 0],
        [1, 0, 7, 0, 0, 0, 9, 0],
        [0, 1, 5, 0, 0, 3, 0, 8],
        [0, 0, 1, 0, 3, 0, 4, 6],
        [0, 0, 2, 9, 0, 4, 0, 3],
        [0, 0, 0, 0, 8, 6, 3, 0]]


# 转换数据格式
def build_graph(data):
    G = {}
    for i in range(len(data)):
        G[str(i)] = {}
        for j in range(len(data[i])):
            if data[i][j] != 0:
                G[str(i)][str(j)] = data[i][j]
    return G


G = build_graph(data)


# print(G)

def prim(G, source):
    P = {}  # parent 字典
    Q = [(0, None, source)]                 # 优先队列

    while Q:
        _, p, u = heappop(Q)                # 将权值最小的元素弹出
        if u in P:  # 如果结点 u 在 P 里面的话
            continue
        P[u] = p  # 结点 u 链接结点 p
        for v, w in G[u].items():           # 将所有现有邻接线的权重添加入优先队列中
            heappush(Q, (w, u, v))          # 权重 , 先结点 , 结点
    return P


subtree = prim(G, "0")

print(subtree)
```

执行后会将最终生成的字典打印出来：

```
{'0': None, '3': '0', '1': '0', '4': '1', '5': '4', '2': '5', '6': '2', '7': '6'}
```

注意：为什么说贪婪算法并不是最优解决问题的方案

还是看“装箱”问题，说明贪婪算法并不是解决问题的最优方案。该算法依次将物品放到它第一个能放进去的箱子中，该算法虽不能保证找到最优解，但还是能找到非常好的解。设 *n* 件物品的体积按从大到小排序，即有 $V_0 \geqslant V_1 \geqslant \cdots \geqslant V_n-1$。如不满足上述要求，只要先对这 *n* 件物品按它们的体积从大到小排序，然后按排序结果对物品重新编号即可。

再看下面的例子：假设有 6 种物品，它们的单位体积分别为 60、45、35、20、20、20，箱子的容积为 100 个单位体积。按上述算法计算，需 3 只箱子，各箱子所装物品分别为：第一只箱子装物品 1、3；第二只箱子装物品 2、4、5；第三只箱子装物品 6。而最优解为两只箱子，分别装物品 1、4、5 和 2、3、6。这个例子说明，贪心算法不一定能找到最优解。

5.13　小结

当需要实时解决方案且近似答案“足够好”时，贪心算法最适用。显然，贪心算法可在确保产生局部最佳解决方案的同时最大程度地减少时间，因此更适用于需要较少时间的情况。尽管贪心算法给出了接近最优的解决方案，但是未能找到解决问题的最优方案。在本书后面的内容中将继续讲解其他常用的算法思想，一起学习能够找到解决问题的高效方案的算法思想。

第 6 章

回溯算法思想

回溯算法是一种通过暴力穷举的方式解决问题的算法，是深度优先搜索的一种具体应用。在本章的内容中将详细讲解试探算法思想的基本知识，并通过具体例子详细讲解试探算法的用法和技巧。希望读者理解并掌握试探算法思想的用法和核心知识，为读者步入本书后面知识的学习打下基础。

6.1 回溯算法思想基础

回溯算法也叫试探算法，处理问题的基本思想是先暂时放弃关于问题规模大小的限制，并将问题的候选解按某种顺序逐一进行枚举和检验。如果当前的候选解不可能是正确的解时，就选择下一个候选解。如果当前的候选解能够满足除了对问题规模的要求外的所有的其他要求时，则继续扩大当前候选解的规模，并继续回溯。如果当前候选解能够满足所有要求（包括问题规模）时，这个候选解就是问题的一个解。在回溯算法中，放弃当前候选解，并继续寻找下一个候选解的过程称为回溯。扩大当前候选解的规模，并继续试探的过程称为向前试探。

（即扫即看）

6.1.1 回溯算法介绍

回溯算法是一个既带有系统性又带有跳跃性的搜索算法。它在包含问题的所有解的解空间树中，按照深度优先的策略，从根结点出发搜索解空间树。算法搜索至解空间树的任意结点时，总是先判断该结点是否肯定不包含问题的解。如果肯定不包含，则跳过对以该结点为根的子树的系统搜索，逐层向其祖先结点回溯。否则进入该子树，继续按深度优先的策略进行搜索。回溯算法在用来求问题的所有解时要回溯到根，且根结点的所有子树都已被搜索一遍才结束。而回溯算法在用来求问题的任意解时，只要搜索到问题的一个解就可以结束。这种以深度优先的方式系统地搜索问题的解的算法也被称为回溯算法，它适用于解一些组合数较大的问题。

回溯算法通常用最简单的递归方法来实现，在反复重复上述的步骤后可能出现两种情况：

（1）找到一个可能存在的正确的答案；

（2）在尝试了所有可能的分步方法后宣告该问题没有答案。

在最坏的情况下，回溯算法会导致一次复杂度为指数时间的计算。回溯算法为了求得问题的正确解，会先委婉地试探某一种可能的情况。在进行试探的过程中，一旦发现原来选择的假设情况是不正确的，立即会自觉地退回一步重新选择，然后继续向前试探，如此这般反复进行，直到得到解或证明无解时才放弃。

6.1.2 使用回溯算法的步骤

使用回溯算法的一般步骤如下所示：

（1）定义一个解空间（子集树、排列树二选一）；

（2）利用适于搜索的方法组织解空间；

（3）利用深度优先法搜索解空间；

（4）利用剪枝函数避免移动到不可能产生解的子空间。

假设存在一个可以用试探法求解的问题 P，该问题表达为：对于已知的由 n 元组（y_1，y_2，…，y_n）组成的一个状态空间 E={（y_1，y_2，…，y_n）｜$y_i \in S_i$，i=1，2，…，n}，给定关于 n 元组中的一个分量的一个约束集 D，要求 E 中满足 D 的全部约束条件的所有 n 元组。其中，S_i 是分量 y_i 的定义域，且 $|S_i|$ 有限，i=1，2，…，n。E 中满足 D 的全部约束条件的任意 n 元组为问题 P 的一个解。

解问题 P 的最简单方法是使用枚举法，即对 E 中的所有 n 元组逐一检测其是否满足 D 的全部约束，如果满足，则为问题 P 的一个解。但是这种方法的计算量非常大。

对于现实中的许多问题，所给定的约束集 D 具有完备性，即 i 元组（y_1，y_2，…，y_i）满足 D 中仅涉及 y_1，y_2，…，y_j 的所有约束，这意味着 j（$j<i$）元组（y_1，y_2，…，y_j）一定也满足 D 中仅涉及 y_1，y_2，…，y_j 的所有约束，i=1，2，…，n。换句话说，只要存在 $0 \leqslant j \leqslant n-1$，使得（$y_1$，$y_2$，…，$y_j$）违反 D 中仅涉及 y_1，y_2，…，y_j 的约束之一，则以（y_1，y_2，…，y_j）为前缀的任何 n 元组（y_1，y_2，…，y_j，y_j+1，…，y_n）一定也违反 D 中仅涉及 y_1，y_2，…，y_i 的一个约束，$n \geqslant i > j$。因此，对于约束集 D 具有完备性的问题 P，一旦检测断定某个 j 元组（y_1，y_2，…，y_j）违反 D 中仅涉及 y_1，y_2，…，y_j 的一个约束，就可以肯定，以（y_1，y_2，…，y_j）为前缀的任何 n 元组（y_1，y_2，…，y_j，y_j+1，…，y_n）都不会是问题 P 的解，因而就不必去搜索它们、检测它们。试探法是针对这类问题而推出的，比枚举算法的效率更高。

6.1.3 回溯算法会影响算法效率吗

下面是回溯算法的 3 个要素。

① 解空间：是要解决问题的范围，不知道范围的搜索是不可能找到结果的。

② 约束条件：包括隐性的和显性的，题目中的要求以及题目描述隐含的约束条件，是搜索有解的保证。

③ 状态树：是构造搜索过程的依据，整个搜索以此树展开。

适合解决没有要求求最优解的问题，如果采用，一定要注意跳出条件及搜索完成的标志，否则会陷入泥潭不可自拔。

下面是影响算法效率的因素。

- 搜索树的结构、解的分布、约束条件的判断。
- 改进回溯算法的途径。
- 搜索顺序。
- 结点少的分支优先、解多的分支优先。
- 让回溯尽早发生。

6.2 算法演练——破解“解空间”

回溯法的基本思想是从一条路往前走，能进则进，不能进则退回来，换一条路再试。在前面曾经说过，使用回溯法解决问题的第一步是定义一个解空间，其中的解空间有两种方案：子集树和排列树。请编写 Python 程序，为回溯法的解空间的两种方案设计两套模板。

（即扫即看）

6.2.1 算法分析：两种时间复杂度

我们根据子集树和排列树两种方案对破解“解空间”进行算法分析。

（1）子集树

遍历子集树的时间复杂度为 $O(2^n)$，如果解的长度是不固定的，那么解和元素顺序无关，即可以从中选择 0 个或多个。例如子集、迷宫等问题。如果解的长度是固定的，那么解和元素顺序有关，即每个元素有一个对应的状态。例如子集、八皇后等问题。

子集树解空间的个数是指数级别的，为 2^n，可以用子集树来表示所有的解。适用于解决幂集、子集和、0–1 背包、装载、八皇后、迷宫等问题。

（2）排列树

遍历排列树的时间复杂度为 $O(n!)$，解空间是由 n 个元素的排列形成，也就是说 n 个元素的每一个排列都是解空间中的一个元素，那么最后解空间的组织形式只能是排列树。

排列树解空间适用于解决 n 个元素全排列、旅行商等问题。

6.2.2 第一种方案：使用子集树模板

使用子集树模板递归创建一个通用模板，各个函数的具体功能如下所示：

- 函数 conflict(k)：参数 k 表示 uansu，实现冲突检测功能，如果没有冲突则返回 false；
- 函数 subsets(k)：实现子集树的递归模板，如果元素 k 超出最尾元素则在 x 中保存这个解，如果元素 k 没有超出最尾元素则回溯遍历所有的元素并进行比较；
- 函数 get_a_subset(x)：根据参数 x 构造一个子集；
- 函数 get_all_subset(x)：根据参数 x 构造一组子集。

文件 jie01.py 的具体实现代码如下所示：

```
n = 4
# a = [ ‘a’ ,’ b’ ,’ c’ ,’ d’ ]
a = [1, 2, 3, 4]
x = []  # 一个解（n 元 0-1 数组）
X = []  # 一组解
```

```
# 冲突检测：无
def conflict(k):
    global n, x, X, a

    return False  # 无冲突


# 一个例子
# 冲突检测：奇偶性相同，且和小于 8 的子集
def conflict2(k):
    global n, x, X, a

    if k == 0:
        return False

    # 根据部分解，构造部分集
    s = [y[0] for y in filter(lambda s: s[1] != 0, zip(a[:k + 1], x[:k + 1]))]
    if len(s) == 0:
        return False
     if 0 < sum(map(lambda y: y % 2, s)) < len(s) or sum(s) >= 8:  # 只比较 x[k] 
与 x[k-1] 奇偶是否相同
        return True

    return False  # 无冲突


# 子集树递归模板
def subsets(k):  # 到达第 k 个元素
    global n, x, X

    if k >= n:  # 超出最末的元素
        # print(x)
        X.append(x[:])  # 保存（一个解）
    else:
        for i in [1, 0]:  # 遍历元素 a[k] 的两种选择状态 :1- 选择，0- 不选
            x.append(i)
            if not conflict2(k):  # 剪枝
                subsets(k + 1)
            x.pop()  # 回溯


# 根据一个解 x，构造一个子集
def get_a_subset(x):
    global a

    return [y[0] for y in filter(lambda s: s[1] != 0, zip(a, x))]


# 根据一组解 X，构造一组子集
def get_all_subset(X):
    return [get_a_subset(x) for x in X]


# 测试
subsets(0)

# 查看第 3 个解及对应的子集
# print(X[2])
# print(get_a_subset(X[2]))

print(get_all_subset(X))
```

执行后会输出：

```
[[1, 3], [1], [2, 4], [2], [3], [4], []]
```

6.2.3 第二种方案：使用排列树模板

本方案使用排列树模板递归创建一个通用模板，解决了列表 [1, 2, 3, 4] 的全排列问题。和上一种方案相比，新增了函数 backkrak(k) 实现排列树的递归模板，如果元素 *k* 超出尾元素则在 *x* 中保存这个解，如果元素 *k* 没有超出则回溯遍历所有的元素并进行比较。

文件 jie02.py 的具体实现代码如下所示：

```
n = 4
x = [1, 2, 3, 4]  # 一个解
X = []  # 一组解


# 冲突检测：无
def conflict(k):
    global n, x, X

    return False  # 无冲突


# 一个例子
# 冲突检测：元素奇偶相间的排列
def conflict2(k):
    global n, x, X

    if k == 0:  # 第一个元素，肯定无冲突
        return False

    if x[k - 1] % 2 == x[k] % 2:  # 只比较 x[k] 与 x[k-1] 奇偶是否相同
        return True

    return False  # 无冲突


# 排列树递归模板
def backkrak(k):  # 到达第 k 个位置
    global n, x, X

    if k >= n:  # 超出最末的位置
        print(x)
        # X.append(x[:]) # 注意 x[:]
    else:
        for i in range(k, n):  # 遍历后面第 k~n-1 的位置
            x[k], x[i] = x[i], x[k]
            if not conflict2(k):  # 剪枝
                backkrak(k + 1)
            x[i], x[k] = x[k], x[i]  # 回溯


# 测试
backkrak(0)
```

执行后会输出：

```
[1, 2, 3, 4]
[1, 4, 3, 2]
[2, 1, 4, 3]
[2, 3, 4, 1]
```

```
[3, 2, 1, 4]
[3, 4, 1, 2]
[4, 3, 2, 1]
[4, 1, 2, 3]
```

6.3　算法演练——解决“全排列”问题

从 n 个不同元素中任取 $m(m \leqslant n)$ 个元素，按照一定的顺序排列起来，叫作从 n 个不同元素中取出 m 个元素的一个排列。当 $m=n$ 时所有的排列情况叫全排列。请编写一个 Python 程序，使用回溯法实现 'a', 'b', 'c', 'd' 四个元素的全排列。

（即扫即看）

6.3.1　算法分析：依次排列元素

使用回溯子集树法解决此问题，一个解 x 就是 n 个元素的一种排列，显然，解 x 的长度是固定的 n。我们可以这样考虑：对于解 x，先排第 0 个元素 $x[0]$，再排第 1 个元素 $x[1]$，...，当来到第 k–1 个元素 $x[k–1]$ 时，就将剩下的未排的所有元素看作元素 $x[k–1]$ 的状态空间，以后逐一遍历。

6.3.2　第一种方案：使用子集树模板实现

本方案使用回溯法实现 'a', 'b', 'c', 'd' 四个元素的全排列。其中函数 conflict(*k*) 跟前面方案中的函数相同，也是用于实现冲突检测。编写函数 perm(*k*) 使用子集树模板实现全排列功能，如果元素 k 超出尾元素则在 x 中保存这个解，如果元素 k 没有超出则回溯遍历所有的元素并进行比较。

文件 pailie.py 的具体实现代码如下所示：

```
n = 4
a = ['a', 'b', 'c', 'd']

x = [0] * n   # 一个解（n 元 0-1 数组）
X = []  # 一组解


# 冲突检测：无
def conflict(k):
    global n, x, X, a

    return False  # 无冲突


# 用子集树模板实现全排列
def perm(k):  # 到达第 k 个元素
    global n, a, x, X

    if k >= n:  # 超出最末的元素
        print(x)
        # X.append(x[:]) # 保存（一个解）
    else:
        for i in set(a) - set(x[:k]):  # 遍历，剩下的未排的所有元素看作元素 x[k-1] 的状态空间

            x[k] = i
            if not conflict(k):  # 剪枝
                perm(k + 1)
```

```
# 测试
perm(0)   # 从 x[0] 开始
```

执行后会输出：

```
[ 'c' , 'd' , 'b' , 'a' ]
[ 'c' , 'd' , 'a' , 'b' ]
[ 'c' , 'b' , 'd' , 'a' ]
[ 'c' , 'b' , 'a' , 'd' ]
[ 'c' , 'a' , 'd' , 'b' ]
[ 'c' , 'a' , 'b' , 'd' ]
[ 'd' , 'c' , 'b' , 'a' ]
[ 'd' , 'c' , 'a' , 'b' ]
[ 'd' , 'b' , 'c' , 'a' ]
[ 'd' , 'b' , 'a' , 'c' ]
[ 'd' , 'a' , 'c' , 'b' ]
[ 'd' , 'a' , 'b' , 'c' ]
[ 'b' , 'c' , 'd' , 'a' ]
[ 'b' , 'c' , 'a' , 'd' ]
[ 'b' , 'd' , 'c' , 'a' ]
[ 'b' , 'd' , 'a' , 'c' ]
[ 'b' , 'a' , 'c' , 'd' ]
[ 'b' , 'a' , 'd' , 'c' ]
[ 'a' , 'c' , 'd' , 'b' ]
[ 'a' , 'c' , 'b' , 'd' ]
[ 'a' , 'd' , 'c' , 'b' ]
[ 'a' , 'd' , 'b' , 'c' ]
[ 'a' , 'b' , 'c' , 'd' ]
[ 'a' , 'b' , 'd' , 'c' ]
```

6.3.3 第二种方案：构造组合

本方案使用回溯算法实现 5 个数字 [1,2,3,4,5] 的全排列。和上一个方案相似，本方案也套用子集树模板。区别是本方案为了展示 *n* 和 *r* 设置的类别的分组，分别使用函数 get_a_comb(*x*) 和 get_all_combs(*x*) 实现了分组功能。

文件 pailie02.py 的具体实现代码如下所示：

```
n = 5
r = 3
a = [1,2,3,4,5] # 五个数字

x = [0]*n # 一个解（n 元 0,1 数组） 固定长度
X = []    # 一组解

def conflict(k):
    global n, r, x

    if sum(x[:k+1]) > r: # 部分解的长度超出 r
        return True

    if sum(x[:k+1]) + (n-k-1) < r: # 部分解的长度加上剩下长度不够 r
        return True

    return False # 无冲突


# 套用子集树模板
def comb(k): # 到达第 k 个元素
    global n, x, X

    if k >= n:  # 超出最末的元素
```

```
            #print(x)
            X.append(x[:]) # 保存（一个解）
        else:
            for i in [1, 0]: # 遍历元素 a[k] 的两种选择状态 :1- 选择，0- 不选
                x[k] = i
                if not conflict(k): # 剪枝
                    comb(k+1)


# 根据一个解 x，构造对应的一个组合
def get_a_comb(x):
    global a

    return [y[0] for y in filter(lambda s:s[1]==1, zip(a, x))]

# 根据一组解 X，构造对应的一组组合
def get_all_combs(X):
    return [get_a_comb(x) for x in X]


# 测试
comb(0)
print(X)
print(get_all_combs(X))
```

执行后会输出：

```
[[1, 1, 1, 0, 0], [1, 1, 0, 1, 0], [1, 1, 0, 0, 1], [1, 0, 1, 1, 0], [1, 0, 1, 0, 1], [1, 0, 0, 1, 1], [0, 1, 1, 1, 0], [0, 1, 1, 0, 1], [0, 1, 0, 1, 1], [0, 0, 1, 1, 1]]
[[1, 2, 3], [1, 2, 4], [1, 2, 5], [1, 3, 4], [1, 3, 5], [1, 4, 5], [2, 3, 4], [2, 3, 5], [2, 4, 5], [3, 4, 5]]
```

6.4 算法演练——解决“选排列”问题

从 n 个元素中挑选 m 个元素进行排列，每个元素最多可重复 r 次。其中 $m \in [2,n]$，$r \in [1,m]$。

例如从 4 个元素中挑选 3 个元素进行排列，每个元素最多可重复 r 次。

（即扫即看）

6.4.1 算法分析：把后者看作是前者的一种状态

使用回溯子集树法解决此问题，解 x 的长度是固定的 m，对于解 x 来说，先排第 0 个位置的元素 $x[0]$，再排第 1 个位置的元素 $x[1]$。把后者看作是前者的一种状态，即 $x[1]$ 是 $x[0]$ 的一种状态。通常把 $x[k]$ 看作 $x[k-1]$ 的状态空间 a 中的一种状态，我们要做的就是遍历 a[k–1] 的所有状态。

6.4.2 具体实现

编写实例文件 xuan.py 解决选排列问题，具体实现代码如下所示：

```
n = 4
a = [ ‘a’ , ‘b’ , ‘c’ , ‘d’ ]

m = 3  # 从 4 个中挑 3 个
r = 2  # 每个元素最多可重复 2

x = [0] * m   # 一个解（m 元 0-1 数组）
```

```
X = []  # 一组解


# 冲突检测
def conflict(k):
    global n, r, x, X, a

    # 部分解内的元素 x[k] 不能超过 r
    if x[:k + 1].count(x[k]) > r:
        return True

    return False  # 无冲突


# 用子集树模板实现选排问题
def perm(k):  # 到达第 k 个元素
    global n, m, a, x, X

    if k == m:  # 超出最末的元素
        print(x)
        # X.append(x[:]) # 保存（一个解）
    else:
        for i in a:  # 遍历 x[k-1] 的状态空间 a，其他的事情交给剪枝函数！
            x[k] = i
            if not conflict(k):  # 剪枝
                perm(k + 1)


# 测试
perm(0)  # 从 x[0] 开始排列
```

执行后会输出：

```
[‘a’, ‘a’, ‘b’]
[‘a’, ‘a’, ‘c’]
[‘a’, ‘a’, ‘d’]
[‘a’, ‘b’, ‘a’]
[‘a’, ‘b’, ‘b’]
[‘a’, ‘b’, ‘c’]
[‘a’, ‘b’, ‘d’]
[‘a’, ‘c’, ‘a’]
[‘a’, ‘c’, ‘b’]
[‘a’, ‘c’, ‘c’]
[‘a’, ‘c’, ‘d’]
[‘a’, ‘d’, ‘a’]
[‘a’, ‘d’, ‘b’]
[‘a’, ‘d’, ‘c’]
[‘a’, ‘d’, ‘d’]
[‘b’, ‘a’, ‘a’]
[‘b’, ‘a’, ‘b’]
[‘b’, ‘a’, ‘c’]
[‘b’, ‘a’, ‘d’]
[‘b’, ‘b’, ‘a’]
[‘b’, ‘b’, ‘c’]
[‘b’, ‘b’, ‘d’]
[‘b’, ‘c’, ‘a’]
[‘b’, ‘c’, ‘b’]
[‘b’, ‘c’, ‘c’]
[‘b’, ‘c’, ‘d’]
[‘b’, ‘d’, ‘a’]
[‘b’, ‘d’, ‘b’]
[‘b’, ‘d’, ‘c’]
[‘b’, ‘d’, ‘d’]
[‘c’, ‘a’, ‘a’]
```

```
[ ‘c’ , ‘a’ , ‘b’ ]
[ ‘c’ , ‘a’ , ‘c’ ]
[ ‘c’ , ‘a’ , ‘d’ ]
[ ‘c’ , ‘b’ , ‘a’ ]
[ ‘c’ , ‘b’ , ‘b’ ]
[ ‘c’ , ‘b’ , ‘c’ ]
[ ‘c’ , ‘b’ , ‘d’ ]
[ ‘c’ , ‘c’ , ‘a’ ]
[ ‘c’ , ‘c’ , ‘b’ ]
[ ‘c’ , ‘c’ , ‘d’ ]
[ ‘c’ , ‘d’ , ‘a’ ]
[ ‘c’ , ‘d’ , ‘b’ ]
[ ‘c’ , ‘d’ , ‘c’ ]
[ ‘c’ , ‘d’ , ‘d’ ]
[ ‘d’ , ‘a’ , ‘a’ ]
[ ‘d’ , ‘a’ , ‘b’ ]
[ ‘d’ , ‘a’ , ‘c’ ]
[ ‘d’ , ‘a’ , ‘d’ ]
[ ‘d’ , ‘b’ , ‘a’ ]
[ ‘d’ , ‘b’ , ‘b’ ]
[ ‘d’ , ‘b’ , ‘c’ ]
[ ‘d’ , ‘b’ , ‘d’ ]
[ ‘d’ , ‘c’ , ‘a’ ]
[ ‘d’ , ‘c’ , ‘b’ ]
[ ‘d’ , ‘c’ , ‘c’ ]
[ ‘d’ , ‘c’ , ‘d’ ]
[ ‘d’ , ‘d’ , ‘a’ ]
[ ‘d’ , ‘d’ , ‘b’ ]
[ ‘d’ , ‘d’ , ‘c’ ]
```

6.5　算法演练——解决“最长公共子序列（LCS）”问题

在数学应用中，某个序列的子序列是从最初序列通过去除某些元素但不破坏余下元素的相对位置（在前或在后）而形成的新序列。假设存在列表 [a,b,c,d,e]，如果找一个子序列，可以是 [a,b,c]、[a,c,e] 或 [b,e], 但不可以是 [c,a,e]。当然这个例子比较特殊，下标越大，字母越靠后。如果原本下标比较小得字母排到下标大的后面，这就不符合子序列的定义了。如果求列表 A 和列表 B 的最长公共子序列，就是说既是 A 的子序列又是 B 的子序列，而且要保证最长。

（即扫即看）

（1）输入：

- 第 1 行：字符串 A;
- 第 2 行：字符串 B。

其中 A 和 B 的长度 ≤ 1000。

（2）输出：

输出最长的子序列，如果有多个，则随意输出 1 个。

例如输入下面的内容：

```
belong
cnblogs
```

则会输出下面的结果：

```
blog
```

6.5.1 算法分析：扩充状态空间

使用回溯子集树法解决此问题，以长度较小的字符串中的字符作为元素，以长度较大的字符串中的字符作为状态空间，对每一个元素，遍历它的状态空间，其他的事情交给剪枝函数。

解 *x* 的长度不固定，x_i 表示字符串 b 中的序号。在处理每一个元素时，如果没有一个状态被选择（cnblogs 中没一个字符被选取），那么程序无法去往下一个元素。为了解决这个问题，需要扩充状态空间，增加一个状态 q。如果元素选取了状态 q，它是合法的。但是状态 q 不加入解 *x* 内。例如图 6-1 所示的处理方法。

状态空间

元素

	c	n	b	l	o	g	s	
b	0	0	1	0	0	0	0	0
e	0	0	0	0	0	0	0	2
l	0	0	0	1	0	0	0	0
o	0	0	0	0	1	0	0	0
n	0	1	0	0	0	0	0	2
g	0	0	0	0	0	1	0	0

人为增加的一种状态：表示cnblogs无一选取

图 6-1 状态空间和元素处理

6.5.2 具体实现

编写实例文件 zuichang.py 解决最长公共子序列问题，具体实现代码如下所示：

```
a = 'belong'
b = 'cnblogs'

x = []    # 一个解（长度不固定）xi 是 b 中字符的序号
X = []    # 一组解

best_x = [] # 最佳解
best_len = 0 # 最大子序列长度


# 冲突检测
def conflict(k):
    global n, x, X, a,b,best_len

    # 如果两个字符不相等
    if x[-1] < len(b) and a[k] != b[x[-1]]:
        return True

    # 如果两个字符相等，但是相对于前一个在 b 中的位置靠前
    if a[k] == b[x[-1]] and (len(x) >= 2 and x[-1] <= x[-2]):
        return True

    # 如果部分解的长度加上后面 a 剩下的长度，小于等于 best_len
    if len(x) + (len(a)-k) < best_len:
        return True

    return False # 无冲突


# 回溯法（递归版本）
def LCS(k): # 到达 a 中的第 k 个元素
    global x, X,a,b,best_len,best_x
    #print(k, x)
```

```
        if k == len(a):  # 超出最末的元素
            if len(x) > best_len:
                best_len = len(x)
                best_x = x[:]
        else:
             for i in range(len(b)+1): # 遍历状态空间：0~len(b)-1，技巧：人为增加一种状态len(b)，表示该行没有元素选取
                if i==len(b): # 此状态不放入解 x 内
                    LCS(k+1)
                else:
                    x.append(i)
                    if not conflict(k): # 剪枝
                        LCS(k+1)
                    x.pop()              # 回溯


    # 根据一个解 x，构造最长子序列 lcs
    def get_lcs(x):
        global b

        return ‘’.join([b[i] for i in x])

    # 测试
    LCS(0)
    print(b)
    print(best_x)
    print(get_lcs(best_x))
```

执行后会输出：

```
cnblogs
[2, 3, 4, 5]
blog
```

6.6　算法演练——解决“排课”问题

某乡村小学有 6 个年级，每个年级有 1 个班，共 6 个班。周一到周五，每天上 6 节课，共计 30 节课。下面是各个班开设的课程说明：

（扫一扫看）

- 一年级：语 (9) 数 (9) 书 (2) 体 (2) 美 (2) 音 (2) 德 (2) 班 (1) 安 (1)
- 二年级：语 (9) 数 (9) 书 (2) 体 (2) 美 (2) 音 (2) 德 (2) 班 (1) 安 (1)
- 三年级：语 (8) 数 (8) 英 (4) 体 (2) 美 (2) 音 (2) 德 (2) 班 (1) 安 (1)
- 四年级：语 (8) 数 (8) 英 (4) 体 (2) 美 (2) 音 (2) 德 (2) 班 (1) 安 (1)
- 五年级：语 (8) 数 (8) 英 (4) 体 (2) 美 (2) 音 (2) 德 (2) 班 (1) 安 (1)
- 六年级：语 (8) 数 (8) 英 (4) 体 (2) 美 (2) 音 (2) 德 (2) 班 (1) 安 (1)

安排课程的要求：

- 各门课课时必须相符；
- 周一最后一节课班会，周五最后一节课安全教育是固定的；
- 上午只能排语、数、英；
- 全校只有两位音乐老师；
- 三年级的数学不能排在周五上午第三节（三年级数学潘老师家里有事）。

6.6.1 算法分析：遍历相应的 9 种状态

使用回溯子集树法解决此问题，将每一个（时间，空间）点对，作为一个元素。这些元素都具有各自的 [状态 1，状态 2，状态 3，状态 4，状态 5，状态 6，状态 7，状态 8，状态 9]，一共有 9 个状态。一种状态对应一个课程。对每一个元素，遍历相应的 9 种状态。解的长度是固定的 30 * 6 的二维数组，本问题只需要解决存在性。也就是说，只要找到一个符合要求的解就可以了。此问题的本质是各（时，空）点对的取各自状态搭配的问题。

6.6.2 具体实现

我们首先在列表 a 中保存 6 个班的开始状态课程，在列表 b 中存储每个课程的课时数，然后将 *x* 赋值为由列表 a 和 b 种一个元素组成的解。使用函数 conflict(t, s) 实现冲突检测功能，必须保证满足上面题目要求中的“安排课程的要求”。最后通过函数 paike(t, s) 套用子集树模板求解问题的答案，通过回溯遍历第 *s* 个班级的对应的所有状态，不同的班级状态不同。

文件 paike.py 的具体实现代码如下所示：

```
m = 30              # 一周课时数（时间）
n = 6               # 全校班级数（空间）
o = 30 * 6          # 元素个数，即（时， 空）点对的个数

# 6个班开始的课程（状态空间）
a = [[ '语', '数', '书', '体', '美', '音', '德', '班', '安'],  # 一年级
     [ '语', '数', '书', '体', '美', '音', '德', '班', '安'],  # 二年级
     [ '语', '数', '英', '体', '美', '音', '德', '班', '安'],  # 三年级
     [ '语', '数', '英', '体', '美', '音', '德', '班', '安'],  # 四年级
     [ '语', '数', '英', '体', '美', '音', '德', '班', '安'],  # 五年级
     [ '语', '数', '英', '体', '美', '音', '德', '班', '安']]  # 六年级

# 课时数
b = [[9, 9, 2, 2, 2, 2, 2, 1, 1],
     [9, 9, 2, 2, 2, 2, 2, 1, 1],
     [8, 8, 4, 2, 2, 2, 2, 1, 1],
     [8, 8, 4, 2, 2, 2, 2, 1, 1],
     [8, 8, 4, 2, 2, 2, 2, 1, 1],
     [8, 8, 4, 2, 2, 2, 2, 1, 1]]

x = [[0 for _ in range(n)] for _ in range(m)]  # 一个解，m*n 的二维数组

is_found = False  # 结束所有递归标志 !!!!!


# 冲突检测
def conflict(t, s):
    ''' 只考虑刚刚排的 x[t][s]'''

    global m, n, o, a, b, x

    # 一、各门课课时数必须相符（纵向看）
    # 1. 前面已经排的课时不能超
    if [r[s] for r in x[:t + 1]].count(x[t][s]) > b[s][a[s].index(x[t][s])]:  #
黑科技，不要眼花！
        return True
    # 2. 后面剩的课时不能不够
    if [r[s] for r in x[:t + 1]].count(x[t][s]) + (m - t - 1) < b[s][a[s].
index(x[t][s])]:
        return True
```

```
    # 二、周一最后一节课班会，周五最后一节课安全教育是固定的。
    # 1. 周一最后一节课班会
    if x[t][s] == '班' and t != 5:
        return True
    # 2. 周五最后一节课安全教育
    if x[t][s] == '安' and t != 29:
        return True

    # 三、上午只能排语、数、英
    if t % 6 in [0, 1, 2] and x[t][s] not in ['语', '数', '英']:
        return True

    # 四、只有两个音乐老师（横向看）
    # 前面已经排的班级不能有 3 个及以上的班级同时上音乐课
    if x[t][s] == '音' and x[t][:s + 1].count('音') >= 3:
        return True

    # 五、三年级的数学不能排在周五上午第三节（三年级数学潘老师家里有事）
    if x[t][s] == '数' and t == 5 * n + 3 - 1:
        return True

    return False                    # 无冲突


# 套用子集树模板
def paike(t, s):                    # 到达 (t,s) 时空点对的位置
    global m, n, o, a, b, x, is_found

    if is_found: return             # 结束所有递归

    if t == m:                      # 超出最末的元素
        # print(x)
        show(x)                     # 美化版
        is_found = True             # 只需找一个
    else:
        for i in a[s]:              # 遍历第 s 个班级的对应的所有状态，不同的班级状态不同
            x[t][s] = i
            if not conflict(t, s):  # 剪枝
                ns = [s + 1, 0][s + 1 == n]   # 行扫描方式
                nt = [t, t + 1][s + 1 == n]
                paike(nt, ns)       # 去往 (nt, ns) 时空点对


# 可视化一个解 x
def show(x):
    import pprint

    pprint.pprint(x[:6])            # 全校的周一课表
    pprint.pprint(x[6:12])          # 全校的周二课表
    pprint.pprint(x[12:18])         # 全校的周三课表
    pprint.pprint(x[18:24])         # 全校的周四课表
    pprint.pprint(x[24:])           # 全校的周五课表


# 测试
paike(0, 0)   # 从时空点对 (0,0) 开始
```

6.7　算法演练——解决“最佳作业调度”问题

（即扫即看）

给定 n 个作业，每一个作业都有两项子任务需要分别在两台机器上完成。

每一个作业必须先由机器 1 处理，然后由机器 2 处理。请尝试设计一个 Python 算法，能够找出完成这 n 个作业的最佳调度，使其机器 2 完成各作业时间之和达到最小。

6.7.1 算法分析：回溯子集树法

使用回溯子集树法解决此问题，要想从 n 个作业中找出有最小完成时间和的作业调度，需要将批处理作业调度问题的解空间看作是一棵排列树。按照回溯法搜索排列树的算法框架，设开始时 t=[1,2, ... , n] 是所给的 n 个作业的完成时间，则相应的排列树由 t[1:n] 的所有排列构成。请看下表 6-1 中的例子。

表 6-1 作业调度例子

作 业	机器 1	机器 2
作业 1	作业 2	作业 1
作业 2	作业 3	作业 1
作业 3	作业 2	作业 3

上述例子的最优调度顺序是 1,3,2，处理时间是 18，这 3 个作业的 6 种可能的调度方案分别是：

- 1,2,3
- 1,3,2
- 2,1,3
- 2,3,1
- 3,1,2
- 3,2,1

上述调度方案所相应的完成时间之和分别是 19，18，20，21，19，19。可以非常直观地看到，最佳调度方案是 1,3,2，其完成时间之和为 18。

（1）如果是 1,2,3 方案，则整个过程如下：

- 作业 1 在机器 1 上完成的时间为 2, 在机器 2 上完成的时间为 3；
- 作业 2 在机器 1 上完成的时间为 5, 在机器 2 上完成的时间为 6；
- 作业 3 在机器 1 上完成的时间为 7, 在机器 2 上完成的时间为 10。

本方案的总消耗时间是：3+6+10 = 19。

（2）如果是 1，3，2 方案，则整个过程如下：

- 作业 1 在机器 1 上完成的时间为 2, 在机器 2 上完成的时间为 3；
- 作业 3 在机器 1 上完成的时间为 4, 在机器 2 上完成的时间为 7；
- 作业 2 在机器 1 上完成的时间为 7, 在机器 2 上完成的时间为 8。

本方案的总消耗时间是：3+7+8 = 18。

设置解编码 $(X_1, X_2, ..., X_n)$，其中 X_i 表示顺序 i 执行的任务编号，一个解就是任务编号的一个排列。

解空间是 $\{(X_1, X_2, ..., X_n) \mid X_i$ 属于 S, i=1, 2, ..., $n\}$，S={1, 2,...,n}，解空间就是任务编号的全排列。

6.7.2 具体实现

我们使用列表 X[] 用于存储一组空间解，best_x 用于保存相应的当前最佳作业调度完成时间。使用回溯算法搜索至叶子结点，得到一个新的作业调度方案。

文件 zuoye.py 的具体实现代码如下所示：

```
n = 3                                         # 作业数
# n 个作业分别在两台机器需要的时间是:
t = [[2,1],
     [3,1],
     [2,3]]

x = [0]*n     # 一个解 (n 元数组，xi ∈ J)
X = []        # 一组解

best_x = [] # 最佳解 (一个调度)
best_t = 0  # 机器 2 最小时间和


# 冲突检测
def conflict(k):
    global n, x, X, t, best_t

    # 部分解内的作业编号 x[k] 不能超过 1
    if  x[:k+1].count(x[k]) > 1:
        return True

    # 部分解的机器 2 执行各作业完成时间之和未有超过 best_t
    #total_t = sum([sum([y[0] for y in t][:i+1]) + t[i][1] for i in range(k+1)])
    j2_t = []
    s = 0
    for i in range(k+1):
        s += t[x[i]][0]
        j2_t.append(s + t[x[i]][1])
    total_t = sum(j2_t)
    if total_t > best_t > 0:
        return True

    return False # 无冲突


# 最佳作业调度问题
def dispatch(k): # 到达第 k 个元素
    global n, x, X, t, best_t, best_x

    if k == n:  # 超出最末的元素
        #print(x)
        #X.append(x[:]) # 保存 (一个解)

        # 根据解 x 计算机器 2 执行各作业完成时间之和
        j2_t = []
        s = 0
        for i in range(n):
            s += t[x[i]][0]
            j2_t.append(s + t[x[i]][1])
        total_t = sum(j2_t)
        if best_t == 0 or total_t < best_t:
            best_t = total_t
            best_x = x[:]
    else:
        for i in range(n): # 遍历第 k 个元素的状态空间，机器编号 0~n-1，其他的事情交给剪枝函数
            x[k] = i
```

```
            if not conflict(k): # 剪枝
                dispatch(k+1)

# 测试
dispatch(0)
print(best_x) # [0, 2, 1]
print(best_t) # 18
```

执行后会输出：

```
[0, 2, 1]
18
```

6.8 算法演练——解决“图的遍历”问题

（即扫即看）

假设现在存在如下所示的一个图。

```
A --> B
A --> C
B --> C
B --> D
B --> E
C --> A
C --> D
D --> C
E --> F
F --> C
F --> D
```

从图中的一个结点 E 出发，不重复地经过所有其他结点后，回到出发结点 E，称为一条路径。请编写一个 Python 程序，找出所有可能的路径。

6.8.1 算法分析：将所有邻接结点看作是该结点的状态空间

使用回溯子集树法解决此问题，问题的解的长度是固定的，即所有的路径长度都是固定的，其中 *n* 不回到出发结点，*n*+1 回到出发结点。每个结点，都有各自的邻接结点。对某个结点来说，可以将它的所有邻接结点看作是这个结点的状态空间。遍历其状态空间，分别剪枝、深度优先递归到下一个结点。

6.8.2 具体实现

编写实例文件 tu.py 解决图的遍历问题，具体流程如下：

- 函数 conflict()：实现冲突检测功能，具体原理和前面介绍的同名函数类似；
- 函数 dfs(k)：实现图的遍历功能，如果解的长度超出结点数则打印输出解 *x*，如果解的长度没有超出结点数则一直遍历结点 x[k] 的邻接结点，找出所有的答案。

文件 tu.py 的具体实现代码如下所示：

```
# 用邻接表表示图
n = 6  # 结点数
a, b, c, d, e, f = range(n)  # 结点名称
graph = [
    {b, c},
    {c, d, e},
    {a, d},
```

```
    {c},
    {f},
    {c, d}
]

x = [0] * (n + 1)   # 一个解（n+1 元数组，长度固定）
X = []   # 一组解


# 冲突检测
def conflict(k):
    global n, graph, x

    # 第 k 个结点，是否前面已经走过
    if k < n and x[k] in x[:k]:
        return True

    # 回到出发结点
    if k == n and x[k] != x[0]:
        return True

    return False   # 无冲突


# 图的遍历
def dfs(k):   # 到达（解 x 的）第 k 个结点
    global n, a, b, c, d, e, f, graph, x, X

    if k > n:   # 解的长度超出，已走遍 n+1 个结点 （若不回到出发结点，则 k==n）
        print(x)
        # X.append(x[:])
    else:
        for node in graph[x[k - 1]]:   # 遍历结点 x[k] 的邻接结点（x[k] 的所有状态）
            x[k] = node
            if not conflict(k):   # 剪枝
                dfs(k + 1)

# 测试
x[0] = e   # 出发结点
dfs(1)   # 开始处理解 x 中的第 2 个结点
```

执行后会输出：

```
[4, 5, 3, 2, 0, 1, 4]
```

6.9　算法演练——解决“爬楼梯”问题

某楼梯有 *n* 层台阶，每步只能走 1 级台阶或 2 级台阶。从下向上爬楼梯，可以有多少种爬法？

（即扫即看）

6.9.1　算法分析：元素不固定，状态空间固定

使用回溯子集树法解决此问题，每一步是一个元素，可走的步数 [1,2] 就是其状态空间。不难看出，元素不固定，状态空间固定。很明显，我们可以使用前面介绍的子集树模板解决这个问题，已走的所有步数之和等于楼梯总台阶数，将第 *k* 步这个元素的状态空间设置为 [1,2]，通过函数 pop() 回溯处理爬楼梯的方法。

6.9.2 具体实现

编写实例文件 louti.py 解决爬楼梯问题，通过函数 conflict(k) 实现冲突检测功能，通过函数 climb_stairs(*k*) 基于回溯解决爬楼梯问题，参数 *k* 表示走第 *k* 步，最后使用 X.append(x[:]) 保存一个解。不断递归回溯，不断保存解，最后遍历输出问题的解。

文件 louti.py 的具体实现代码如下所示：

```
n = 7    # 楼梯阶数

x = []   # 一个解（长度不固定，1-2 数组，表示该步走的台阶数）
X = []   # 一组解


# 冲突检测
def conflict(k):
    global n, x, X

    # 部分解步的步数之和超过总台阶数
    if sum(x[:k + 1]) > n:
        return True

    return False                       # 无冲突


# 回溯法（递归版本）
def climb_stairs(k):                   # 走第 k 步
    global n, x, X

    if sum(x) == n:                    # 已走的所有步数之和等于楼梯总台阶数
        print(x)
        # X.append(x[:])               # 保存（一个解）
    else:
        for i in [1, 2]:               # 第 k 步这个元素的状态空间为 [1,2]
            x.append(i)
            if not conflict(k):        # 剪枝
                climb_stairs(k + 1)
            x.pop()                    # 回溯


# 测试
climb_stairs(0)                        # 走第 0 步
```

执行后会输出：

```
[1, 1, 1, 1, 1, 1, 1]
[1, 1, 1, 1, 1, 2]
[1, 1, 1, 1, 2, 1]
[1, 1, 1, 2, 1, 1]
[1, 1, 1, 2, 2]
[1, 1, 2, 1, 1, 1]
[1, 1, 2, 1, 2]
[1, 1, 2, 2, 1]
[1, 2, 1, 1, 1, 1]
[1, 2, 1, 1, 2]
[1, 2, 1, 2, 1]
[1, 2, 2, 1, 1]
[1, 2, 2, 2]
[2, 1, 1, 1, 1, 1]
[2, 1, 1, 1, 2]
[2, 1, 1, 2, 1]
[2, 1, 2, 1, 1]
[2, 1, 2, 2]
```

```
[2, 2, 1, 1, 1]
[2, 2, 1, 2]
[2, 2, 2, 1]
```

6.10　算法演练——解决“*m* 着色”问题

假设给定了一个无向连通图 G 和 *m* 种不同的颜色，用这 *m* 种颜色为图 G 中的各个顶点着色，要求每个顶点着一种颜色，是否有一种着色法使 G 中任意相邻的 2 个顶点着不同颜色？

（即扫即看）

6.10.1　算法分析：在每一个结点遍历所有颜色

使用回溯子集树法解决此问题，解的长度是固定的 *n*。若 *x* 为本问题的一个解，则 $x[i]$ 表示第 *i* 个结点的着色编号。将 *m* 种颜色看作每个结点的状态空间，每到一个结点会遍历所有颜色，然后进行剪枝和回溯操作。

6.10.2　具体实现

编写实例文件 zhuose.py 解决 *m* 着色问题，首先通过函数 conflict(*k*) 实现冲突检测功能，然后通过函数 dfs(*k*) 求解图的 *m* 着色的所有解，在遍历每一个结点时，需要遍历这个结点的所有可涂颜色。

文件 zhuose.py 的具体实现代码如下所示：

```
# 用邻接表表示图
n = 5  # 结点数
a,b,c,d,e = range(n) # 结点名称
graph = [
    {b,c,d},
    {a,c,d,e},
    {a,b,d},
    {a,b,c,e},
    {b,d}
]

m = 4  # m种颜色

x = [0]*n  # 一个解（n元数组，长度固定）注意：解x的下标就是a,b,c,d,e!!!
X = []     # 一组解


# 冲突检测
def conflict(k):
    global n,graph,x

    # 找出第k个结点前面已经着色的邻接结点
    nodes = [node for node in range(k) if node in graph[k]]
    if x[k] in [x[node] for node in nodes]: # 已经有相邻结点着了这种颜色
        return True

    return False # 无冲突


# 图的m着色（全部解）
def dfs(k): # 到达（解x的）第k个结点
```

```
    global n,m,graph,x,X

    if k == n: # 解的长度超出
        print(x)
        #X.append(x[:])
    else:
        for color in range(m): # 遍历结点 k 的可着颜色编号（状态空间），全都一样
            x[k] = color
            if not conflict(k): # 剪枝
                dfs(k+1)

# 测试
dfs(a)    # 从结点 a 开始
```

执行后会输出：

```
[0, 1, 2, 3, 0]
[0, 1, 2, 3, 2]
[0, 1, 3, 2, 0]
[0, 1, 3, 2, 3]
[0, 2, 1, 3, 0]
[0, 2, 1, 3, 1]
[0, 2, 3, 1, 0]
[0, 2, 3, 1, 3]
[0, 3, 1, 2, 0]
[0, 3, 1, 2, 1]
[0, 3, 2, 1, 0]
[0, 3, 2, 1, 2]
[1, 0, 2, 3, 1]
[1, 0, 2, 3, 2]
[1, 0, 3, 2, 1]
[1, 0, 3, 2, 3]
[1, 2, 0, 3, 0]
[1, 2, 0, 3, 1]
[1, 2, 3, 0, 1]
[1, 2, 3, 0, 3]
[1, 3, 0, 2, 0]
[1, 3, 0, 2, 1]
[1, 3, 2, 0, 1]
[1, 3, 2, 0, 2]
[2, 0, 1, 3, 1]
[2, 0, 1, 3, 2]
[2, 0, 3, 1, 2]
[2, 0, 3, 1, 3]
[2, 1, 0, 3, 0]
[2, 1, 0, 3, 2]
[2, 1, 3, 0, 2]
[2, 1, 3, 0, 3]
[2, 3, 0, 1, 0]
[2, 3, 0, 1, 2]
[2, 3, 1, 0, 1]
[2, 3, 1, 0, 2]
[3, 0, 1, 2, 1]
[3, 0, 1, 2, 3]
[3, 0, 2, 1, 2]
[3, 0, 2, 1, 3]
[3, 1, 0, 2, 0]
[3, 1, 0, 2, 3]
[3, 1, 2, 0, 2]
[3, 1, 2, 0, 3]
[3, 2, 0, 1, 0]
[3, 2, 0, 1, 3]
[3, 2, 1, 0, 1]
[3, 2, 1, 0, 3]
```

6.11　算法演练——解决“取物搭配”问题

有 5 件不同的上衣，3 条不同的裤子，4 顶不同的帽子，从中取出一顶帽子、一件上衣和一条裤子作为一种搭配，请问有多少种不同的搭配方式？

（即扫即看）

6.11.1　算法分析：自上而下遍历每个元素的所有状态

使用回溯子集树法解决此问题，我们可以换个角度看这个问题，现有头、身、腿三个元素，每个元素都有各自的几种状态。头元素有 ['帽 1', '帽 2', '帽 3', '帽 4'] 共 4 种状态，身元素有 ['衣 1', '衣 2', '衣 3', '衣 4', '衣 5'] 共 5 种状态，腿元素有 ['裤 1', '裤 2', '裤 3'] 共 3 种状态。编写程序从头开始，自上而下、遍历每个元素的所有状态。最终解的长度是固定的，但是每个元素的状态数目不同。

6.11.2　具体实现

编写实例文件 wu.py 解决图的遍历问题，具体实现代码如下所示。

```
n = 3 # 3个元素：头、身、腿3个元素各自的状态空间
a = [[ '帽1', '帽2', '帽3', '帽4'],
[ '衣1', '衣2', '衣3', '衣4', '衣5'],
[ '裤1', '裤2', '裤3']]

x = [0]*n # 一个解，长度固定，3元数组
X = [] # 一组解

# 冲突检测
def conflict(k):
    return False # 无冲突套用子集树模板

def match(k): # 到达第 k 个元素
    global n, a, x, X

    if k >= n:  # 超出最末的元素
        print(x)
        #X.append(x[:]) # 保存（一个解）
    else:
         for i in a[k]: # 直接a[k]，若间接则 range(len(a[k]))。 遍历第 k 个元素对应的所有选择状态，不同的元素状态数目不同
            x[k] = i
            if not conflict(k): # 剪枝
                match(k+1)

match(0) # 从头（第 0 个元素）开始
```

执行后会输出：

```
[ '帽1', '衣1', '裤1']
[ '帽1', '衣1', '裤2']
[ '帽1', '衣1', '裤3']
[ '帽1', '衣2', '裤1']
[ '帽1', '衣2', '裤2']
[ '帽1', '衣2', '裤3']
[ '帽1', '衣3', '裤1']
[ '帽1', '衣3', '裤2']
[ '帽1', '衣3', '裤3']
[ '帽1', '衣4', '裤1']
[ '帽1', '衣4', '裤2']
```

```
[‘帽1', '衣4', '裤3']
[‘帽1', '衣5', '裤1']
[‘帽1', '衣5', '裤2’ ]
[‘帽1', '衣5', '裤3']
[‘帽2', '衣1', '裤1']
[‘帽2', '衣1', '裤2']
[‘帽2', '衣1', '裤3']
[‘帽2', '衣2', '裤1']
[‘帽2', '衣2', '裤2']
[‘帽2', '衣2', '裤3']
[‘帽2', '衣3', '裤1']
[‘帽2', '衣3', '裤2']
[‘帽2', '衣3', '裤3']
[‘帽2', '衣4', '裤1']
[‘帽2', '衣4', '裤2']
[‘帽2', '衣4', '裤3']
[‘帽2', '衣5', '裤1']
[‘帽2', '衣5', '裤2']
[‘帽2', '衣5', '裤3']
[‘帽3', '衣1', '裤1']
[‘帽3', '衣1', '裤2']
[‘帽3', '衣1', '裤3']
[‘帽3', '衣2', '裤1']
[‘帽3', '衣2', '裤2']
[‘帽3', '衣2', '裤3']
[‘帽3', '衣3', '裤1']
[‘帽3', '衣3', '裤2']
[‘帽3', '衣3', '裤3']
[‘帽3', '衣4', '裤1']
[‘帽3', '衣4', '裤2’ ]
[‘帽3', '衣4', '裤3']
[‘帽3', '衣5', '裤1']
[‘帽3', '衣5', '裤2']
[‘帽3', '衣5', '裤3']
[‘帽4', '衣1', '裤1']
[‘帽4', '衣1', '裤2']
[‘帽4', '衣1', '裤3']
[‘帽4', '衣2', '裤1']
[‘帽4', '衣2', '裤2']
[‘帽4', '衣2', '裤3']
[‘帽4', '衣3', '裤1']
[‘帽4', '衣3', '裤2']
[‘帽4', '衣3', '裤3']
[‘帽4', '衣4', '裤1']
[‘帽4', '衣4', '裤2']
[‘帽4', '衣4', '裤3']
[‘帽4', '衣5', '裤1']
[‘帽4', '衣5', '裤2']
[‘帽4', '衣5', '裤3']
```

6.12 算法演练——解决“旅行商”问题

旅行商问题是旅行商要到若干个城市旅行，各城市之间的费用是已知的，为了节省费用，旅行商决定从所在城市出发，到每个城市旅行一次后返回初始城市。请看图 6-2 所示的路线图，请问他应选择什么样的路线才能使所走的总费用最短？

（即扫即看）

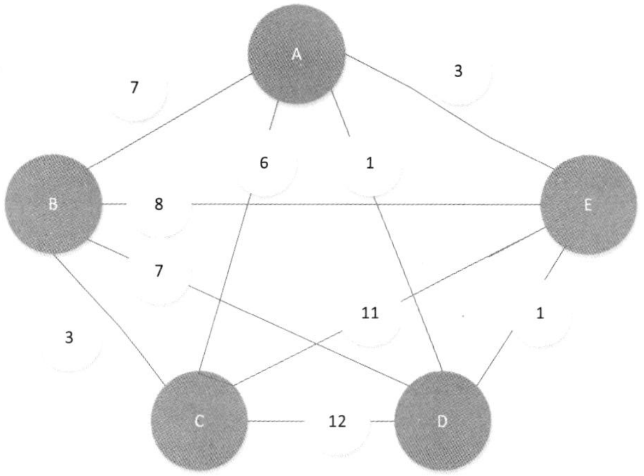

图 6-2　路线图

6.12.1　算法分析：有向图的遍历

使用回溯子集树法解决此问题，可以将此问题描述为带权的有向图 G=（V, E），找到包含 V 中每个结点一个有向环，即一条周游路线，使得这个有向环上所有边成本之和最小。本题是带权的图，解的长度是固定的 *n*+1。对于图中的每一个结点，都有自己的邻接结点。对某个结点而言，其所有的邻接结点构成这个结点的状态空间。当路径到达这个结点时，遍历其状态空间，最后一定可以找到最优解。

6.12.2　具体实现

编写实例文件 lvxing.py，通过函数 tsp(*k*) 解决旅行商问题，设置结点数 *n* 的值是 5，如果解 *k* 的长度大于 *n*，例如已遍历 *n*+1 个结点（没有到出发结点）则设置 *k*==*n*。通过 sum 计算总的旅行费用并赋值为 cost，在遍历结点的过程中计算最小费用。

文件 lvxing.py 的具体实现代码如下所示：

```
n = 5  # 结点数
a, b, c, d, e = range(n)  # 结点名称
graph = [
    {b: 7, c: 6, d: 1, e: 3},
    {a: 7, c: 3, d: 7, e: 8},
    {a: 6, b: 3, d: 12, e: 11},
    {a: 1, b: 7, c: 12, e: 2},
    {a: 3, b: 8, c: 11, d: 2}
]

x = [0] * (n + 1)  # 一个解（n+1 元数组，长度固定）
X = []  # 一组解

best_x = [0] * (n + 1)  # 已找到的最佳解（路径）
min_cost = 0  # 最小旅费


# 冲突检测
def conflict(k):
    global n, graph, x, best_x, min_cost
```

```
        # 第 k 个结点，是否前面已经走过
        if k < n and x[k] in x[:k]:
            return True

        # 回到出发结点
        if k == n and x[k] != x[0]:
            return True

        # 前面部分解的旅费之和超出已经找到的最小总旅费
        cost = sum([graph[node1][node2] for node1, node2 in zip(x[:k], x[1:k + 1])])
        if 0 < min_cost < cost:
            return True

        return False  # 无冲突


    # 旅行商问题（TSP）
    def tsp(k):  # 到达（解 x 的）第 k 个结点
        global n, a, b, c, d, e, graph, x, X, min_cost, best_x

        if k > n:  # 解的长度超出，已走遍 n+1 个结点 （若不回到出发结点，则 k==n）
            cost = sum([graph[node1][node2] for node1, node2 in zip(x[:-1], x[1:])])
# 计算总旅费
            if min_cost == 0 or cost < min_cost:
                best_x = x[:]
                min_cost = cost
                # print(x)
        else:
            for node in graph[x[k - 1]]:  # 遍历结点 x[k-1] 的邻接结点（状态空间）
                x[k] = node
                if not conflict(k):  # 剪枝
                    tsp(k + 1)


    # 测试
    x[0] = c  # 出发结点：路径 x 的第一个结点（随便哪个）
    tsp(1)  # 开始处理解 x 中的第 2 个结点
    print(best_x)
    print(min_cost)
```

执行后会输出：

```
[2, 0, 3, 4, 1, 2]
20
```

6.13 算法演练——解决“野人与传教士”问题

在河的左岸有 n 个传教士、n 个野人和一条船，传教士们想用这条船把所有人都运过河去，但有以下条件限制：

（即扫即看）

- 传教士和野人都会划船，但船每次最多只能运 m 个人；
- 在任何岸边以及船上，野人数目都不能超过传教士，否则传教士会被野人吃掉。

假设野人会服从任何一种过河安排，请规划出一个确保传教士安全过河的计划。

6.13.1 算法分析：只考虑船的状态

使用回溯子集树法解决此问题，大多数解决方案是用左岸的传教士和野人人数以及船的位置这样一个三元组作为状态，进行考虑。下面换一种考虑思路，只考虑船的状态：

- 船的状态：(x, y) x 表示船上 x 个传教士，y 表示船上 y 个野人，其中 $|x| \in [0, m]$, $|y| \in [0, m]$, $0<|x|+|y|<=m$, $x*y>=0$, $|x|>=|y|$。船从左到右时，x, y 取非负数。船从右到左时，x, y 取非正数；
- 解的编码：$[(x_0, y_0), (x_1, y_1), ..., (x_p, y_p)]$ 其中 $x_0+x_1+\cdots+x_p=n$, $y_0+y_1+\cdots+y_p=n$。解的长度不固定，但一定为奇数；
- 开始时左岸 (n, n)，右岸 $(0, 0)$。最终时左岸 $(0, 0)$，右岸 (n, n)，由于船的状态是动态的、二维的。因此，使用一个函数 get_states() 来专门生成其状态空间，使得主程序更加清晰。

6.13.2　具体实现

编写实例文件 yeren.py 解决野人与传教士问题，根据上面的算法分析思路可知，我们使用函数 get_states(*k*) 计算船的合法状态空间，如果 *k*%2==0 则从左到右只考虑原左岸人数，否则从右到左只考虑原右岸人数。通过函数 backtrack(*k*) 回溯计算需要经过几趟过河，我们需要遍历船的合法状态空间，通过深度优先实现了递归调用。

文件 yeren.py 的具体实现代码如下所示：

```
n = 3  # n个传教士、n个野人
m = 2  # 船能载m人

x = [] # 一个解，就是船的一系列状态
X = [] # 一组解

is_found = False # 全局终止标志


# 计算船的合法状态空间（二维）
def get_states(k): # 船准备跑第k趟
    global n, m, x

    if k%2==0:  # 从左到右，只考虑原左岸人数
        s1, s2 = n - sum(s[0] for s in x), n - sum(s[1] for s in x)
    else:        # 从右到左，只考虑原右岸人数（将船的历史状态累加可得！！！）
        s1, s2 = sum(s[0] for s in x), sum(s[1] for s in x)

    for i in range(s1 + 1):
        for j in range(s2 + 1):
            if 0 < i+j <= m and (i*j == 0 or i >= j):
                yield [(-i,-j), (i,j)][k%2==0]    # 生成船的合法状态


# 冲突检测
def conflict(k): # 船开始跑第k趟
    global n, m, x

    # 若船上载的人与上一趟一样（会陷入死循环！！！！）
    if k > 0 and x[-1][0] == -x[-2][0] and x[-1][1] == -x[-2][1]:
        return True

    # 任何时候，船上传教士人数少于野人，或者无人，或者超载（计算船的合法状态空间时已经考虑到了。）
    #if 0 < abs(x[-1][0]) < abs(x[-1][1]) or x[-1] == (0, 0) or abs(sum(x[-1]))
> m:
    #    return True

    # 任何时候，左岸传教士人数少于野人
```

```
    if 0 < n - sum(s[0] for s in x) < n - sum(s[1] for s in x):
        return True

    # 任何时候，右岸传教士人数少于野人
    if 0 < sum(s[0] for s in x) < sum(s[1] for s in x):
        return True

    return False # 无冲突


# 回溯法
def backtrack(k): # 船准备跑第 k 趟
    global n, m, x, is_found

    if is_found: return  # 终止所有递归

    if n - sum(s[0] for s in x) == 0 and n - sum(s[1] for s in x) == 0: # 左岸人
数全为 0
        print(x)
        is_found = True
    else:
        for state in get_states(k): # 遍历船的合法状态空间
            x.append(state)
            if not conflict(k):
                backtrack(k+1) # 深度优先
            x.pop()    # 回溯


# 测试
backtrack(0)
```

执行后会输出：

```
[(0, 2), (0, -1), (0, 2), (0, -1), (2, 0), (-1, -1), (2, 0), (0, -1), (0, 2), (0,
-1), (0, 2)]
```

6.14 算法演练——解决“骑士巡逻”问题

骑士巡逻是图论上的一个求哈密尔顿轨迹的数学问题。骑士巡逻是一个数学问题：将一个国际象棋的骑士（或称马）放在棋盘上，有什么路径能使它走遍棋盘上每一格呢？这个问题有超过十亿个解答，其中有约 122 000 000 个解答使得骑士最后的位置可以走到最初的位置。

（即扫即看）

在 9 世纪的古印度恰图兰卡就出现过使用半个 8*8 棋盘的骑士巡逻棋谜。问题的变化包括用不同大小的棋盘，以及一种以此问题为基础的两人游戏。许多数学家曾钻研过此问题，包括欧拉。

6.14.1 算法分析：以深度优先方式搜索解空间

使用回溯算法解题的基本步骤如下所示。

（1）针对所给问题，定义问题的解空间。

（2）确定易于搜索的解空间结构。

（3）以深度优先方式搜索解空间，并在搜索过程中用剪枝函数避免无效搜索。

（4）然后通过 DFS 思想完成回溯，具体流程如下所示：

① 设置初始化的方案（给变量赋初值，读入已知数据等）；

② 变换方式去试探，若全部试完则转⑦；

③ 判断此法是否成功（通过约束函数），不成功则转②；

④ 试探成功则前进一步再试探；

⑤ 正确方案还未找到则转②；

⑥ 已找到一种方案则记录并打印；

⑦ 退回一步（回溯），若未退到头则转②；

⑧ 已退到头则结束或打印无解。

综上所述，试探算法的阶梯思路是：针对所给问题，确定问题的解空间→确定结点的扩展搜索规则→以 DFS 方式搜索解空间，并在搜索过程中用剪枝函数避免无效搜索。

6.14.2 具体实现

编写实例文件 qishi.py，具体思路是采用回溯法一遍一遍的尝试所有可走的位置，如果不行则回溯到上一个位置继续进行其他尝试。非常明显，这个算法的时间复杂度会很高。

文件 qishi.py 的具体实现代码如下所示：

```
SIZE = 5
total = 0


def print_board(board):
    for row in board:
        for col in row:
            print(str(col).center(4), end=' ')
        print()


def patrol(board, row, col, step=1):
    if row >= 0 and row < SIZE and \
        col >= 0 and col < SIZE and \
        board[row][col] == 0:
        board[row][col] = step
        if step == SIZE * SIZE:
            global total
            total += 1
            print(f'第{total}种走法：')
            print_board(board)
        patrol(board, row - 2, col - 1, step + 1)
        patrol(board, row - 1, col - 2, step + 1)
        patrol(board, row + 1, col - 2, step + 1)
        patrol(board, row + 2, col - 1, step + 1)
        patrol(board, row + 2, col + 1, step + 1)
        patrol(board, row + 1, col + 2, step + 1)
        patrol(board, row - 1, col + 2, step + 1)
        patrol(board, row - 2, col + 1, step + 1)
        board[row][col] = 0


def main():
    board = [[0] * SIZE for _ in range(SIZE)]
    patrol(board, SIZE - 1, SIZE - 1)


if __name__ == '__main__':
    main()
```

执行后会列出大小为 5 的所有走法（共计 304 种）：

```
第 1 种走法：
 23  12  3   18  25
 4   17  24  13  8
 11  22  7   2   19
 16  5   20  9   14
 21  10  15  6   1
第 2 种走法：
 23  14  3   8   25
 4   9   24  13  16
 19  22  15  2   7
 10  5   20  17  12
 21  18  11  6   1
第 3 种走法：
 23  18  3   8   25
 4   9   24  19  14
 17  22  13  2   7
 10  5   20  15  12
 21  16  11  6   1
# 省略中间的执行结果
第 303 种走法：
 23  12  17  8   21
 18  7   22  3   16
 13  24  11  20  9
 6   19  2   15  4
 25  14  5   10  1
第 304 种走法：
 23  14  19  8   21
 12  7   22  3   18
 15  24  13  20  9
 6   11  2   17  4
 25  16  5   10  1
```

6.15 算法演练——解决“八皇后”问题的 4 种方案

“八皇后”问题是一个古老而著名的问题，是回溯法的典型例题。该问题由 19 世纪数学家高斯 1850 年手工解决：在 8*8 格的国际象棋上摆放八个皇后，如图 6-3 所示。要求八个皇后不能互相攻击，即任意两个皇后都不能处于同一行、同一列或同一斜线上，问有多少种摆法。

（即扫即看）

图 6-3 八个皇后

6.15.1　算法分析：将每行的可行位置入栈

首先将这个问题简化，设为 4*4 的棋盘，会知道有 2 种摆法，每行摆在列 2、4、1、3 或 3、1、4、2 上。

输入：无。

输出：若干种可行方案，每种方案用空行隔开，例如下面是其中一种方案：

第 1 行第 2 列；

第 2 行第 4 列；

第 3 行第 2 列；

第 4 行第 3 列。

回溯算法将每行的可行位置入栈（就是放入一个数组 a[5]，这里用的是 a[1] ～ a[4]），不行就退栈换列重试，直到找到一套方案输出。再接着从第一行换列重试其他方案。

6.15.2　第一种方案：套用子集树模板

在下面的实例文件 bahuang.py 中，演示了使用回溯算法解决八皇后问题的过程。为了简化问题，考虑到八个皇后不同行，则每一行放置一个皇后，每一行的皇后可以放置于第 0、1、2、...、7 列，我们认为每一行的皇后有 8 种状态。那么，我们只要套用子集树模板，从第 0 行开始，自上而下，对每一行的皇后，遍历它的 8 个状态即可。具体实现代码如下：

```
n = 8
x = []  # 一个解（n 元数组）
X = []  # 一组解

# 冲突检测：判断 x[k] 是否与前 x[0~k-1] 冲突
def conflict(k):
    global x

    for i in range(k):  # 遍历前 x[0~k-1]
        if x[i] == x[k] or abs(x[i] - x[k]) == abs(i - k):  # 判断是否与 x[k] 冲突
            return True
    return False


# 套用子集树模板
def queens(k):  # 到达第 k 行
    global n, x, X

    if k >= n:  # 超出最底行
        # print(x)
        X.append(x[:])  # 保存（一个解），注意 x[:]
    else:
        for i in range(n):  # 遍历第 0~n-1 列（即 n 个状态）
            x.append(i)  # 皇后置于第 i 列，入栈
            if not conflict(k):  # 剪枝
                queens(k + 1)
            x.pop()  # 回溯，出栈


# 解的可视化（根据一个解 x，复原棋盘。'X' 表示皇后）
def show(x):
    global n

    for i in range(n):
```

```
        print( '. ' * (x[i]) + 'X ' + '. ' * (n - x[i] - 1))


# 测试
queens(0)  # 从第 0 行开始

print(X[-1], '\n' )
show(X[-1])
```

执行后会输出：

```
[7, 3, 0, 2, 5, 1, 6, 4]

. . . . . . . X
. . . X . . . .
X . . . . . . .
. . X . . . . .
. . . . . X . .
. X . . . . . .
. . . . . . X .
. . . . X . . .
```

6.15.3 第二种方案：通过回溯算法实现条件过滤

编写实例文件 bahuang02.py，首先设置棋盘的大小规模为 8，用一个长度是 8 的二维数组来表示，然后对列进行遍历，并打印坐标的位置。然后对第棋盘上第 column 列的情况进行检查，看看是否能够放置皇后。最后通过回溯算法实现条件过滤，最后得到想要的结果。文件 bahuang02.py 的具体实现代码如下所示：

```
# 设置棋盘的大小规模
max_coordinate = 8
# 构建数据结构
# 初始化坐标列表，
# 列表的 value 为纵坐标值（即棋盘上行数的标记值）
# 列表的 index 为横坐标值（即棋盘上列数的标记值）
queen_list = [None]*8


def show():
    column = 0
    # 对列进行遍历，打印坐标
    while column < max_coordinate:
        print("(%d, %d)" % (column, queen_list[column]), end=" ")
        column += 1
    print("")


# 对第棋盘上第 column 列的情况进行检查，看看是否能够放置皇后
def check(column):
    column_2 = 0
    # 对比 column 小的列进行遍历
    while column_2 < column:
        # 如果比 column 小的列中有和 column 对应的 queen_list 的值相等（即在同一行），
        # 或者有两者的行标记之差的绝对值等于列标记之差的情况（即在其对角线上），
        # 则不能放置该皇后
            if (queen_list[column_2] == queen_list[column]) or (abs(queen_
list[column_2] - queen_list[column]) == column - column_2):
             return False
        column_2 += 1
    # 否则，可以放置该皇后
    return True
```

```
# 回溯算法的递归函数主体
# 传入一个初始的横坐标值（即对应棋盘上的列数的标记值）
def put_queen(column):
    row = 0
    #
    # 对棋盘的行进行遍历：0~7 行
    while row < max_coordinate:
        # 假设该皇后可以放置在棋盘的第 row 行，第 column 列上
        queen_list[column] = row
        # 对第棋盘的 column 列进行检查，如果满足条件则进行下一列的放置
        if check(column):
            # 如果已至最后一列，则调用显示方法，打印结果，跳出递归
            if column == max_coordinate - 1:
                show()
            else:
                # 如果未至最后一列，则递归调用自身，实现在下一列中放置另一个皇后
                put_queen(column + 1)
        row += 1


def main():
    put_queen(0)
    print("=" *10)


if __name__ == '__main__':
    main()
```

执行后会输出：

```
(0, 0) (1, 4) (2, 7) (3, 5) (4, 2) (5, 6) (6, 1) (7, 3)
(0, 0) (1, 5) (2, 7) (3, 2) (4, 6) (5, 3) (6, 1) (7, 4)
(0, 0) (1, 6) (2, 3) (3, 5) (4, 7) (5, 1) (6, 4) (7, 2)
(0, 0) (1, 6) (2, 4) (3, 7) (4, 1) (5, 3) (6, 5) (7, 2)
(0, 1) (1, 3) (2, 5) (3, 7) (4, 2) (5, 0) (6, 6) (7, 4)
(0, 1) (1, 4) (2, 6) (3, 0) (4, 2) (5, 7) (6, 5) (7, 3)
(0, 1) (1, 4) (2, 6) (3, 3) (4, 0) (5, 7) (6, 5) (7, 2)
(0, 1) (1, 5) (2, 0) (3, 6) (4, 3) (5, 7) (6, 2) (7, 4)
(0, 1) (1, 5) (2, 7) (3, 2) (4, 0) (5, 3) (6, 6) (7, 4)
(0, 1) (1, 6) (2, 2) (3, 5) (4, 7) (5, 4) (6, 0) (7, 3)
(0, 1) (1, 6) (2, 4) (3, 7) (4, 0) (5, 3) (6, 5) (7, 2)
(0, 1) (1, 7) (2, 5) (3, 0) (4, 2) (5, 4) (6, 6) (7, 3)
(0, 2) (1, 0) (2, 6) (3, 4) (4, 7) (5, 1) (6, 3) (7, 5)
(0, 2) (1, 4) (2, 1) (3, 7) (4, 0) (5, 6) (6, 3) (7, 5)
(0, 2) (1, 4) (2, 1) (3, 7) (4, 5) (5, 3) (6, 6) (7, 0)
(0, 2) (1, 4) (2, 6) (3, 0) (4, 3) (5, 1) (6, 7) (7, 5)
(0, 2) (1, 4) (2, 7) (3, 3) (4, 0) (5, 6) (6, 1) (7, 5)
(0, 2) (1, 5) (2, 1) (3, 4) (4, 7) (5, 0) (6, 6) (7, 3)
(0, 2) (1, 5) (2, 1) (3, 6) (4, 0) (5, 3) (6, 7) (7, 4)
(0, 2) (1, 5) (2, 1) (3, 6) (4, 4) (5, 0) (6, 7) (7, 3)
(0, 2) (1, 5) (2, 3) (3, 0) (4, 7) (5, 4) (6, 6) (7, 1)
(0, 2) (1, 5) (2, 3) (3, 1) (4, 7) (5, 4) (6, 6) (7, 0)
(0, 2) (1, 5) (2, 7) (3, 0) (4, 3) (5, 6) (6, 4) (7, 1)
(0, 2) (1, 5) (2, 7) (3, 0) (4, 4) (5, 6) (6, 1) (7, 3)
(0, 2) (1, 5) (2, 7) (3, 1) (4, 3) (5, 0) (6, 6) (7, 4)
(0, 2) (1, 6) (2, 1) (3, 7) (4, 4) (5, 0) (6, 3) (7, 5)
(0, 2) (1, 6) (2, 1) (3, 7) (4, 5) (5, 3) (6, 0) (7, 4)
(0, 2) (1, 7) (2, 3) (3, 6) (4, 0) (5, 5) (6, 1) (7, 4)
(0, 3) (1, 0) (2, 4) (3, 7) (4, 1) (5, 6) (6, 2) (7, 5)
(0, 3) (1, 0) (2, 4) (3, 7) (4, 5) (5, 2) (6, 6) (7, 1)
(0, 3) (1, 1) (2, 4) (3, 7) (4, 5) (5, 0) (6, 2) (7, 6)
(0, 3) (1, 1) (2, 6) (3, 2) (4, 5) (5, 7) (6, 0) (7, 4)
```

```
(0, 3) (1, 1) (2, 6) (3, 2) (4, 5) (5, 7) (6, 4) (7, 0)
(0, 3) (1, 1) (2, 6) (3, 4) (4, 0) (5, 7) (6, 5) (7, 2)
(0, 3) (1, 1) (2, 7) (3, 4) (4, 6) (5, 0) (6, 2) (7, 5)
(0, 3) (1, 1) (2, 7) (3, 5) (4, 0) (5, 2) (6, 4) (7, 6)
(0, 3) (1, 5) (2, 0) (3, 4) (4, 1) (5, 7) (6, 2) (7, 6)
(0, 3) (1, 5) (2, 7) (3, 1) (4, 6) (5, 0) (6, 2) (7, 4)
(0, 3) (1, 5) (2, 7) (3, 2) (4, 0) (5, 6) (6, 4) (7, 1)
(0, 3) (1, 6) (2, 0) (3, 7) (4, 4) (5, 1) (6, 5) (7, 2)
(0, 3) (1, 6) (2, 2) (3, 7) (4, 1) (5, 4) (6, 0) (7, 5)
(0, 3) (1, 6) (2, 4) (3, 1) (4, 5) (5, 0) (6, 2) (7, 7)
(0, 3) (1, 6) (2, 4) (3, 2) (4, 0) (5, 5) (6, 7) (7, 1)
(0, 3) (1, 7) (2, 0) (3, 2) (4, 5) (5, 1) (6, 6) (7, 4)
(0, 3) (1, 7) (2, 0) (3, 4) (4, 6) (5, 1) (6, 5) (7, 2)
(0, 3) (1, 7) (2, 4) (3, 2) (4, 0) (5, 6) (6, 1) (7, 5)
(0, 4) (1, 0) (2, 3) (3, 5) (4, 7) (5, 1) (6, 6) (7, 2)
(0, 4) (1, 0) (2, 7) (3, 3) (4, 1) (5, 6) (6, 2) (7, 5)
(0, 4) (1, 0) (2, 7) (3, 5) (4, 2) (5, 6) (6, 1) (7, 3)
(0, 4) (1, 1) (2, 3) (3, 5) (4, 7) (5, 2) (6, 0) (7, 6)
(0, 4) (1, 1) (2, 3) (3, 6) (4, 2) (5, 7) (6, 5) (7, 0)
(0, 4) (1, 1) (2, 5) (3, 0) (4, 6) (5, 3) (6, 7) (7, 2)
(0, 4) (1, 1) (2, 7) (3, 0) (4, 3) (5, 6) (6, 2) (7, 5)
(0, 4) (1, 2) (2, 0) (3, 5) (4, 7) (5, 1) (6, 3) (7, 6)
(0, 4) (1, 2) (2, 0) (3, 6) (4, 1) (5, 7) (6, 5) (7, 3)
(0, 4) (1, 2) (2, 7) (3, 3) (4, 6) (5, 0) (6, 5) (7, 1)
(0, 4) (1, 6) (2, 0) (3, 2) (4, 7) (5, 5) (6, 3) (7, 1)
(0, 4) (1, 6) (2, 0) (3, 3) (4, 1) (5, 7) (6, 5) (7, 2)
(0, 4) (1, 6) (2, 1) (3, 3) (4, 7) (5, 0) (6, 2) (7, 5)
(0, 4) (1, 6) (2, 1) (3, 5) (4, 2) (5, 0) (6, 3) (7, 7)
(0, 4) (1, 6) (2, 1) (3, 5) (4, 2) (5, 0) (6, 7) (7, 3)
(0, 4) (1, 6) (2, 3) (3, 0) (4, 2) (5, 7) (6, 5) (7, 1)
(0, 4) (1, 7) (2, 3) (3, 0) (4, 2) (5, 5) (6, 1) (7, 6)
(0, 4) (1, 7) (2, 3) (3, 0) (4, 6) (5, 1) (6, 5) (7, 2)
(0, 5) (1, 0) (2, 4) (3, 1) (4, 7) (5, 2) (6, 6) (7, 3)
(0, 5) (1, 1) (2, 6) (3, 0) (4, 2) (5, 4) (6, 7) (7, 3)
(0, 5) (1, 1) (2, 6) (3, 0) (4, 3) (5, 7) (6, 4) (7, 2)
(0, 5) (1, 2) (2, 0) (3, 6) (4, 4) (5, 7) (6, 1) (7, 3)
(0, 5) (1, 2) (2, 0) (3, 7) (4, 3) (5, 1) (6, 6) (7, 4)
(0, 5) (1, 2) (2, 0) (3, 7) (4, 4) (5, 1) (6, 3) (7, 6)
(0, 5) (1, 2) (2, 4) (3, 6) (4, 0) (5, 3) (6, 1) (7, 7)
(0, 5) (1, 2) (2, 4) (3, 7) (4, 0) (5, 3) (6, 1) (7, 6)
(0, 5) (1, 2) (2, 6) (3, 1) (4, 3) (5, 7) (6, 0) (7, 4)
(0, 5) (1, 2) (2, 6) (3, 1) (4, 7) (5, 4) (6, 0) (7, 3)
(0, 5) (1, 2) (2, 6) (3, 3) (4, 0) (5, 7) (6, 1) (7, 4)
(0, 5) (1, 3) (2, 0) (3, 4) (4, 7) (5, 1) (6, 6) (7, 2)
(0, 5) (1, 3) (2, 1) (3, 7) (4, 4) (5, 6) (6, 0) (7, 2)
(0, 5) (1, 3) (2, 6) (3, 0) (4, 2) (5, 4) (6, 1) (7, 7)
(0, 5) (1, 3) (2, 6) (3, 0) (4, 7) (5, 1) (6, 4) (7, 2)
(0, 5) (1, 7) (2, 1) (3, 3) (4, 0) (5, 6) (6, 4) (7, 2)
(0, 6) (1, 0) (2, 2) (3, 7) (4, 5) (5, 3) (6, 1) (7, 4)
(0, 6) (1, 1) (2, 3) (3, 0) (4, 7) (5, 4) (6, 2) (7, 5)
(0, 6) (1, 1) (2, 5) (3, 2) (4, 0) (5, 3) (6, 7) (7, 4)
(0, 6) (1, 2) (2, 0) (3, 5) (4, 7) (5, 4) (6, 1) (7, 3)
(0, 6) (1, 2) (2, 7) (3, 1) (4, 4) (5, 0) (6, 5) (7, 3)
(0, 6) (1, 3) (2, 1) (3, 4) (4, 7) (5, 0) (6, 2) (7, 5)
(0, 6) (1, 3) (2, 1) (3, 7) (4, 5) (5, 0) (6, 2) (7, 4)
(0, 6) (1, 4) (2, 2) (3, 0) (4, 5) (5, 7) (6, 1) (7, 3)
(0, 7) (1, 1) (2, 3) (3, 0) (4, 6) (5, 4) (6, 2) (7, 5)
(0, 7) (1, 1) (2, 4) (3, 2) (4, 0) (5, 6) (6, 3) (7, 5)
(0, 7) (1, 2) (2, 0) (3, 5) (4, 1) (5, 4) (6, 6) (7, 3)
(0, 7) (1, 3) (2, 0) (3, 2) (4, 5) (5, 1) (6, 6) (7, 4)
==========
```

6.15.4　第三种方案：递归回溯

编写实例文件 bahuang03.py，使用递归回溯算法解决八皇后问题。所谓递归回溯，本质上是一种枚举法。这种方法从棋盘的第一行开始尝试摆放第一个皇后，摆放成功后，递归一层，再遵循规则在棋盘第二行来摆放第二个皇后。如果当前位置无法摆放，则向右移动一格再次尝试，如果摆放成功，则继续递归一层，摆放第三个皇后，等等。如果某一层看遍了所有格子，都无法成功摆放，则回溯到上一个皇后，让上一个皇后右移一格，再进行递归。如果八个皇后都摆放完毕且符合规则，那么就得到了其中一种正确的解法。文件 bahuang03.py 的具体实现代码如下所示：

```
def queen(queen_list, current_column=0):

    for row in range(len(queen_list)):
        # 如果已至最后一列，则打印结果，跳出递归
        if current_column == len(queen_list):
            for i in range(len(queen_list)):
                print(“(%d, %d)” % (i, queen_list[i]), end=” “)
            print(“”)
            return

        # 假设当前列能够放置一个皇后，用 queen_list 的 index 记录列标，value 记录行标
        # flag 为可行性的标记
        queen_list[current_column],flag = row,True
        # 对当前列之前的各列进行遍历
        for column in range(current_column):
            # 排除同行及对角线上的位置，将 flag 设置为 False
            if (queen_list[column] == row) or (abs(row - queen_list[column]) ==
current_column - column):
                flag = False
                # 只要有一个不满足的条件，就跳出遍历
                break
        # 如果可以放置，则递归调用自身，对下一列进行筛选
        if flag:
            queen(queen_list, current_column + 1)

queen([None]*8)
```

执行后会输出：

```
(0, 0) (1, 4) (2, 7) (3, 5) (4, 2) (5, 6) (6, 1) (7, 3)
(0, 0) (1, 5) (2, 7) (3, 2) (4, 6) (5, 3) (6, 1) (7, 4)
(0, 0) (1, 6) (2, 3) (3, 5) (4, 7) (5, 1) (6, 4) (7, 2)
(0, 0) (1, 6) (2, 4) (3, 7) (4, 1) (5, 3) (6, 5) (7, 2)
(0, 1) (1, 3) (2, 5) (3, 7) (4, 2) (5, 0) (6, 6) (7, 4)
(0, 1) (1, 4) (2, 6) (3, 0) (4, 2) (5, 7) (6, 5) (7, 3)
(0, 1) (1, 4) (2, 6) (3, 3) (4, 0) (5, 7) (6, 5) (7, 2)
(0, 1) (1, 5) (2, 0) (3, 6) (4, 3) (5, 7) (6, 2) (7, 4)
(0, 1) (1, 5) (2, 7) (3, 2) (4, 0) (5, 3) (6, 6) (7, 4)
(0, 1) (1, 6) (2, 2) (3, 5) (4, 7) (5, 4) (6, 0) (7, 3)
(0, 1) (1, 6) (2, 4) (3, 7) (4, 0) (5, 3) (6, 5) (7, 2)
(0, 1) (1, 7) (2, 5) (3, 0) (4, 2) (5, 4) (6, 6) (7, 3)
(0, 2) (1, 0) (2, 6) (3, 4) (4, 7) (5, 1) (6, 3) (7, 5)
(0, 2) (1, 4) (2, 1) (3, 7) (4, 0) (5, 6) (6, 3) (7, 5)
(0, 2) (1, 4) (2, 1) (3, 7) (4, 5) (5, 3) (6, 6) (7, 0)
(0, 2) (1, 4) (2, 6) (3, 0) (4, 3) (5, 1) (6, 7) (7, 5)
(0, 2) (1, 4) (2, 7) (3, 3) (4, 0) (5, 6) (6, 1) (7, 5)
(0, 2) (1, 5) (2, 1) (3, 4) (4, 7) (5, 0) (6, 6) (7, 3)
(0, 2) (1, 5) (2, 1) (3, 6) (4, 0) (5, 3) (6, 7) (7, 4)
(0, 2) (1, 5) (2, 1) (3, 6) (4, 4) (5, 0) (6, 7) (7, 3)
(0, 2) (1, 5) (2, 3) (3, 0) (4, 7) (5, 4) (6, 6) (7, 1)
```

```
(0, 2) (1, 5) (2, 3) (3, 1) (4, 7) (5, 4) (6, 6) (7, 0)
(0, 2) (1, 5) (2, 7) (3, 0) (4, 3) (5, 6) (6, 4) (7, 1)
(0, 2) (1, 5) (2, 7) (3, 0) (4, 4) (5, 6) (6, 1) (7, 3)
(0, 2) (1, 5) (2, 7) (3, 1) (4, 3) (5, 0) (6, 6) (7, 4)
(0, 2) (1, 6) (2, 1) (3, 7) (4, 4) (5, 0) (6, 3) (7, 5)
(0, 2) (1, 6) (2, 1) (3, 7) (4, 5) (5, 3) (6, 0) (7, 4)
(0, 2) (1, 7) (2, 3) (3, 6) (4, 0) (5, 5) (6, 1) (7, 4)
(0, 3) (1, 0) (2, 4) (3, 7) (4, 1) (5, 6) (6, 2) (7, 5)
(0, 3) (1, 0) (2, 4) (3, 7) (4, 5) (5, 2) (6, 6) (7, 1)
(0, 3) (1, 1) (2, 4) (3, 7) (4, 5) (5, 0) (6, 2) (7, 6)
(0, 3) (1, 1) (2, 6) (3, 2) (4, 5) (5, 7) (6, 0) (7, 4)
(0, 3) (1, 1) (2, 6) (3, 2) (4, 5) (5, 7) (6, 4) (7, 0)
(0, 3) (1, 1) (2, 6) (3, 4) (4, 0) (5, 7) (6, 5) (7, 2)
(0, 3) (1, 1) (2, 7) (3, 4) (4, 6) (5, 0) (6, 2) (7, 5)
(0, 3) (1, 1) (2, 7) (3, 5) (4, 0) (5, 2) (6, 4) (7, 6)
(0, 3) (1, 5) (2, 0) (3, 4) (4, 1) (5, 7) (6, 2) (7, 6)
(0, 3) (1, 5) (2, 7) (3, 1) (4, 6) (5, 0) (6, 2) (7, 4)
(0, 3) (1, 5) (2, 7) (3, 2) (4, 0) (5, 6) (6, 4) (7, 1)
(0, 3) (1, 6) (2, 0) (3, 7) (4, 4) (5, 1) (6, 5) (7, 2)
(0, 3) (1, 6) (2, 2) (3, 7) (4, 1) (5, 4) (6, 0) (7, 5)
(0, 3) (1, 6) (2, 4) (3, 1) (4, 5) (5, 0) (6, 2) (7, 7)
(0, 3) (1, 6) (2, 4) (3, 2) (4, 0) (5, 5) (6, 7) (7, 1)
(0, 3) (1, 7) (2, 0) (3, 2) (4, 5) (5, 1) (6, 6) (7, 4)
(0, 3) (1, 7) (2, 0) (3, 4) (4, 6) (5, 1) (6, 5) (7, 2)
(0, 3) (1, 7) (2, 4) (3, 2) (4, 0) (5, 6) (6, 1) (7, 5)
(0, 4) (1, 0) (2, 3) (3, 5) (4, 7) (5, 1) (6, 6) (7, 2)
(0, 4) (1, 0) (2, 7) (3, 3) (4, 1) (5, 6) (6, 2) (7, 5)
(0, 4) (1, 0) (2, 7) (3, 5) (4, 2) (5, 6) (6, 1) (7, 3)
(0, 4) (1, 1) (2, 3) (3, 5) (4, 7) (5, 2) (6, 0) (7, 6)
(0, 4) (1, 1) (2, 3) (3, 6) (4, 2) (5, 7) (6, 5) (7, 0)
(0, 4) (1, 1) (2, 5) (3, 0) (4, 6) (5, 3) (6, 7) (7, 2)
(0, 4) (1, 1) (2, 7) (3, 0) (4, 3) (5, 6) (6, 2) (7, 5)
(0, 4) (1, 2) (2, 0) (3, 5) (4, 7) (5, 1) (6, 3) (7, 6)
(0, 4) (1, 2) (2, 0) (3, 6) (4, 1) (5, 7) (6, 5) (7, 3)
(0, 4) (1, 2) (2, 7) (3, 3) (4, 6) (5, 0) (6, 5) (7, 1)
(0, 4) (1, 6) (2, 0) (3, 2) (4, 7) (5, 5) (6, 3) (7, 1)
(0, 4) (1, 6) (2, 0) (3, 3) (4, 1) (5, 7) (6, 5) (7, 2)
(0, 4) (1, 6) (2, 1) (3, 3) (4, 7) (5, 0) (6, 2) (7, 5)
(0, 4) (1, 6) (2, 1) (3, 5) (4, 2) (5, 0) (6, 3) (7, 7)
(0, 4) (1, 6) (2, 1) (3, 5) (4, 2) (5, 0) (6, 7) (7, 3)
(0, 4) (1, 6) (2, 3) (3, 0) (4, 2) (5, 7) (6, 5) (7, 1)
(0, 4) (1, 7) (2, 3) (3, 0) (4, 2) (5, 5) (6, 1) (7, 6)
(0, 4) (1, 7) (2, 3) (3, 0) (4, 6) (5, 1) (6, 5) (7, 2)
(0, 5) (1, 0) (2, 4) (3, 1) (4, 7) (5, 2) (6, 6) (7, 3)
(0, 5) (1, 1) (2, 6) (3, 0) (4, 2) (5, 4) (6, 7) (7, 3)
(0, 5) (1, 1) (2, 6) (3, 0) (4, 3) (5, 7) (6, 4) (7, 2)
(0, 5) (1, 2) (2, 0) (3, 6) (4, 4) (5, 7) (6, 1) (7, 3)
(0, 5) (1, 2) (2, 0) (3, 7) (4, 3) (5, 1) (6, 6) (7, 4)
(0, 5) (1, 2) (2, 0) (3, 7) (4, 4) (5, 1) (6, 3) (7, 6)
(0, 5) (1, 2) (2, 4) (3, 6) (4, 0) (5, 3) (6, 1) (7, 7)
(0, 5) (1, 2) (2, 4) (3, 7) (4, 0) (5, 3) (6, 1) (7, 6)
(0, 5) (1, 2) (2, 6) (3, 1) (4, 3) (5, 7) (6, 0) (7, 4)
(0, 5) (1, 2) (2, 6) (3, 1) (4, 7) (5, 4) (6, 0) (7, 3)
(0, 5) (1, 2) (2, 6) (3, 3) (4, 0) (5, 7) (6, 1) (7, 4)
(0, 5) (1, 3) (2, 0) (3, 4) (4, 7) (5, 1) (6, 6) (7, 2)
(0, 5) (1, 3) (2, 1) (3, 7) (4, 4) (5, 6) (6, 0) (7, 2)
(0, 5) (1, 3) (2, 6) (3, 0) (4, 2) (5, 4) (6, 1) (7, 7)
(0, 5) (1, 3) (2, 6) (3, 0) (4, 7) (5, 1) (6, 4) (7, 2)
(0, 5) (1, 7) (2, 1) (3, 3) (4, 0) (5, 6) (6, 4) (7, 2)
(0, 6) (1, 0) (2, 2) (3, 7) (4, 5) (5, 3) (6, 1) (7, 4)
(0, 6) (1, 1) (2, 3) (3, 0) (4, 7) (5, 4) (6, 2) (7, 5)
(0, 6) (1, 1) (2, 5) (3, 2) (4, 0) (5, 3) (6, 7) (7, 4)
(0, 6) (1, 2) (2, 0) (3, 5) (4, 7) (5, 4) (6, 1) (7, 3)
```

```
(0, 6) (1, 2) (2, 7) (3, 1) (4, 4) (5, 0) (6, 5) (7, 3)
(0, 6) (1, 3) (2, 1) (3, 4) (4, 7) (5, 0) (6, 2) (7, 5)
(0, 6) (1, 3) (2, 1) (3, 7) (4, 5) (5, 0) (6, 2) (7, 4)
(0, 6) (1, 4) (2, 2) (3, 0) (4, 5) (5, 7) (6, 1) (7, 3)
(0, 7) (1, 1) (2, 3) (3, 0) (4, 6) (5, 4) (6, 2) (7, 5)
(0, 7) (1, 1) (2, 4) (3, 2) (4, 0) (5, 6) (6, 3) (7, 5)
(0, 7) (1, 2) (2, 0) (3, 5) (4, 1) (5, 4) (6, 6) (7, 3)
(0, 7) (1, 3) (2, 0) (3, 2) (4, 5) (5, 1) (6, 6) (7, 4)
```

6.15.5　第四种方案：判断皇后的落点是否合规

编写实例文件 bahuang04.py，也是使用递归回溯算法解决八皇后问题。解决八皇后问题的核心是如何判断皇后的落点是否合规，在本例中定义一个 conflict 方法，传入新皇后的落点，通过纵向和斜向是否存在其他皇后来判断是否合规。文件 bahuang04.py 的具体实现代码如下所示：

```
import random


# 冲突检查，在定义 state 时，采用 state 来标志每个皇后的位置，其中索引用来表示横坐标，其对应的值表示纵坐标，例如： state[0]=3，表示该皇后位于第 1 行的第 4 列上
def conflict(state, nextX):
    nextY = len(state)
    for i in range(nextY):
            # 如果下一个皇后的位置与当前的皇后位置相邻（包括上下，左右）或在同一对角线上，则说明有冲突，需要重新摆放
        if abs(state[i] - nextX) in (0, nextY - i):
              # 表示如果下一个皇后和正在考虑的前一个皇后的水平距离为 0 或者垂直距离相等，就返回 TRUE，否则返回 False
            return True
    return False


# 采用生成器的方式来产生每一个皇后的位置，并用递归来实现下一个皇后的位置
def queens(num, state=()):
    for pos in range(num):
        if not conflict(state, pos):
            # 产生当前皇后的位置信息
            # 如果只剩一个皇后没有放置
            if len(state) == num - 1:
                yield (pos,)
            # 否则，把当前皇后的位置信息添加到状态列表中，并传递给下一个皇后
            # 程序要从前面的皇后得到包含位置信息的元组（元组不可更改）
            # 并要为后面的皇后提供当前皇后的每一种合法的位置信息
            # 所以把当前皇后的位置信息添加到状态列表中，并传递给下一个皇后
            else:
                for result in queens(num, state + (pos,)):
                    yield (pos,) + result


# 为了直观表现棋盘，用 X 表示每个皇后的位置
def prettyprint(solution):
    def line(pos, length=len(solution)):
        return '. ' * (pos) + 'X ' + '. ' * (length - pos - 1)

    for pos in solution:
        print(line(pos))

    for item in queens(8):
        print(item)
```

```
if __name__ == "__main__":
    prettyprint(random.choice(list(queens(8))))
```

执行后会输出：

```
. . . . X . . .
X . . . . . . .
. . . X . . . .
. . . . . X . .
. . . . . . . X
. X . . . . . .
. . . . . . X .
. . X . . . . .
(0, 4, 7, 5, 2, 6, 1, 3)
(0, 5, 7, 2, 6, 3, 1, 4)
(0, 6, 3, 5, 7, 1, 4, 2)
(0, 6, 4, 7, 1, 3, 5, 2)
(1, 3, 5, 7, 2, 0, 6, 4)
(1, 4, 6, 0, 2, 7, 5, 3)
(1, 4, 6, 3, 0, 7, 5, 2)
(1, 5, 0, 6, 3, 7, 2, 4)
(1, 5, 7, 2, 0, 3, 6, 4)
(1, 6, 2, 5, 7, 4, 0, 3)
(1, 6, 4, 7, 0, 3, 5, 2)
(1, 7, 5, 0, 2, 4, 6, 3)
(2, 0, 6, 4, 7, 1, 3, 5)
(2, 4, 1, 7, 0, 6, 3, 5)
(2, 4, 1, 7, 5, 3, 6, 0)
(2, 4, 6, 0, 3, 1, 7, 5)
(2, 4, 7, 3, 0, 6, 1, 5)
(2, 5, 1, 4, 7, 0, 6, 3)
(2, 5, 1, 6, 0, 3, 7, 4)
(2, 5, 1, 6, 4, 0, 7, 3)
(2, 5, 3, 0, 7, 4, 6, 1)
(2, 5, 3, 1, 7, 4, 6, 0)
(2, 5, 7, 0, 3, 6, 4, 1)
(2, 5, 7, 0, 4, 6, 1, 3)
(2, 5, 7, 1, 3, 0, 6, 4)
(2, 6, 1, 7, 4, 0, 3, 5)
(2, 6, 1, 7, 5, 3, 0, 4)
(2, 7, 3, 6, 0, 5, 1, 4)
(3, 0, 4, 7, 1, 6, 2, 5)
(3, 0, 4, 7, 5, 2, 6, 1)
(3, 1, 4, 7, 5, 0, 2, 6)
(3, 1, 6, 2, 5, 7, 0, 4)
(3, 1, 6, 2, 5, 7, 4, 0)
(3, 1, 6, 4, 0, 7, 5, 2)
(3, 1, 7, 4, 6, 0, 2, 5)
(3, 1, 7, 5, 0, 2, 4, 6)
(3, 5, 0, 4, 1, 7, 2, 6)
(3, 5, 7, 1, 6, 0, 2, 4)
(3, 5, 7, 2, 0, 6, 4, 1)
(3, 6, 0, 7, 4, 1, 5, 2)
(3, 6, 2, 7, 1, 4, 0, 5)
(3, 6, 4, 1, 5, 0, 2, 7)
(3, 6, 4, 2, 0, 5, 7, 1)
(3, 7, 0, 2, 5, 1, 6, 4)
(3, 7, 0, 4, 6, 1, 5, 2)
(3, 7, 4, 2, 0, 6, 1, 5)
(4, 0, 3, 5, 7, 1, 6, 2)
(4, 0, 7, 3, 1, 6, 2, 5)
(4, 0, 7, 5, 2, 6, 1, 3)
(4, 1, 3, 5, 7, 2, 0, 6)
(4, 1, 3, 6, 2, 7, 5, 0)
```

```
(4, 1, 5, 0, 6, 3, 7, 2)
(4, 1, 7, 0, 3, 6, 2, 5)
(4, 2, 0, 5, 7, 1, 3, 6)
(4, 2, 0, 6, 1, 7, 5, 3)
(4, 2, 7, 3, 6, 0, 5, 1)
(4, 6, 0, 2, 7, 5, 3, 1)
(4, 6, 0, 3, 1, 7, 5, 2)
(4, 6, 1, 3, 7, 0, 2, 5)
(4, 6, 1, 5, 2, 0, 3, 7)
(4, 6, 1, 5, 2, 0, 7, 3)
(4, 6, 3, 0, 2, 7, 5, 1)
(4, 7, 3, 0, 2, 5, 1, 6)
(4, 7, 3, 0, 6, 1, 5, 2)
(5, 0, 4, 1, 7, 2, 6, 3)
(5, 1, 6, 0, 2, 4, 7, 3)
(5, 1, 6, 0, 3, 7, 4, 2)
(5, 2, 0, 6, 4, 7, 1, 3)
(5, 2, 0, 7, 3, 1, 6, 4)
(5, 2, 0, 7, 4, 1, 3, 6)
(5, 2, 4, 6, 0, 3, 1, 7)
(5, 2, 4, 7, 0, 3, 1, 6)
(5, 2, 6, 1, 3, 7, 0, 4)
(5, 2, 6, 1, 7, 4, 0, 3)
(5, 2, 6, 3, 0, 7, 1, 4)
(5, 3, 0, 4, 7, 1, 6, 2)
(5, 3, 1, 7, 4, 6, 0, 2)
(5, 3, 6, 0, 2, 4, 1, 7)
(5, 3, 6, 0, 7, 1, 4, 2)
(5, 7, 1, 3, 0, 6, 4, 2)
(6, 0, 2, 7, 5, 3, 1, 4)
(6, 1, 3, 0, 7, 4, 2, 5)
(6, 1, 5, 2, 0, 3, 7, 4)
(6, 2, 0, 5, 7, 4, 1, 3)
(6, 2, 7, 1, 4, 0, 5, 3)
(6, 3, 1, 4, 7, 0, 2, 5)
(6, 3, 1, 7, 5, 0, 2, 4)
(6, 4, 2, 0, 5, 7, 1, 3)
(7, 1, 3, 0, 6, 4, 2, 5)
(7, 1, 4, 2, 0, 6, 3, 5)
(7, 2, 0, 5, 1, 4, 6, 3)
(7, 3, 0, 2, 5, 1, 6, 4)
```

6.16 算法演练——解决“迷宫”问题

迷宫问题是一个十分经典的算法问题，在很多教材（C 语言、C++、Java、C# 等）中会介绍解决这个问题的方法。并且很多教材将迷宫问题进行了改编，用不同的形式考验大家的编程能力。在本节的内容中，将通过两种形式的题目为例，介绍使用回溯算法解决迷宫问题的方法。

（即扫即看）

6.16.1 第一种方案：使用回溯法的子集树模板实现

（1）问题描述

给定一个迷宫，入口已知。问是否有路径从入口到出口，若有则输出一条这样的路径。注意：移动可以从上、下、左、右、上左、上右、下左、下右八个方向进行。迷宫输入 0 表示可走，输入 1 表示墙。为方便起见，用 1 将迷宫围起来避免边界问题。

（2）算法分析：套用回溯算法的子集树模板

考虑到左、右是相对的，因此修改为：北、东北、东、东南、南、西南、西、西北八个方向。如图 6-4 所示。在任意一格内，有 8 个方向可以选择，即 8 种状态可选。因此从入口格子开始，每进入一格都要遍历这 8 种状态。显然，可以套用回溯法的子集树模板。解的长度是不固定的。

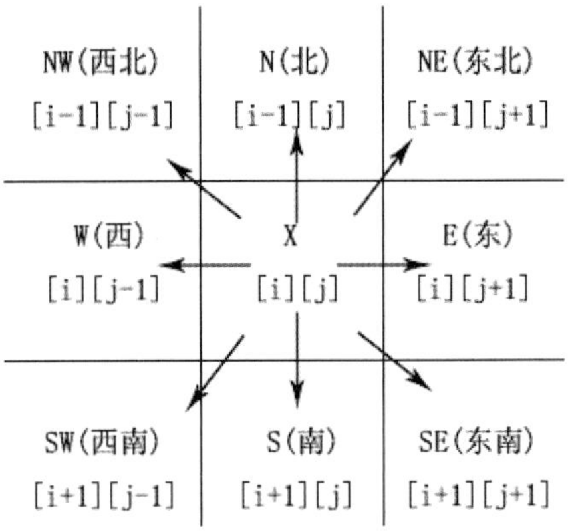

图 6-4　迷宫问题

（3）具体实现

请看下面的实例文件 mi.py，功能是使用回溯法解决迷宫问题。首先设置一个大小是 8 行 10 列的迷宫，在 directions 保存可移动的 8 个方向，通过函数 walk(x, y) 移动位置，在每个位置遍历 8 个方向（亦即 8 个状态），验证是否可行并保存起来。

文件 mi.py 的具体实现代码如下所示：

```
# 迷宫（1 是墙，0 是通路）
maze = [[1, 1, 1, 1, 1, 1, 1, 1, 1, 1],
        [0, 0, 1, 0, 1, 1, 1, 1, 0, 1],
        [1, 1, 0, 1, 0, 1, 1, 0, 1, 1],
        [1, 0, 1, 1, 1, 0, 0, 1, 1, 1],
        [1, 1, 1, 0, 0, 1, 1, 0, 1, 1],
        [1, 1, 0, 1, 1, 1, 1, 1, 0, 1],
        [1, 0, 1, 0, 0, 1, 1, 1, 1, 0],
        [1, 1, 1, 1, 1, 0, 1, 1, 1, 1]]

m, n = 8, 10      # 8 行，10 列
entry = (1, 0)    # 迷宫入口
path = [entry]    # 一个解（路径）
paths = []        # 一组解

# 移动的方向（顺时针 8 个：N, EN, E, ES, S, WS, W, WN）
directions = [(-1, 0), (-1, 1), (0, 1), (1, 1), (1, 0), (1, -1), (0, -1), (-1, -1)]


# 冲突检测
def conflict(nx, ny):
    global m, n, maze

    # 是否在迷宫中，以及是否可通行
    if 0 <= nx < m and 0 <= ny < n and maze[nx][ny] == 0:
        return False

    return True
```

```
# 套用子集树模板
def walk(x, y):  # 到达 (x,y) 格子
    global entry, m, n, maze, path, paths, directions

    if (x, y) != entry and (x % (m - 1) == 0 or y % (n - 1) == 0):  # 出口
        # print(path)
        paths.append(path[:])  # 直接保存，未做最优化
    else:
        for d in directions:  # 遍历 8 个方向 (即 8 个状态)
            nx, ny = x + d[0], y + d[1]
            path.append((nx, ny))  # 保存，新坐标入栈
            if not conflict(nx, ny):  # 剪枝
                maze[nx][ny] = 2  # 标记，已访问（奇怪，此两句只能放在 if 区块内！）
                walk(nx, ny)
                maze[nx][ny] = 0  # 回溯，恢复
            path.pop()  # 回溯，出栈


# 解的可视化（根据一个解 x，复原迷宫路径，'2' 表示通路）
def show(path):
    global maze

    import pprint, copy

    maze2 = copy.deepcopy(maze)

    for p in path:
        maze2[p[0]][p[1]] = 2  # 通路

    pprint.pprint(maze)  # 原迷宫
    print()
    pprint.pprint(maze2)  # 带通路的迷宫


# 测试
walk(1, 0)
print(paths[-1], '\n')  # 看看最后一条路径
show(paths[-1])
```

执行后会输出：

```
[(1, 0), (1, 1), (2, 2), (1, 3), (2, 4), (3, 5), (4, 4), (4, 3), (5, 2), (6, 3),
(6, 4), (7, 5)]

[[1, 1, 1, 1, 1, 1, 1, 1, 1, 1],
 [0, 0, 1, 0, 1, 1, 1, 1, 0, 1],
 [1, 1, 0, 1, 0, 1, 1, 0, 1, 1],
 [1, 0, 1, 1, 1, 0, 0, 1, 1, 1],
 [1, 1, 1, 0, 0, 1, 1, 0, 1, 1],
 [1, 1, 0, 1, 1, 1, 1, 1, 0, 1],
 [1, 0, 1, 0, 0, 1, 1, 1, 1, 0],
 [1, 1, 1, 1, 1, 0, 1, 1, 1, 1]]

[[1, 1, 1, 1, 1, 1, 1, 1, 1, 1],
 [2, 2, 1, 2, 1, 1, 1, 1, 0, 1],
 [1, 1, 2, 1, 2, 1, 1, 0, 1, 1],
 [1, 0, 1, 1, 1, 2, 0, 1, 1, 1],
 [1, 1, 1, 2, 2, 1, 1, 0, 1, 1],
 [1, 1, 2, 1, 1, 1, 1, 1, 0, 1],
 [1, 0, 1, 2, 2, 1, 1, 1, 1, 0],
 [1, 1, 1, 1, 1, 2, 1, 1, 1, 1]]
```

6.16.2 第二种方案：使用矩阵标记移动路径

（1）问题描述

给定一个 *N*N* 的迷宫，如图 6-5 所示。从迷宫左上角（对应矩阵 [0][0]）走到迷宫右下角（对应矩阵 [*N*-1][*N*-1]），只能向两方向移动：向右或向下。在迷宫中 0 表示没有路，1 表示有路。

图 6-5 迷宫

（2）算法分析

本实例使用回溯法解决迷宫问题，当碰到死胡同时回溯到前一步，然后从前一步出发继续寻找可达路径。具体实现流程如下所示。

（1）首先申请一个结果矩阵用来标记移动路径，如果到达了目的地则打印输出解决方案。

（2）如果没有到达目的地，则按照下面的流程进行处理：

① 在结果矩阵中标记当前为 1，1 表示移动的路径；

② 向右前进一步，然后递归检查，走完这一步后，判断是否存在到终点的可达路线；

③ 如果②中的移动方向导致没有通往终点的路径，那么选择向下移动，然后检查这种移动方法是否存在可以到达终点的可达路线；

④ 如果上面的移动方法导致没有可达的路径，那么标记当前的单元格在结果矩阵中为 0，返回 false，并回溯到前一步中。

（3）具体实现

编写实例文件 mi02.py，通过函数 isSafe() 判断起始位置坐标 x 和 y 是否是一个合理的单元，使用函数 getPath() 找到一条从左上角到右下角的路径，其中参数 maze 表示迷宫，参数 x 和 y 分别表示起点的坐标位置，参数 sol 存储结果。每当走到一个新的位置，都会判断这个位置是否合法。如果某个位置不合法则标记为 0 并回溯到前面的位置。

文件 mi02.py 的具体实现代码如下所示：

```
class Maze():
    def __init__(self):
        self.N = 4

    # 打印从起点到终点的路线
    def printSolution(self, sol):
        i = 0
        while i < self.N:
            j = 0
            while j < self.N:
                print(sol[i][j], ‘’ , end=” ”)
                j += 1
            print()
            i += 1
```

```
    # 判断 x 和 y 是否是一个合理的单元
    def isSafe(self, maze, x, y):
        return x >= 0 and x < self.N and y >= 0 and y < self.N and maze[x][y] == 1

    ‘’’
    使用回溯法找到一条从左上角到右下角的路径，maze 表示迷宫，x、y 表示起点，sol 表示存储结果
    ‘’’

    def getPath(self, maze, x, y, sol):
        # 到达目的地
        if x == self.N - 1 and y == self.N - 1:
            sol[x][y] = 1
            return True
        # 判断 maze[x][y] 是否是一个可走的单元
        if self.isSafe(maze, x, y):
            # 标记当前单元为 1
            sol[x][y] = 1
            # 向右走一步
            if self.getPath(maze, x + 1, y, sol):
                return True
            # 向下走一步
            if self.getPath(maze, x, y + 1, sol):
                return True
            # 标记当前单元为 0 用来表示这条路不可行，然后回溯
            sol[x][y] = 0
            return False
        return False


if __name__ == “__main__”:
    rat = Maze()
    maze = [[1, 0, 0, 0], [1, 1, 0, 1], [0, 1, 0, 0], [1, 1, 1, 1]]
    sol = [[0, 0, 0, 0], [0, 0, 0, 0], [0, 0, 0, 0], [0, 0, 0, 0]]
    if not rat.getPath(maze, 0, 0, sol):
        print(“不存在可达路径！ ")
    else:
        rat.printSolution(sol)
```

执行后会输出：

```
1 0 0 0
1 1 0 0
0 1 0 0
0 1 1 1
```

6.17　小结

通过本章的实例可以看出回溯算法类似于枚举的算法，从一条路往前走，能进则进，不能进则退回来，换一条路再试，它能够将某一步的所以可能性一个一个地进行尝试。正是因为要对每一步的可能情况都进行枚举测试，所以在数据量较大的情况下，回溯算法的效率特别低。但是它是我们最容易想到的一种算法，在某些小数据量的情况下比较实用，而且结果可靠；由此可知，没有哪一种算法是最好的，合适的就是实用的。在本书后面的内容中将继续讲解其他常用的算法思想，一起探讨效率更高效的算法思想的知识和具体用法。

第7章

迭代算法思想

迭代算法能够利用计算机运算速度快、适合做重复性操作的特点，让计算机对一组指令（或一定步骤）进行重复执行，在每次执行这组指令（或这些步骤）时，都从变量的原值推出它的一个新值。在本章的内容中，将详细讲解迭代算法思想的基本知识，并通过具体例子详细讲解迭代算法的用法和技巧。

7.1 迭代算法思想基础

迭代法也称辗转法，是一种不断用变量的旧值递推新值的过程。和迭代算法相对应的算法是直接法（或者称为一次解法），即一次性解决问题。根据算法的精确程度，又可以将迭代算法分为两种：精确迭代和近似迭代。其中在现实中常用的“二分法”和“牛顿迭代法”属于近似迭代法，功能都比较类似。

（即扫即看）

7.1.1 迭代算法思想介绍

迭代算法思想的核心是重复执行一系列运算步骤，从前面的量依次求出后面的量的过程。在使用迭代算法解决问题时，需要做好如下3个方面的工作。

（1）确定迭代变量

在使用迭代算法解决某个问题时，在这个问题中至少存在一个迭代变量，可以直接或间接地不断由旧值递推出新值的变量。

（2）建立迭代关系表达式

成功建立迭代关系式是解决迭代问题的关键，迭代关系表达式的含义是描述如何从变量的前一个值推出下一个值的公式或关系。在现实应用中，通常使用递推或倒推等方法建立迭代关系式。

（3）控制迭代过程

在编写迭代程序时，必须确定在什么时候结束迭代过程，不能让迭代过程无休止地重复执行下去。通常可分为如下两种情况来控制迭代过程：

① 所需的迭代次数是个确定的值，可以计算出来，可以构建一个固定次数的循环来实现对迭代过程的控制。

② 所需的迭代次数无法确定，需要进一步分析出用来结束迭代过程的条件。

7.1.2 迭代法和方程

迭代是数值分析中通过从一个初始估计出发寻找一系列近似解来解决问题（一般是解方程或者方程组）的过程，为实现这一过程所使用的方法统称为迭代法（Iterative Method）。

一般可以做如下定义：对于给定的线性方程组：

$$x = Bx + f$$

这里的 x、B、f 同为矩阵，任意线性方程组都可以变换成此形式，用如下公式逐步代入求近似解的方法称为迭代法（或称一阶定常迭代法）。

$$x_{k+1} = Bx_k + f$$

其中 x_k 代表迭代 k 次得到的 x，初始时 k=0。如果 $\lim\limits_{k \to \infty} k_x$ 存在，则记为 x^*，称此迭代法收敛。显然 x^* 就是此方程组的解，否则称为迭代法发散。

跟迭代法相对应的是直接法（或者称为一次解法），即一次性的快速解决问题，例如通过开方解决方程 x +3= 4。一般如果可能，直接解法总是会优先考虑的。但当遇到复杂问题时，特别是在未知量很多，方程为非线性时，我们无法找到直接解法（例如五次以及更高次的代数方程没有解析解，参见阿贝耳定理），这时候或许可以通过迭代法寻求方程（组）的近似解。

现实中最常见的迭代法是牛顿法，其他还包括最速下降法、共轭迭代法、变尺度迭代法、最小二乘法、线性规划、非线性规划、单纯型法、惩罚函数法、斜率投影法、遗传算法、模拟退火等。

注意：递归算法与迭代算法有什么区别

递归是自顶向下逐步拓展需求，最后自下向顶运算，即由 $f(n)$ 拓展到 $f(1)$，再由 $f(1)$ 逐步算回 $f(n)$。迭代是直接自下向顶运算，由 $f(1)$ 算到 $f(n)$。递归是在函数内调用本身，迭代是循环求值，建议熟悉其他算法的读者不推荐使用递归算法。

虽然递归算法的效率低一点，但是随着现在计算机性能的提升，且递归便于理解，可读性强，所以建议对其他算法不熟悉的初学者使用递归算法来解决问题。

7.2 算法演练——解决“斐波那契数列”问题

在前面曾经用递归算法解决过斐波那契数列的问题，在下面的实例文件 fib.py 中，演示了使用迭代算法解决“斐波那契数列”问题的过程。只要满足条件 $(n - 2) > 0$，就不断的执行迭代过程 $n_3 = n_2 + n_1$，具体实现代码如下：

（即扫即看）

```
def fab(n):
    n1 = 1
    n2 = 1
    n3 = 1
    if n<1:
        print('对不起，输入有误！')
        return -1
    else:
        while (n - 2) > 0:
            n3 = n2 + n1
            n1 = n2
            n2 = n3
```

```
            n -= 1
        return n3
month = int(input('请输入月数: '))
result = fab(month)
print("%d 个月后的兔子数量为 %d"%(month,result))
```

执行后会要求输入 1 个月数，例如输入 12 月后会计算第 12 个月的兔子数量：

```
请输入月数: 12
12 个月后的兔子数量为 144
```

7.3 算法演练——解决“角谷猜想”问题

角谷猜想：任意给定一个自然数，若它为偶数则除以 2，若它为奇数则乘 3 加 1，得到一个新的自然数。按照这样的计算方法计算下去，若干次后得到的结果必然为 1。

请编写一个 Python 程序，输入任意正整数，输出显示角谷猜想演算过程。

（即扫即看）

7.3.1 算法分析：两种情况下的迭代关系式

定义迭代变量为 *n*，按照角谷猜想的内容，可以得到两种情况下的迭代关系式：当 *n* 为偶数时，*n*=*n*/2；当 *n* 为奇数时，*n*=*n**3+1。

7.3.2 具体实现

编写实例文件 jiaogu.py，当 *n* 为偶数时除以 2 会得到 *k* 个新自然数，当 *n* 为奇数时，乘 3 加 1 会得到一个新的自然数。具体实现代码如下所示：

```
n = int(input("请输入一个正整数: "))

while n != 1:
    if n % 2 == 0:
        k = n / 2
        print("%d/2=%d" % (n, k))
        n = k
    else:
        l = n * 3 + 1
        print("%d*3+1=%d" % (n, l))
        n = l
```

执行后可以输入一个数字，按下回车键后会输出显示这个数字角谷猜想演算过程。例如输入数字 6 后会输出：

```
请输入一个正整数: 6
6/2=3
3*3+1=10
10/2=5
5*3+1=16
16/2=8
8/2=4
4/2=2
2/2=1
```

7.4 算法演练——使用牛顿迭代法计算方程的根

请编写一个 Python 程序，使用牛顿迭代法计算方程 $x^7-2x+1=0$ 的根。

（即扫即看）

7.4.1 算法分析：近似求解

牛顿迭代法又被称为牛顿－拉夫逊方法，是牛顿在 17 世纪提出的一种在实数域和复数域上近似求解方程的方法。因为大多数方程不存在求根公式，所以求解精确根非常困难，甚至不可能，这样寻找方程的近似根就显得特别重要。

可以使用函数 $f(x)$ 的泰勒级数的前面几项来寻找方程 $f(x)=0$ 的根。在数学领域中，牛顿迭代法是求方程根的重要方法之一，其最大优点是在方程 $f(x)=0$ 的单根附近具有平方收敛，而且该法还可以用来求方程的重根、复根。另外该方法广泛应用于计算机编程中。

假设 r 是 $f(x)=0$ 的根，选取 x_0 作为 r 初始近似值，经过点 $(x_0, f(x_0))$ 做一条曲线 $y=f(x)$ 的切线 L，L 的方程为 $y=f(x_0)+f'(x_0)(x-x_0)$，求出 L 与 x 轴交点的横坐标 $x_1=x_0-f(x_0)/f'(x_0)$，称 x_1 为 r 的一次近似值。过点 $(x_1, f(x_1))$ 做曲线 $y=f(x)$ 的切线，并求该切线与 x 轴交点的横坐标 $x_2=x_1-f(x_1)/f'(x_1)$，称 x_2 为 r 的二次近似值。重复以上过程，得 r 的近似值序列，其中 $x(n+1)=x(n)-f(x(n))/f'(x(n))$，称为 r 的 $n+1$ 次近似值，上式称为牛顿迭代公式。

牛顿迭代法通过线性直线逼近曲线，逐步迭代求出方程 $f(x)=0$ 的根。

7.4.2 第一种方案：计算一个方程式的根

牛顿迭代思想是借助对函数 $f(x)=0$ 做泰勒展开而构造的一种迭代格式，将 $f(x)=0$ 在初始值 x_0 进行泰勒展开后为：

$$f(x)=f(x_0)+f'(x_0)(x-x_0)+\frac{f''(x_o)}{2!}(x-x_0)2+\cdots$$

当 h 趋近于 0 时，在 $[x,x+h]$ 区间内用直线表示曲线，所以去展开式的线性部分做 $f(x)\approx 0$ 的近似值：

$$f(x_0)+f'(x_0)(x-x_0)$$

也就是：

$$x=x_0-\frac{f(x_k)}{f'(x_k)}$$

这样我们可以根据上面的公式编写实例文件 niudun.py，具体实现代码如下所示：

```
def derivative(coe:list)->list:
    i = len(coe)
    j =1
    newcoe = []
    while j<i:
        newcoe.append(coe[j]*j)
        j=j+1
    return newcoe
def bond(coe:list,s:float)->float:
    i = len(coe)
    bon =0
    while i > 0:
        bon = bon + coe[i - 1] * s ** (i - 1)
```

```
            i = i - 1
        return bon

    def newton(x:int,coe:list)->int:
        s = x
        i = len(coe)
        d = bond(coe,s)
        while(d>0.000000000000000000000000000000000011):
            list = derivative(coe)
            s = s-(bond(coe,s)/bond(list,s))
            d = bond(coe,s)
            #s=s-(s**7-2*s+1)/(2*s-2)

        return s
    #输入要求，输入初始的 X0 和系数列表，入 X^7-2X+1 可输入：newton(2,nums) 其中 nums=[1,-2,1]
    nums=[1,-2,1]
    print(newton(2,nums))
```

执行后会计算方程 $x^7-2x+1=0$ 的根的结果：

```
1.0000000074505806
```

7.4.3 第二种方案：限制一个误差

再看下面的实例文件 niudun01.py，功能是牛顿迭代法求 $x^3-x-1=0$ 的根。在本方案中，设置误差大小是 $1e^{-14}$，即 -0.00000000000001。具体实现代码如下所示：

```
def f(xi):
    return xi*xi*xi-xi-1
def f1(xi):
    return 3*xi*xi-1
x=[]
x.append(0.5)
eps=1e-14       #误差限制
error=abs(f(x[-1]))       #最新加的 x 在最后
number_iteration=0
while error>eps:
    x.append(x[-1]-f(x[-1])/f1(x[-1]))   #x k+1
    error=abs(f(x[-1]))
    number_iteration=number_iteration+1
print('牛顿法迭代次数为 %f 次 '%(number_iteration)) #格式化输出
print('方程的根 x* 为 %f'%(x[-1]))
print('f(x*) 的值为 %f'%(f(x[-1])))
```

执行后会输出：

```
牛顿法迭代次数为 20.000000 次
方程的根 x* 为 1.324718
f(x*) 的值为 0.000000
```

7.5 算法演练——使用牛顿迭代法求极值

极值是“极大值”和“极小值”的统称，在数学领域中，函数的最大值和最小值（最大值和最小值）被统称为极值（极数）。请看我们的问题：在如图 7-1 所示的曲线中，请编写一个程序计算方程 $f(x)$ 的极值。

（即扫即看）

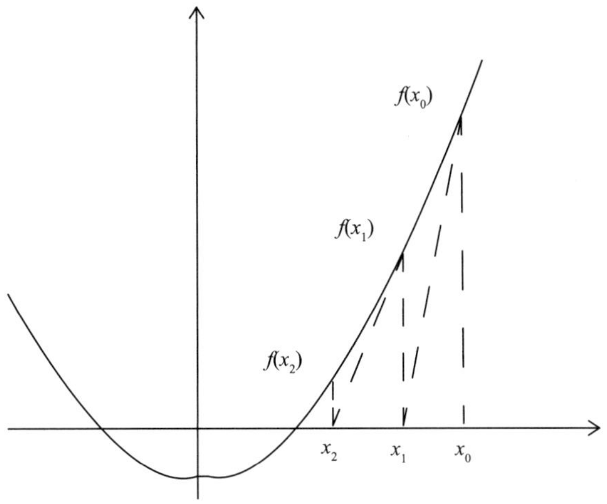

图 7-1　方程曲线

7.5.1　算法分析：线性部分对原方程近似

牛顿法是一种求解方程的迭代算法，也可以用于方程组的求解。其基本思想是利用方程（尤其是非线性方程）的线性部分，对原方程进行近似。不失一般性，考虑方程 $f(x)=0$。对 $f(x)$ 在 $x=t$ 处进行泰勒展开，可以得到：

$$f(x)=f(t)+f'(t)(x-t)+...$$

取线性部分代替 $f(x)$，带入方程 $f(x)=0$，可得 $f(t)+f'(t)(x-t)=0$，进而解出 $x=t-f(t)/f'(t)$。将方程的解写为迭代形式，使用迭代算法计算方程 $f(x)=0$ 的通用公式为：

$$x_{n+1}=x_n-\frac{f(x_n)}{f'(x_n)}$$

7.5.2　具体实现

编写实例文件 niudun02.py，分别通过方法 $f(x)$ 和 $df(x)$ 计算两个方程的极值，具体实现代码如下所示：

```
def newtons(f,df,x0,e):
    xn = float(x0)
    e_tmp = e+1
    loop = 1
    while e_tmp>e:
        print('########loop'+str(loop))
        k = df(xn)
        xm = f(xn)
        print('xn='+str(xn)+',k='+str(k)+',y='+str(xm))
        q = xm/k
        xn = xn-q
        e_tmp = abs(0-f(xn))
        print('new xn='+str(xn)+',e='+str(e_tmp)+',q='+str(q))
        loop=loop+1
    return xn

def f(x):
    return x ** 2 + 2 * x
```

```
def df(x):
    return 2 * x + 2

x = newtons(f, df, 3, 0.01)
print('the point you find is ' + str(x))
```

7.6 算法演练——使用牛顿迭代法求平方根

编写一个 Python 程序，使用牛顿迭代法求一个数的平方根，要求可以精确到小数点后无限多位。

（即扫即看）

7.6.1 算法分析：迭代猜测

我们的思路是先猜测一个值，然后再求商，然后用猜测值和商的中间值代替猜测值，扩大倍数，继续进行。现在取一个猜测值 a，如果猜测值合理的话，那么就有 $a^2=x$，即 $x/a=a$，x 为被开方数。不合理的话呢，就用表中的猜测值和商的平均值来换掉猜测值。当不合理时，比如 a 大于真实值，那么 x/a< 真实值，这时候取 a 与 x/a 的平均值来代替 a 的话，那么新的 a 就会比原来的 a 更接近真实值。同理有 a 小于真实值的情况。于是，这样不断迭代下去最终是一个 a 不断收敛到真实值的过程。于是不断迭代就能得到真实值，证明迭代法是正确的。

7.6.2 具体实现

编写实例文件 niudun03.py，通过函数 check_precision() 检查猜测的值是否达到了精确位，然后编写函数 binary_sqrt(x, p) 利用二分法每次乘以 10，取中间值，比较大小，从而定位精确值的范围，将根扩大 10 倍，则被开方数扩大 100 倍。我们先猜测一个值，然后再求商，然后用猜测值和商的中间值代替猜测值，扩大倍数，继续进行。文件 niudun03.py 的具体实现代码如下所示：

```
import math
from math import sqrt


def check_precision(l, h, p, len1):  # 检查是否达到了精确位
    l = str(l);
    h = str(h)
    if len(l) <= len1 + p or len(h) <= len1 + p:
        return False
    for i in range(len1, p + len1):  # 检查小数点后面的p个数是否相等
        if l[i] != h[i]:  # 当l和h某一位不相等时，说明没有达到精确位
            return False
    return True


def print_result(x, len1, p):
    x = str(x)
    if len(x) - len1 < p:  # 没有达到要求的精度就已经找出根
        s = x[:len1] + "." + x[len1:] + '0' * (p - len(x) + len1)
    else:
        s = x[:len1] + "." + x[len1:len1 + p]
    print(s)
```

```
def binary_sqrt(x, p):
    x0 = int(sqrt(x))
    if x0 * x0 == x:  # 完全平方数直接开方，不用继续进行
        print_result(x0, len(str(x0)), p)
        return
    len1 = len(str(x0))  # 找出整数部分的长度
    l = 0;
    h = x
    while (not check_precision(l, h, p, len1)):  # 没有达到精确位，继续循环
        if not l == 0:  # 第一次 l=0，h=x 时不用乘以 10，直接取中间值
            h = h * 10  # l,h 每次扩大 10 倍
            l = l * 10
            x = x * 100  # x 每次要扩大 100 倍，因为平方
        m = (l + h) // 2
        if m * m == x:
            return print_result(m, len1, p)
        elif m * m > x:
            h = m
        else:
            l = m
    return print_result(l, len1, p)  # 当达到要求的精度，直接返回 l


# 牛顿迭代法求平方根
def newton_sqrt(x, p):
    x0 = int(sqrt(x))
    if x0 * x0 == x:  # 完全平方数直接开方，不用继续进行
        print_result(x0, len(str(x0)), p)
        return
    len1 = len(str(x0))  # 找出整数部分的长度
    g = 1;
    q = x // g;
    g = (g + q) // 2
    while (not check_precision(g, q, p, len1)):
        x = x * 100
        g = g * 10
        q = x // g  # 求商
        g = (g + q) // 2  # 更新猜测值为猜测值和商的中间值
    return print_result(g, len1, p)


while True:
    x = int(input("请输入待开方数: "))
    p = int(input("请输入精度: "))
    print("binary_sqrt:", end="")
    binary_sqrt(x, p)
    print("newton_sqrt:", end="")
    newton_sqrt(x, p)
```

执行后会要求输入要计算平方根的数字和精确位数，例如要计算数字 5，并分别将精度设置为 2 和 5 后会输出如下计算结果：

```
请输入待开方数: 5
请输入精度: 2
binary_sqrt:2.23
newton_sqrt:2.23
请输入待开方数: 5
请输入精度: 6
binary_sqrt:2.236067
newton_sqrt:2.236067
```

7.7 算法演练——使用牛顿迭代法求极值并绘制曲线

请编写一个程序计算方程 $f(x)$=100*(x(2)−x(1)2)2+(1−x(1))2 的极值，其梯度是 g(x)=(−400*(x(2)−x(1)2)*x(1)−2*(1−x(1)),200*(x(2)−x(1)2))(T)，并使用 matplotlib 绘制迭代计算的过程。

（即扫即看）

7.7.1 算法分析：阻尼牛顿法

对于一个多元函数 $f(x)=f(x_1, x_2, \cdots, x_n)f(x)=f(x_1, x_2, \cdots, x_n)$ 来说，用牛顿法求其极小值的迭代格式为：

$$x_{k+1} = x_k - G_k^{-1}gk$$

其中 $g(x)=\nabla f(x)g(x)=\nabla f(x)$ 为函数 $f(x)f(x)$ 的梯度向量，$G(x)G(x)$ 为函数 $f(x)f(x)$ 的 Hesse（Hessian）矩阵。上述牛顿迭代法不是全局收敛的，为此可以引入阻尼牛顿法（又称带步长的牛顿法）。我们知道，求极值的一般迭代格式为：

$$x_{k+1}=x_k+\alpha_k p_k$$

其中 α_k 为搜索步长，p_k 为搜索方向（注意所有的迭代格式都是先计算搜索方向，再计算搜索步长，如同下山一样，先找到哪个方向可以下降，再决定以下几步）。

取下降方向 $p_x = -G_k^{-1}gk$ 即得阻尼牛顿法，只不过搜索步长 α_k 不确定，需要用线性搜索技术确定一个较优的值，比如精确线性搜索或者 Goldstein 搜索、Wolfe 搜索等。特别地，当 α_k 一直取常数 1 时，就是普通的牛顿迭代法。以 Rosenbrock 函数为例，即有：

$$f(x) = 100(x_2 - x_1^2)^2 + (1 - x_1)^2$$

于是可以得出函数的梯度：

$$g(x) = \nabla f(x) = (-400(x_2 - x_1^2)x_1 - 2(1 - x_1), 200(x_2 - x_1^2))^T$$

函数 $f(x)f(x)$ 的 Hesse 矩阵为：

$$\begin{pmatrix} -400(x_2 - 3x_1^2) + 2 & -400x_1 \\ -400x_1 & 200 \end{pmatrix}$$

7.7.2 具体实现

编写实例文件 niudun04.py，设置梯度为：

$g(x)$ = (−400 * (x(2) − x(1) ^ 2) * x(1) − 2 * (1 − x(1)), 200 * (x(2) − x(1) ^ 2)) ^ (T)

然后使用库 Matplotlib 给求解函数绘制出轮廓线，通过牛顿法则是利用局部的一阶和二阶偏导信息，推测整个目标函数的形状，进而可以求得出近似函数的全局最小值，然后将当前的最小值设定近似函数的最小值。相比最速下降法，牛顿法带有一定对全局的预测性，收敛性质也更优良。文件 niudun04.py 具体实现代码如下所示：

```
import numpy as np
import matplotlib.pyplot as plt

def jacobian(x):
```

```
    return np.array([-400*x[0]*(x[1]-x[0]**2)-2*(1-x[0]),200*(x[1]-x[0]**2)])

def hessian(x):
    return np.array([[-400*(x[1]-3*x[0]**2)+2,-400*x[0]],[-400*x[0],200]])

X1=np.arange(-1.5,1.5+0.05,0.05)
X2=np.arange(-3.5,2+0.05,0.05)
[x1,x2]=np.meshgrid(X1,X2)
f=100*(x7-x1**2)**2+(1-x1)**2; # 给定的函数
plt.contour(x1,x2,f,20) # 画出函数的 20 条轮廓线


def newton(x0):

    print('初始点为：')
    print(x0,'\n')
    W=np.zeros((2,10**3))
    i = 1
    imax = 1000
    W[:,0] = x0
    x = x0
    delta = 1
    alpha = 1

    while i<imax and delta>10**(-5):
        p = -np.dot(np.linalg.inv(hessian(x)),jacobian(x))
        x0 = x
        x = x + alpha*p
        W[:,i] = x
        delta = sum((x-x0)**2)
        print('第',i,'次迭代结果：')
        print(x,'\n')
        i=i+1
    W=W[:,0:i]  # 记录迭代点
    return W

x0 = np.array([-1.2,1])
W=newton(x0)

plt.plot(W[0,:],W[1,:],'g*',W[0,:],W[1,:]) # 画出迭代点收敛的轨迹
plt.show()
```

执行后会输出显示迭代过程：

```
初始点为：
[-1.2  1. ]

第 1 次迭代结果：
[-1.1752809   1.38067416]

第 2 次迭代结果：
[ 0.76311487 -3.17503385]

第 3 次迭代结果：
[0.76342968 0.58282478]

第 4 次迭代结果：
[0.99999531 0.94402732]

第 5 次迭代结果：
[0.9999957  0.99999139]

第 6 次迭代结果：
[1. 1.]
```

由此可见，迭代了 6 次得到最优解，并且会使用 matplotlib 绘制迭代计算的过程，画出的迭代点的轨迹如图 7-2 所示。

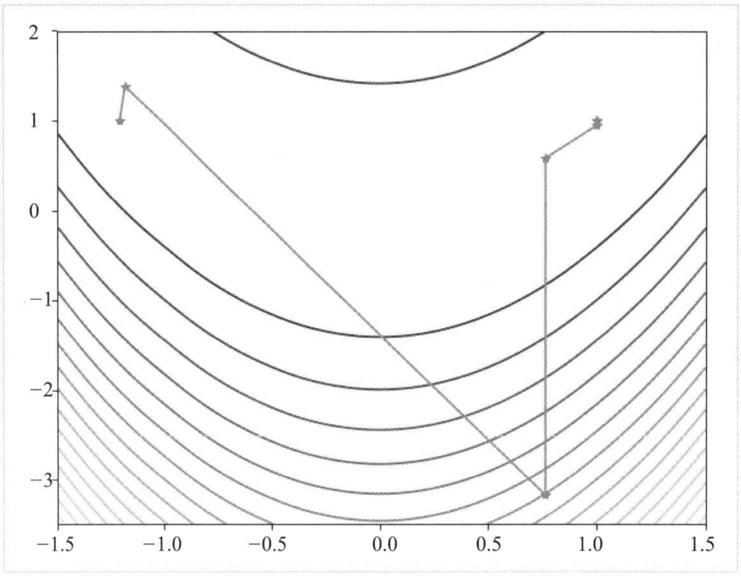

图 7-2　迭代过程轨迹

下面是每一步迭代对应的误差：

- 第 1 次迭代：232.8676878
- 第 2 次迭代：4.639426214
- 第 3 次迭代：1370.789849
- 第 4 次迭代：0.473110379
- 第 5 次迭代：25.0274456
- 第 6 次迭代：8.61E-06

注意：牛顿迭代法是二阶收敛，最速下降是一阶收敛，所以牛顿迭代法就更快。最速下降法每次只从当前所处位置选一个坡度最大的方向走一步，牛顿迭代法在选择方向时，不仅会考虑坡度是否够大，还会考虑走了一步之后，坡度是否会变得更大。所以可以说牛顿迭代法比最速下降法看得更远一点，能更快地走到底部。牛顿迭代法目光更加长远，所以少走弯路；相对而言，最速下降法只考虑了局部的最优，没有全局思想。

7.8　算法演练——使用牛顿迭代法求解输入的方程

请编写一个 Python 程序，要求输入一个任意方程，可以使用牛顿迭代法求解这个方程。

（即扫即看）

7.8.1　项目需求

（1）输入

- 一个方程的表达式。

● 初始值 *x*、极小值 sigma 和想要计算的次数，这三个值中间用空格隔开。

（2）输出方程的解

输入：

```
请输入方程的表达式：x*exp(x)-1
请输入初始值 x，极小值 sigma 以及想要计算的次数 : 0.2 0.0001 5
```

输出：

```
0.567143290409785
```

7.8.2 算法分析：导数的使用

下面看算法分析，首先选择一个初始值 $x=x_0$，使得该初始值接近实根的值。迭代计算如下的公式：

$$x_{i+1} = x_i - f(xi) / f'(x_i)$$

直到 x_i+1 达到一个满意的近似结果为止。在这个公式中，$f(x)$ 是要求解的多项式方程，而 $f'(x)$ 是 $f(x)$ 的导数。

7.8.3 具体实现

编写实例文件 niudun05.py，在本实例中会先要求输入要计算的方程，在具体实现时先将 *f* 对 *x* 进行不定积分，然后再求具体的导数。文件 niudun05.py 的具体实现代码如下所示：

```
from sympy import *;
from future import *;
import math;
import sys;
x=symbols(“x”);
#f=x*exp(x)-1;  # 这个地方的表达式可以根据需要进行更改
# 注意到这里，就是先将 f 对 x 进行不定积分，然后再求导。
# 因为一开始 input 的时候 f 也不过就是个表达式
f=input(“请输入方程的表达式: ");
f=integrate(f, x);
f=diff(f);

list_in=input(“请输入初始值 x，极小值 sigma 以及想要计算的次数 : ").split(“  “);
x0=float(list_in[0]);
sigma=float(list_in[1]);
N=int(list_in[2]);

if diff(f).subs(x,x0)==0:
    print(x0)
    sys.exit();
account=1;
x_new=x0;
while account<=N:
    x_new=x0-f.subs(x,x0)/diff(f).subs(x,x0);
        #x_new=float(x_new);
    if math.fabs(x_new-x0)<sigma:
        print(x_new)
        sys.exit();
    x0=x_new;
    account+=1;
print(“无法解出，不满足条件 ")
```

执行后会分别要求输入要计算方程的表达式、初始值 *x*、极小值 sigma 和想要计算的次数，例如下面的执行结果：

```
请输入方程的表达式：x*exp(x)-1
请输入初始值x，极小值sigma以及想要计算的次数： 0.2 0.0001 5
0.567143290409785
```

7.9 算法演练——求方程在 *x* 附近的一个实根

编写一个 Python 程序，要求使用牛顿迭代法求方程 $ax^3+bx^2+cx+d=0$ 在 *x* 附近的一个实根。

（即扫即看）

7.9.1 算法分析：循环替代

首先赋值 *x*，即迭代初值。然后用初值 *x* 代入方程中计算此时的 $f(x)=(a*x*x*x+b*x*x+c*x+d)$ 和 $f'(x)=(3*a*x*x+2*b*x+c)$ 计算增量 $f(x)/f'(x)$，然后计算下一个 *x*: $x-f(x)/f'(x)$，把新产生的 *x* 替换 *x*: $x=x-f(x)/f'(x)$，并依次循环。如果 d 绝对值大于 0.00001，则重复上述步骤。

7.9.2 具体实现

编写实例文件 niudun06.py，根据对 *a* 的判断结果显示不同的提示结果，例如如果 *a* == 0 and *c* ** 2 − 4 * *b* * *d* < 0 则打印“无解”。文件 niudun06.py 的具体实现代码如下所示：

```
def diedai(a, b, c, d, X):
    x = X
    if a == 0 and c ** 2 - 4 * b * d < 0:
        print("无解")
    elif a == 0 and b == 0 and c == 0 and d != 0:
        print("无解")
    elif a == 0 and b == 0 and c == 0 and d == 0:
        print("恒等")
    else:
        while abs(a * x * x * x + b * x * x + c * x + d) > 0.000001:
            x = x - (a * x * x * x + b * x * x + c * x + d) / (3 * a * x * x +
2 * b * x + c)
        print("x=%.2f" % x)


a, b, c, d, x = input().split()
diedai(int(a), int(b), int(c), int(d), int(x))
```

执行后会要求输入 *a*，*b*，*c*，*d* 和 *x* 的值，例如输入 1，−1，2，−3，5 后会输出：

```
1 -1 2 -3 5
x=1.28
```

7.10 算法演练——解决“非线程方程组”问题

非线性方程是指含有指数和余弦函数等非线性函数的方程，例如，$e^x-\cos(\pi x)=0$。与线性方程相比，无论是解的存在性，还是求解的计算公式，非线性方程问题都比线性问题要复杂得多，对于一般线性方程 f(*x*)=0f(*x*)=0，既无直接法可用，也无一定规则可循。

（即扫即看）

7.10.1　算法分析：平方收敛

通过牛顿迭代法使用函数 $f(x)$ 的泰勒级数的前面几项来寻找方程 $f(x) = 0$ 的根，这是求方程根的重要方法之一，其最大优点是在方程 $f(x) = 0$ 的单根附近具有平方收敛，而且该法还可以用来求方程的重根、复根，此时线性收敛，但是可通过一些方法变成超线性收敛。

假设 r 是 $f(x)$=0 的根。选取 x_0 作为 r 的初始近似值，过点 $(x_0, f(x_0))$ 做曲线的切线，求出该切线与 x 轴的交点，并求出该点的横坐标，称作 x_1 是 r 的一次近似。如此就可以推导出牛顿迭代公式。如果是连续的，并且待求的零点是孤立的，那么在零点周围存在一个区域，只要初始值位于这个邻近区域内，那么牛顿法必定收敛。 如果不为 0, 那么牛顿法将具有平方收敛的性能。

7.10.2　具体实现

在下面的实例文件 Iteration.py 中，演示了使用迭代算法解决“非线程方程组”问题的过程，计算方程 e^x-cos(πx)=0 的解。首先使用 math 中内置的数学函数 $x$nex[0]、$x$nex[1] 和 $x$nex[2]，然后对 xk_1、xk_2、xk_3 进行迭代，每一次迭代越来越接近结果，最终得到答案。文件 Iteration.py 的具体实现代码如下所示。

```
import math  #为了使用 cos 函数

def takeStep(Xcur):
    Xnex=[0,0,0];
    Xnex[0]=math.cos(Xcur[1]*Xcur[2])/3.0+1.0/6
    Xnex[1]=math.sqrt(Xcur[0]*Xcur[0]+math.sin(Xcur[2])+1.06)/9.0-0.1
    Xnex[2]=-1*math.exp(-1*Xcur[0]*Xcur[1])/20.0-(10*math.pi-3)/60
    return Xnex

def initialize():
    X0=[0.1,0.1,-0.1]
    return X0

def ColculateDistance(Xcur,Xnew):
    temp=[Xcur[0]-Xnew[0],Xcur[1]-Xnew[1],Xcur[2]-Xnew[2]]
    dis=math.sqrt(temp[0]*temp[0]+temp[1]*temp[1]+temp[2]*temp[2])
    return dis

def iteration(eps,maxIter):
    cur_eps=10000
    Xcur=initialize()
    Xnew=[0,0,0]
    iterNum=1
    print("---------------------------开始迭代---------------------------")
    print("  迭代次数  |     Xk1     |     Xk2     |     Xk3     |     eps     ")

    while (cur_eps>eps and iterNum<maxIter) :
        Xnew=takeStep(Xcur);
        cur_eps=ColculateDistance(Xcur,Xnew)
        print("      %d        %.8f    %.8f    %.8f    %8.8f"%(iterNum,Xcur[0],Xcur[1]
,Xcur[2],cur_eps))
        iterNum+=1
        Xcur=Xnew
    return 0


iteration(10**-10,200)
```

执行后会输出：

```
-------------------------- 开始迭代 --------------------------
 迭代次数  |     Xk1      |     Xk2      |     Xk3      |     eps
    1         0.10000000   0.10000000   -0.10000000   0.58923871
    2         0.49998333   0.00944115   -0.52310127   0.00941924
    3         0.49999593   0.00002557   -0.52336331   0.00023523
    4         0.50000000   0.00001234   -0.52359814   0.00001231
    5         0.50000000   0.00000003   -0.52359847   0.00000031
    6         0.50000000   0.00000002   -0.52359877   0.00000002
    7         0.50000000   0.00000000   -0.52359878   0.00000000
```

注意：在使用迭代法求根时应注意以下两种可能发生的情况。

① 如果方程无解，算法求出的近似根序列就不会收敛，迭代过程会变成死循环，因此在使用迭代算法前应先考察方程是否有解，并在程序中对迭代的次数给予限制。

② 方程虽然有解，但迭代公式选择不当，或迭代的初始近似根选择不合理，也会导致迭代失败。

7.11 算法演练——使用雅克比 (Jacobi) 迭代法求解线性方程组

对于普通迭代法来说，其迭代法的一般形式（对于 $Ax=b$ 的一般形式）为：

$$x_{k+1} = G(x_k)$$

（即扫即看）

在上述格式中，G 称为迭代算子。由迭代格式得到迭代序列：

$$\{x_k\}$$

如迭代序列收敛于方程组的精确解，则称此迭代格式收敛迭代格式的构造；将方程组改写成如下形式，如令 $A=B-C$：

$$x = Mx + f$$

假设存在如下的线性方程组：

$$\begin{cases} 8x_1 - 3x_2 + 2x_3 = 20 \\ 4x_1 + 11x_2 - x_3 = 33 \\ 6x_1 + 3x_2 + 12x_3 = 36 \end{cases}$$

则首先按照下面的分组进行求解：

$$A = \begin{bmatrix} 8 & -3 & 2 \\ 4 & 11 & -1 \\ 6 & 3 & 12 \end{bmatrix} \qquad x = \begin{bmatrix} x_1 \\ x_2 \\ x_3 \end{bmatrix} \qquad b = \begin{bmatrix} 20 \\ 33 \\ 36 \end{bmatrix}$$

请编写一个 Python 程序，使用雅克比 (Jacobi) 迭代法求解一个线性方程组。

7.11.1 算法分析：迭代矩阵

Jacobi 迭代的方法是令 $A=D-L-U$，Jacobi 迭代的格式如下所示：

$$x_k = D^{-1}(L+U)x_k + D^{-1}b, k = 0,1,2,...$$

Jacobi 迭代矩阵的格式是：

$$M=D^{-1}(L+U)$$

7.11.2 具体实现

编写实例文件 yakebi.py，功能是使用 Jacobi 迭代算法求解线性方程组，首先为了降低电脑的功耗，设置迭代次数上限是 100。然后分别通过函数 read_tensor() 和 read_vector() 读取张量和向量。在记事本文件 123.txt 中设置要求解的线性方程组的值，通过上面的两个函数读取文件里面的值，然后迭代求解 x 的值并存储结果。文件 yakebi.py 的具体实现代码如下所示：

```
import numpy as np

max = 100  # 迭代次数上限
Delta = 0.01
m = 2  # 阶数：矩阵为 2 阶
n = 3  # 维数：3X3 的矩阵

shape = np.full(m, n)
shape = tuple(shape)


def read_tensor(f, shape):  # 读取向量
    data = []
    for i in range(n ** (m - 1)):
        line = f.readline()
        data.append(list(map(eval, line.split(“,”))))
    return np.array(data).reshape(shape)


def read_vector(f):  # 读取向量
    line = f.readline()
    line = line.replace(“\n”, “”)
    line = list(map(eval, line.split(“,”)))
    return np.array(line)


# 读取数据
f = open(“123.txt”)
A = read_tensor(f, shape)  # 读取矩阵 A
b = read_vector(f)  # 读取 b
f.close()
print(‘A:’)
print(A)
print(‘b:’, b)

# 求 LU=L+U
LU = np.copy(A)
for i in range(n):
    LU[i, i] = 0
LU = 0 - LU

# 求 D：系数矩阵的对角线元素
D = np.copy(A)
D = D + LU

# 迭代求解
x = np.ones(n)  # 用于存储迭代过程中 x 的值
y = np.ones(n)  # 用于存储中间结果
DLU = np.dot(np.linalg.inv(D), LU)  # 对 D 求逆，然后和 LU 相乘
```

```
Db = np.dot(np.linalg.inv(D), b)
print( ‘x:’ , x)
for iteration in range(max):
    # 迭代计算
    y = np.dot(DLU, x) + Db

    # 判断是否达到精度要求
    if np.max(np.fabs(x - y)) < Delta:
        print( ‘iteration:’ , iteration)
        break
    # 将 y 幅值到 x，开始下一轮迭代
    x = np.copy(y)
    print( ‘x:’ , x)
```

在记事本文件 123.txt 中设置要求解的线性方程组的值，其中前 3 行是 A 的数据，最后 1 行是 b 的数据。文件 123.txt 的内容如下所示：

```
2,-1,-1
1,5,-1
1,1,10
-5,11,8
```

执行后会输出计算上述线性方程组的结果：

```
A:
[[ 2 -1 -1]
 [ 1  5 -1]
 [ 1  1 10]]
b: [-5 11  8]
x: [1. 1. 1.]
x: [-1.5   2.2  0.6]
x: [-1.1    2.62  0.73]
x: [-0.825   2.566  0.648]
x: [-0.893    2.4946  0.6259]
x: [-0.93975  2.50378  0.63984]
x: [-0.92819    2.515918  0.643597]
iteration: 6
```

7.12 算法演练——使用 Gauss-Seidel 迭代法求解线性方程组

Gauss Deidel 迭代法与 Jacobi 迭代法类似，唯一的区别是 Jacobi 算法需要将一个完整的数组 x=(x_{11}, x_{12}, …, x_{1n}) 迭代算出 x_{21}，仍使用 x=(x_{11}, x_{12}, …, x_{1n})，直到算出 x_{2n}，凑出下一个完整的 x=(x_{21}, x_{22}, …, x_{2n})，而 Gauss Seidel 迭代法则是在利用 x=(x_{11}, x_{12}, …, x_{1n}) 算出 x_{21} 之后，直接将 x_{21} 代入 x，变为 x=(x_{21}, x_{12}, …, x_{1n})，然后继续算出 x_{22}，代入。以此类推。

（即扫即看）

7.12.1 算法分析：迭代格式

在实现原理上，令 M=D−L（Jacobi 中是 D），于是 B=I−(D−L) 的逆 A=(D−L) 的逆 U，f=(D−L) 的逆 b。在数学应用中，使用 Gauss-Seidel 求解线性方程组的迭代格式如下所示：

$$(D-L)x_{k+1}=Ux_k+b$$

$$x_{k+1}=(D-L)^{-1}Ux_k+(D-L)^{-1}b, k=0,1,2,...$$

Gauss-Seidel 迭代矩阵如下所示：

$$M = (D - L)^{-1} U$$

7.12.2　第一种方案：两次 DL 求逆

编写实例文件 Gauss-Seidel.py，功能是使用 Gauss-Seidel 迭代法求解线性方程组，和前面的 Jacobi 迭代算法相比，本算法用到了两次 DL 求逆，分别和 U、b 相乘，通过 if 语句判断是否达到精度要求，达到要求后则停止迭代。文件 Gauss-Seidel.py 的具体实现代码如下所示：

```
import numpy as np
max=100# 迭代次数上限
Delta=0.01
m=2# 阶数：矩阵为 2 阶
n=3# 维数：3X3 的矩阵

shape=np.full(m, n)
shape=tuple(shape)

def read_tensor(f,shape):# 读取向量
    data=[]
    for i in range(n**(m-1)):
        line = f.readline()
        data.append(list(map(eval, line.split(“,”))))
    return np.array(data).reshape(shape)

def read_vector(f):# 读取向量
    line = f.readline()
    line = line.replace(“\n”,””)
    line=list(map(eval, line.split(“,”)))
    return np.array(line)

# 读取数据
f = open(“jacobi_data.txt”)
A=read_tensor(f,shape)# 读取矩阵 A
b=read_vector(f)# 读取 b
f.close()
print(‘A:’)
print(A)
print(‘b:’,b)

U=np.copy(A)# 求 U
DL=np.copy(A)# 求 D-L
for i in range(n):
    for j in range(n):
        if j<=i:
            U[i,j]=0
        else:
            DL[i,j]=0
U=0-U

# 迭代求解
x=np.ones(n)# 用于存储迭代过程中 x 的值
y=np.ones(n)# 用于存储中间结果
DLU=np.dot(np.linalg.inv(DL),U)# 对 DL 求逆，然后和 U 相乘
DLb=np.dot(np.linalg.inv(DL),b)# 对 DL 求逆，然后和 b 相乘
print(‘x:’,x)
for iteration in range(max):
    # 迭代计算
```

```
        y=np.dot(DLU,x)+DLb

        # 判断是否达到精度要求
        if np.max(np.fabs(x-y))<Delta:
            print( 'iteration:' ,iteration)
            break
        # 将 y 幅值到 x，开始下一轮迭代
        x=np.copy(y)
        print( 'x:' ,x)
```

在记事本文件 123.txt 中设置要求解的线性方程组的值，其中前 3 行是 *A* 的数据，最后 1 行是 *b* 的数据。文件 123.txt 的内容如下所示：

```
2,-1,-1
1,5,-1
1,1,10
-5,11,8
```

执行后会输出计算上述线性方程组的结果：

```
A:
[[ 2 -1 -1]
 [ 1  5 -1]
 [ 1  1 10]]
b: [-5 11  8]
x: [1. 1. 1.]
x: [-1.5    2.7    0.68]
x: [-0.81     2.498    0.6312]
x: [-0.9354     2.51332    0.642208]
x: [-0.922236     2.5128888    0.64093472]
iteration: 4
```

通过上述执行效果可知，在计算同一个线性方程组时，可以发现 Gauss-Seidel 算法只需要迭代 4 次，而 Jacobi 算法需要迭代 6 次，这是因为 Jacobi 算法在每一步计算中都把结果代入了。

7.12.3 第二种方案：三次处理

再来看下面的实例文件 Gauss-Seidel02.py，功能也是使用 Gauss-Seidel 迭代法求解线性方程组。在 Jacobi 迭代法中，令 M=D，A=D-N，因而 B=（M 的逆 N）=（M 的逆（M-A））=（D 的逆 *(L+U)），然后 f=D 的逆 B。确定初值 *x*0，开始迭代。如果 *x* 最终收敛于 *x*，则线性方程组有解 x*，否则无解。最后确定需要的绝对误差限或相对误差限 e，确定相应的迭代次数。文件 Gauss-Seidel02.py 的具体实现代码如下所示：

```
import numpy as np
A=[[10,3,1], [2,-10,3], [1,3,10]]
b=[[14,-5,14]]

def get_base(A):# 获得一个解
    base=list(np.zeros((len(A),len(A))))
    D=[]
    for i in base:
        D.append(list(i))
    return D

def get_U(A):# 获得 U
    D=get_base(A)
    i=0
    while i<len(A):
```

```
        k=i+1
        while k<len(A):
            D[i][k]=-A[i][k]
            k=k+1
        i=i+1
    return D

def get_DL(A,U):# 获得 D-L
    AA=np.array(A)
    UU=np.array(U)
    DDLL=AA+UU
    DL=[]
    for i in DDLL:
        DL.append(list(i))
    return DL

def get_DL_I(DL):# 获得 D-L 的逆
    DL1=np.mat(DL)
    DL2=DL1.I
    return DL2

def get_B(DLI,U):# 获得 B
    U1=np.mat(U)
    B=DLI*U1
    return B

def get_f(DLI,b):# 获得 f
    b1=np.mat(b)
    f=DLI*b1.T
    return f

def matrix_to_list(x):
    d=[]
    ans=[]
    for i in x:
        d.append(i.tolist())
    for i in d:
        ans.append(i[0])
    return ans

def roll(A,b,x0):# 主循环结构
    U=get_U(A)
    DL=get_DL(A,U)
    DLI=get_DL_I(DL)
    B=get_B(DLI,U)
    f=get_f(DLI,b)
    x=np.mat(x0).T
    y=B*x+f
    return matrix_to_list(y.T)

def main(A,b,x0,e):# 输入系数矩阵，方程组右端 b，初始值 x0，以及需要的绝对误差限
    n=0
    ans=[]
    ans.append(x1)
    ans.append(x0)
    ans1=[]
    ans1.append(x1[0])
    ans1.append(x0[0])
    while abs(ans[-1][0][1]-ans[-2][0][1])>e:
        n=n+1
        x0=roll(A,b,x0)
        ans.append(x0)
    for i in ans:
```

```
        ans1.append(i[0])
    return ans1,len(ans1)-2

x1=[[1,1,2]]
x0= roll(A,b,x1)
e=0.00001
print(main(A,b,x0,e))
```

执行后会输出计算预设的 A 和 B 的方程组的结果：

```
([[1, 1, 2], [0.9000000000000001, 1.28, 0.9260000000000003], [1, 1, 2],
[0.9000000000000001, 1.28, 0.9260000000000003], [0.9234, 0.9624800000000002,
1.0189160000000002], [1.0093644, 1.00754768, 0.9967992560000003], [0.9980557704,
0.9986509308800001, 1.0005991436960002], [1.0003448063664, 1.0002487043820802,
0.9998909080487363], [0.9999362978805024, 0.9999545319907214, 1.0000200106147337],
[1.0000116393413103, 1.0000083310526822, 0.9999963367500646], [0.9999978670091889,
0.9999984744268573, 1.0000006709710243]], 9)
```

7.13 小结

到此为止，迭代算法思想的基本知识和具体用法已经讲解完毕。在数学应用领域中，迭代算法很受欢迎，为解决高数问题做出了杰出的贡献。在现实应用中，建议大家尽量多用迭代解决问题，但是同时也要做好代码不够简洁的准备。在本书后面的内容中将继续讲解其他常用的算法思想，一起学习能够找到解决问题的最优方案的算法思想的知识和具体用法。

第 8 章 查找算法

查找是在大量的信息中寻找一个特定的信息元素，在计算机应用中，查找是常用的基本运算，例如编译程序中符号表的查找。在本章的内容中将详细介绍查找算法的知识和具体用法，为读者步入本书后面知识的学习打下基础。

8.1 查找算法基础

在学习查找算法之前，需要先理解以下几个概念。

（即扫即看）

（1）列表：是由同一类型的数据元素或记录构成的集合，可以使用任意数据结构实现。

（2）关键字：是数据元素的某个数据项的值，能够标识列表中的一个或一组数据元素。如果一个关键字能够唯一标识列表中的一个数据元素，则称其为主关键字，否则称为次关键字。当数据元素中仅有一个数据项时，数据元素的值就是关键字。

（3）查找：根据指定的关键字的值，在某个列表中查找与关键字值相同的数据元素，并返回该数据元素在列表中的位置。如果找到相应的数据元素，则查找是成功的，否则查找是失败的，此时应返回空地址及失败信息，并可根据要求插入这个不存在的数据元素。显然，查找算法中涉及了如下 3 类参量。

① 查找对象 K，即具体找什么。

② 查找范围 L，即在什么地方找。

③ K 在 L 中的位置，即查找的结果是什么。

其中，①、②是输入参量，③是输出参量。在函数中不能没有输入参量，可以使用函数返回值来表示输出参量。

（4）平均查找长度：为了确定数据元素在列表中的位置，需要将关键字个数的期望值与指定值进行比较，这个期望值被称为查找算法在查找成功时的平均查找长度。如果列表的长度为 n，查找成功时的平均查找长度为：

$$ASL = P_1C_1 + P_2C_2 + \cdots + P_nC_n = \sum_{i=1}^{n} P_iC_i$$

式中，P 表示查找列表中第 i 个数据元素的概率；C_i 为当找到列表中的第 i 个数据元素时，已经进行过关键字比较次数。因为查找算法的基本运算是在关键字之间进行比较，所以可用平均查找长度来衡量查找算法的性能。

查找的基本方法可分为两大类，分别是比较式查找法和计算式查找法。其中，比较式查找法又可以分为基于线性表的查找法和基于树的查找法，通常将计算式查找法称为哈希（Hash）查找法。

在本章后面的内容中，将根据目标的不同对查找算法进行分类，详细讲解在 Python 程序中使用各种查找算法的知识。

8.2 线性表查找：顺序查找

线性表是一种最简单的数据结构，可以将线性表中的查找方法分为 3 种，分别是顺序查找法、折半查找法和分块查找法。在本节的内容中将首先讲解顺序查找算法的基本知识和用法。

（即扫即看）

8.2.1 顺序查找法基础

顺序查找也称为线性查找，属于无序查找算法。顺序查找法的特点是逐一比较指定的关键字与线性表中的各个元素的关键字，一直到查找成功或失败为止。假设一个列表的长度为 n，如果要查找里面第 i 个数据元素，则需进行 $n-i+1$ 次比较，即 $C_i=n-i+1$。假设查找每个数据元素的概率相等，即 $P_i=1/n$，则顺序查找算法的平均查找长度为：

$$ASL=\sum_{i=1}^{n}P_iC_i=\frac{1}{n}\sum_{i=1}^{n}C_i=\frac{1}{n}\sum_{i=1}^{n}(n-i+1)=\frac{1}{2}(n+i)$$

顺序查找从数据结构线性表的一端开始，顺序扫描，依次将扫描到的结点关键字与给定值 k 相比较，若相等则表示查找成功；若扫描结束仍没有找到关键字等于 k 的结点，表示查找失败。

8.2.2 顺序查找的时间复杂度

- 当查找成功时的平均查找长度为：

```
（假设每个数据元素的概率相等） ASL = 1/n(1+2+3+…+n) = (n+1)/2
```

- 当查找不成功时，需要 $n+1$ 次比较，时间复杂度为 $O(n)$。

所以，顺序查找的时间复杂度为 $O(n)$。

其实在 Python 语言中提供了内置函数的实现查找功能，例如在下面的实例文件 nei.py 中，演示了使用内置函数实现查找功能的过程。

```
aList=[1,2,3,4,5,6,3,8,9]
print(5 in aList )                 #查找 5 是否在列表中
print(aList.index(5))              #返回第一个数据 5 的下标
print(aList.index(5,4,10))         #返回从下标 4 到 10（不包含） 查找数据 5
print(aList.count(5) )             #返回数据 5 的个数
```

执行后会输出：

```
True
4
```

```
4
1
```

假设给定一个整数 s 和一个整数数组 a，判断 s 是否在 a 中，要求不能用 Python 自带的“if s in a”语句。既然没有说明 a 有什么特性，那么我们就只能假定它是一个很随机的数组。要判断 s 是否在 a 中，需要逐个访问 a 中的元素并和 s 比较，一旦找到就返回 True。如果 a 遍历完了还没找到，则返回 False。这个过程实现起来非常简单，例如下面的演示代码。

```
def seq_search(s, a):
     for i in range(len(a)):
        if s == a[i]:
        return True
     return False
```

我们可以通过如下代码进行测试：

```
a = [13,42,3,4,7,5,6]
s = 7print seq_search(s,a)

a2 = [10,25,3,4,780,5,6]
s = 70print seq_search(s,a2)
```

测试后会输出：

```
TrueFalse
```

上述过程的时间复杂度如表 8-1 所示。

表 8-1　时间复杂度

情　况	最　好	最　坏	平　均
找到了	1	n	$n/2$
没找到	n	n	n

对于没找到的情况，数组总是要遍历一次的。而对于元素在数组中的情况，则要分运气好坏，或许第一个就中了，或许最后一个才是，平均而言则是 $n/2$。

8.2.3　算法演练——在列表 alist 中查找数字 2

下面将通过一个实例的实现过程详细讲解实现顺序查找算法的具体方法。在实例文件 cha.py 中，使用 for 循环遍历列表，查找数字 2 是否在列表中，如果在则打印输出在列表中的位置。实例文件 cha.py 的具体实现代码如下所示：

```
aList=[1,2,3,4,5,6,3,8,9]
sign=False                                  # 初始值为没找到
x=int(input(“请输入要查找的整数: "))
for i in range(len(aList)):
   if aList[i]==x:
      print(“整数 %d 在列表中，在第 %d 个数 "%(x,i+1))
      sign=True
if sign==False:
   print(“整数 %d 不在列表中 "%x)
```

执行后会输出：

```
请输入要查找的整数：2
整数 2 在列表中，在第 2 个数
```

8.2.4　算法演练——找出列表 testlist 中的最大值和最小值

在下面的实例文件 daxiao.py 中，演示了在列表 testlist 中顺序中查找最大值和最小值的过程。其中函数 Max() 用于找出列表中的最大值，函数 Min() 用于找出列表中的最小值。具体实现代码如下：

```
def Max(alist):
    pos = 0    #初始位置
    imax=alist[0]  #假设第一个元素是最大值
    while pos < len(alist):   #在列表中循环
        if alist[pos] > imax:  #当前列表的值大于最大值 ，则为最大值
            imax=alist[pos]
        pos = pos+1  #查找位置 +1
    return imax
def Min(alist):
    pos = 0   # 初始位置
    imin = alist[0]   #假设第一个元素是最小值
    for item in alist:  #对于列表中的每一个值
        if item < imin:  #当前的值小于最小的值则为最小值
            imin = item
    return imin
def main():
    testlist=[2,3,4,5,6,8,34,23,55,234]
    print( '最大值是： ',Max(testlist))
    print( '最小值是： ',Min(testlist))
if __name__==' __main__' :
    main()
```

执行后会输出：

```
最大值是： 234
最小值是： 2
```

8.2.5 算法演练——查找数字 7 在列表 values 中的位置

在下面的实例文件 mou.py 中，演示了在列表 values 中顺序中查找某元素是否存在的过程。通过函数 linear() 来查找在列表中某个元素的下标，即返回这个元素的位置。具体实现代码如下：

```
# 待查找数据集合 value
# 查找的值 key
def linear(value, key):
    # 从头到尾遍历待查找数据
    for i in range(len(value)):
        if value[i] == key:
            # 成功，返回下标值
            return i
    else:
        # 失败，返回 -1
        return -1

values = [9, 1,11, 3, 2, 6, 12, 5, 4, 7, 8, 10, 13]
# 查找 7
result = linear(values, 7)
if result == -1:
    print( '查找失败 ')
else:
    print( '查找成功，对于下标： ',result)
```

执行后会输出元素 7 在列表 values 中的位置：

```
查找成功，对于下标： 9
```

8.3　线性表查找：折半查找算法

折半查找算法又被称为二分查找法，此方法要求待查找的列表必须是按关键字大小有序排列的顺序表。在本节的内容中，将详细讲解折半查找算法的基本知识和具体用法。

（即扫即看）

8.3.1　折半查找算法基础

折半查找算法的查找过程如下所示。

① 将表中间位置记录的关键字与查找关键字比较，如果两者相等则表示查找成功；否则利用中间位置记录将表分成前、后两个子表。

② 如果中间位置记录的关键字大于查找关键字，则进一步查找前一个子表，否则查找后一个子表。

③ 重复以上过程，一直到找到满足条件的记录为止，此时表明查找成功。

④ 如果最终子表不存在，则表明查找不成功。

接下来用平均查找长度来分析折半查找算法的性能，可以使用一个被称为判定树的二叉树来描述折半查找过程。首先验证树中的每一个结点对应表中的一个记录，但是结点值不是用来记录关键字的，而是用于记录在表中的位置序号。根结点对应当前区间的中间记录，左子树对应前一个子表，右子树对应后一个子表。当折半查找成功时，关键字的比较次数不会超过判定树的深度。因为判定树的叶结点和所在层次的差是 1，所以 n 个结点的判定树的深度与 n 个结点的完全二叉树的深度相等，都是 $\log_{2n}+1$。这样，折半查找成功时，关键字比较次数最多不超过 $\log_{2n}+1$。相应地，当折半查找失败时，其整个过程对应于判定树中从根结点到某个含空指针的结点的路径。所以当折半查找成功时，关键字比较次数也不会超过判定树的深度 $\log_{2n+1}$。可以假设表的长度 $n=2h-1$，则判定树一定是深度为 h 的满二叉树，即 $\log_2(n+1)$。又假设每个记录的查找概率相等，则折半查找成功时的平均查找长度为：

$$ASL_{bs}=\sum_{i-1}^{n}P_iC_i=\frac{1}{n}\sum_{i-1}^{n}j\times 2^{j-1}=\frac{n+1}{n}\log_2(n+1)-1$$

在此假设将长度为 n 的表分成 b 块，每块含有 s 个元素，即 b=n/s。

折半查找方法具有比较次数少、查找速度快和平均性能好的优点。其缺点是要求待查表为有序表，且插入删除困难。因此，折半查找方法适用于不经常变动且查找频繁的有序列表。

在最坏的情况下，关键字比较次数为 log2(n+1)，且期望时间复杂度为 $O(\log_{2n})$。

注意：折半查找的前提条件是需要有序表顺序存储，对于静态查找表，一次排序后不再变化，折半查找能得到不错的效率。但对于需要频繁执行插入或删除操作的数据集来说，维护有序的排序会带来不小的工作量，因此不建议使用。

8.3.2　算法演练——在列表 array 中查找数字 76

折半查找是对于有序序列而言的。每次折半，则查找区间大约缩小一半。low 和 high 分别为查找区间的第一个下标与最后一个下标。出现 low>high 时，说明目标关键字在整个有序序列中不存在，查找失败。例如在下面的实例文件 zhe.py 中，演示了使用折半查找算法查找指定数字的过程。

```
def BinSearch(array, key, low, high):
    mid = int((low+high)/2)
    if key == array[mid]:  # 若找到
        return array[mid]
    if low > high:
        return False

    if key < array[mid]:
        return BinSearch(array, key, low, mid-1)  #递归
    if key > array[mid]:
        return BinSearch(array, key, mid+1, high)


if __name__ == "__main__":
    array = [4, 13, 27, 38, 49, 49, 55, 65, 76, 97]
    ret = BinSearch(array, 76, 0, len(array)-1)  # 通过折半查找，找到76
    print(ret)
```

执行后会输出：

```
76
```

8.3.3 算法演练——在列表 list 中查找是否存在数字 3 和 10

请看下面的实例文件 er1.py，演示了折半查找算法的另外一种解决方案。函数 binarySearch() 实现了二分查找功能，在查找过程中不断取中间元素与查找值进行比较，如果在列表 alist 中存在参数 item 则返回 True，如果在列表 alist 中不存在参数 item 则返回 False；具体实现代码如下：

```
def binarySearch(alist, item):
    first = 0
    last = len(list) - 1
    found = False

    while first <= last and not found:
        midpoint = (first + last) // 2
        if alist[midpoint] == item:
            found = True
        else:
            if item < alist[midpoint]:
                last = midpoint - 1
            else:
                first = midpoint + 1
    return found


list = [0, 1, 2, 3, 4, 5, 6, 7, 8]
print(binarySearch(list, 3))
print(binarySearch(list, 10))
```

执行后会输出：

```
True
False
```

8.3.4 算法演练——比较顺序查找算法和折半查找算法的效率

在下面的实例文件 duibi.py 中，演示了同时使用比较顺序查找算法和折半查找算法的过

程。首先分别通过函数 line_search() 和 binary_search() 实现顺序查找算法和二分查找算法功能，然后使用函数 timer(func) 计算分别计算这两个函数的的执行时间，这样便比较了这两种算法的效率，具体实现代码如下：

```
import time

# 计时装饰器
def timer(func):
    def wrapper(*args, **kwargs):
        start = time.time()
        ret = func(*args, **kwargs)
        end = time.time()
        print(“time: %s” % (end-start))
        return ret
    return wrapper


# 顺序（线性）查找 O(n)
@timer
def line_search(lst, val):
    for index, value in enumerate(lst):
        if val == value:
            return index

    return None

# 二分查找（需要有序）O(logn)
@timer
def binary_search(lst, val):
    low = 0
    high = len(lst) - 1

    while low <= high:
        mid = (high + low)//2
        if lst[mid] == val:
            return mid
        elif lst[mid] < val:
            low = mid + 1
        else:
            high = mid - 1

    return None


if __name__ == ‘__main__’:
    lst = list(range(100000))

    ret = line_search(lst, 90000)
    print(ret)


    ret = binary_search(lst, 90000)
    print(ret)
```

执行后会输出：

```
time: 0.028981447219848633
90000
time: 0.0
90000
```

顺序查找算法耗时 0.028981447219848633，折半查找算法耗时 0.0，这说明折半查找算法的效率要高于顺序查找算法。

8.3.5 算法演练——根据编号查找大一新生的信息

编写实例文件 duibi.py，功能是使用折半查找算法查找学生的信息，能够根据输入的学生编号查询这名学生的姓名和年龄信息。其中列表 list 中的元素是通过随机函数 range() 生成的，将生成的学生信息保存在字典 dct 中。文件 duibi.py 的具体实现代码如下所示：

```
import random
from chinesename import chinesename  # pip install chinesename

# 二分查找函数
def binary_search(lst, uid):
    low = 0
    high = len(lst) - 1

    while low <= high:
        mid = (low + high)//2
        if lst[mid][“uid”] == uid:
            return lst[mid]
        elif lst[mid][“uid”] < uid:
            low = mid + 1
        else:
            high = mid - 1

    return None

# 生成学生信息
def get_students(n):
    “”” 
    @param n: 数量
    @return: {list}
    “””

    cn = chinesename.ChineseName()

    uids = list(range(1001, 1001+n))
    lst = []
    for uid in uids:
        dct = {
            “uid”: uid,
            “name”: cn.getName(),
            “age”: random.randint(18, 20)
        }
        lst.append(dct)

    return lst


if __name__ == ‘__main__’:
    students = get_students(100000)

    ret = binary_search(students, 1005)

    print(ret)
```

学生信息是随机生成的，此次运行结果是：

```
{‘uid’: 1005, ‘name’: ‘时烙’, 'age': 20}
```

8.4　线性表查找：插值查找算法

插值查找是有序表的一种查找方式，能够根据查找关键字与查找表中最大、最小记录关键字比较后的查找方法。插值查找基于二分查找，将查找点的选择改进为自适应选择，提高查找效率。在本节的内容中将详细讲解插值查找算法的基本知识和具体用法。

（即扫即看）

8.4.1　插值查找算法基础

在介绍插值查找算法之前，读者首先考虑一个新问题，为什么前面的算法一定要是折半，而不是折四分之一或者折更多呢？打个比方，在英文字典里面查“apple”，你下意识翻开字典是翻前面的书页还是后面的书页呢？如果再让你查“zoo”，你又怎么查？很显然，这里你绝对不会是从中间开始查起，而是有一定目的的往前或往后翻。同样的，比如要在取值范围 1 ~ 10000 之间 100 个元素从小到大均匀分布的数组中查找 5， 我们自然会考虑从数组下标较小的开始查找。

经过以上分析可知，折半查找这种查找方式不是自适应的（也就是说是傻瓜式的）。在折半查找中查找点的计算过程如下：

```
mid=(low+high)/2, 即 mid=low+1/2*(high-low);
```

通过类比，我们可以将查找的点改进为：

```
mid=low+(key-a[low])/(a[high]-a[low])*(high-low)
```

也就是将上述的比例参数 1/2 改进为自适应的，根据关键字在整个有序表中所处的位置，让 mid 值的变化更靠近关键字 key，这样也就相当于间接地减少了比较次数。

插值查找算法的基本思想是：基于二分查找算法，将查找点的选择改进为自适应选择，可以提高查找效率。当然，差值查找也属于有序查找。

注意：对于表长较大，而关键字分布又比较均匀的查找表来说，插值查找算法的平均性能比折半查找要好得多。反之，数组中如果分布非常不均匀，那么插值查找未必是很合适的选择。

插值查找法查找成功或者失败的时间复杂度均为 $O(\log_2(\log_2 n))$。

8.4.2　算法演练——找出列表 list 中的数字 444

插值的核心就是使用公式：value = （key - list[low])/(list[high] - list[low] ），用这个 value 来代替二分查找中的 1/2。在下面的实例文件 cha.py 中，演示了使用插值查找法查找指定数据的过程。首先根据上面的插值公式得出如下计算 mid 值的核心代码：

mid = low + int((high - low) * (key - lis[low])/(lis[high] - lis[low]))

然后通过 if 语句判断当前值 key 和 mid 的大小，根据比较结果执行遍历操作。具体实现代码如下：

```
def binary_search(lis, key):
    low = 0
    high = len(lis) - 1
    time = 0
```

```
    while low < high:
        time += 1
        # 计算mid值是插值算法的核心代码
        mid = low + int((high - low) * (key - lis[low])/(lis[high] - lis[low]))
        print(“mid=%s, low=%s, high=%s” % (mid, low, high))
        if key < lis[mid]:
            high = mid - 1
        elif key > lis[mid]:
            low = mid + 1
        else:
            # 打印查找的次数
            print(“times: %s” % time)
            return mid
    print(“times: %s” % time)
    return False

if __name__ == ‘__main__’:
    list = [1, 5, 7, 8, 22, 54, 99, 123, 200, 222, 444]
    result = binary_search(list, 444)
    print(result)
```

执行后会输出：

```
mid=10, low=0, high=10
times: 1
10
```

8.5 线性表查找：分块查找算法

分块查找是折半查找和顺序查找的一种改进方法，首先选取各块中的最大关键字构成一个索引表，将查找过程分两个部分：先对索引表进行二分查找或顺序查找，以确定待查记录在哪一块中；然后在已确定的块中用顺序法进行查找。在本节的内容中，将详细讲解分块查找算法的基本知识和具体用法。

（即扫即看）

8.5.1 分块查找算法基础

分块查找法要求将列表组织成下面的索引顺序结构：

① 将列表分成若干个块（子表）：一般情况下，块的长度均匀，最后一块可以不满。每块中元素任意排列，即块内无序，但块与块之间有序；

② 构造一个索引表：其中每个索引项对应一个块并记录每块的起始位置，以及每块中的最大关键字（或最小关键字）。索引表按关键字有序排列。

如图 8-1 所示为一个索引顺序表，包括如下 3 个块：

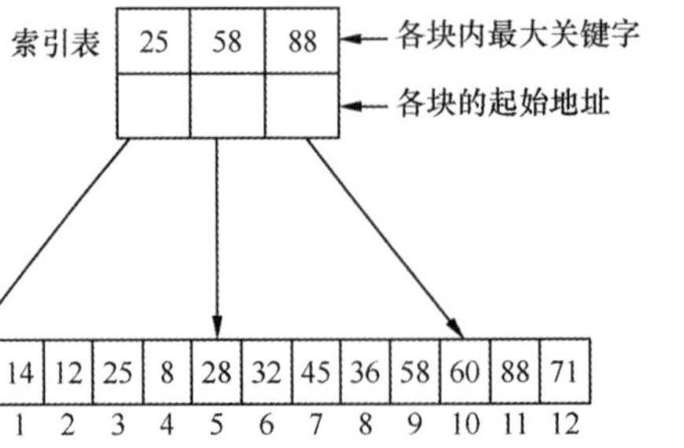

图 8-1　索引顺序表

① 第 1 个块的起始地址为 0，块内最大关键字为 25；

② 第 2 个块的起始地址为 5，块内最大关键字为 58；

③ 第 3 个块的起始地址为 10，块内最大关键字为 88。

分块查找的基本过程如下：

① 为了确定待查记录所在的块，先将待查关键字 K 与索引表中的关键字进行比较，在此可以使用顺序查找法或折半查找法进行查找；

② 继续用顺序查找法，在相应块内查找关键字为 K 的元素。

假如在图 8-1 中的索引顺序表中查找 36，则具体过程如下：

① 将 36 与索引表中的关键字进行比较，因为 25 ＜ 36 ＜ 58，所以 36 在第 2 个块中；

② 在第 2 个块中顺序查找，最后在 8 号单元中找到 36。

分块查找的平均查找长度由两部分构成，分别是查找索引表时的平均查找长度为 L_b，以及在相应块内进行顺序查找的平均查找长度 L_w。

$$ASL_{bs}=L_b+L_w$$

假设将长度为 n 的表分成 b 块，且每块含 s 个元素，则 $b=n/s$。又假定表中每个元素的查找概率相等，则每个索引项的查找概率为 $1/b$，块中每个元素的查找概率为 $1/s$。若用顺序查找法确定待查元素所在的块，则有如下结论。

$$L_b=\frac{1}{b}\sum_{j-1}^{b} j=\frac{b+1}{2}$$

$$L_w=\frac{1}{s}\sum_{i-1}^{s} i=\frac{s+1}{2}$$

$$ASL_{bs}=L_b+L_w=\frac{(b+s)}{2}+1$$

将$b=\dfrac{n}{s}$代入会得到：

$$ASL_{bs}=\frac{1}{2}\left(\frac{n}{s}+s\right)+1$$

如果用折半查找法确定待查元素所在的块，则有如下结论。

$$L_b=\log_2(b+1)-1$$

$$ASL_{bs}=\log_2(b+1)-1+\frac{s+1}{2}\approx\log_2\left(\frac{n}{s}+1\right)+\frac{s}{2}$$

8.5.2 算法演练——使用分块查找算法在列表中查找某个随机元素

请看下面的实例文件 fen01.py，功能是使用分块查找算法在列表中搜索某个元素。首先将序列分为 m 块，块内部无序、外部有序。然后选取各块最大元素构成索引，对索引进行二分查找，找到所在的块。最后在确定块中使用顺序查找算法实现查找工作。本实例的关键点是构建外部无序、内部有序的多子块。文件 fen01.py 的具体实现代码如下所示。

```
import random

Range = 20
```

```
    Length = 9
    flag = 0
    pos = -1
    tabNum = 3
    tabPos = -1

    list = random.sample(range(Range), Length)
    goal = random.randint(0, Range)
    print('开始查找数字', goal, ', 在下面的列表中查找:')

    # 子表建立，选择序列前 m 个元素排序后建立索引，根据索引建立子表
    list_index = []  # 使用二维列表表示多个子序列
    for i in range(tabNum):  # 在列表中添加 m 个列表
        list_index.append([])

    for i in range(1, tabNum):  # 向第 1-m 子列表添加原序列的前 m-1 个元素作为索引，留出第一个
                                                                        子列表盛放最大索引
        list_index[i].append(list[i - 1])  # 但会出现最大值在第二个子列表中，第一子列表为空
                                                                                   的情况
    for i in range(1, tabNum - 1):  # 将添加元素的子列表中的元素降序排列
        for j in range(1, tabNum - i):
            if list_index[j] < list_index[j + 1]:
                list_index[j], list_index[j + 1] = list_index[j + 1], list_index[j]
    # print(list_index)

    for i in range(tabNum - 1, Length):  # 将其余元素添加到各子列表，比索引大则放到前一个子
                                                           列表中，其余放入最后一个索引中
        for j in range(1, tabNum):
            if list[i] > list_index[j][0]:
                list_index[j - 1].append(list[i])
                break
        else:
            list_index[tabNum - 1].append(list[i])
    # print(list_index)
    if len(list_index[0]) > 1:  # 提取第一个子列表的最大值作为索引
        for i in range(len(list_index[0]) - 1, 0, -1):
            if list_index[0][i] > list_index[0][i - 1]:
                list_index[0][i], list_index[0][i - 1] = list_index[0][i - 1],
list_index[0][i]
    print(list_index)  # 显示构造的子列表

    for i in range(tabNum - 1, -1, -1):  # 将给定元素与各子列表进行比较，确定给定元素位置
        if len(list_index[i]) != 0 and goal < list_index[i][0]:
            for j in range(len(list_index[i])):
                if list_index[i][j] == goal:
                    tabPos = i + 1
                    pos = j + 1
                    flag = 1

    if flag:
        print("查找结果：在第", tabPos, "个列表的中，索引值是", pos, "！")
    else:
        print("not found")
```

执行后会随机生成三个列表，并随机生成要查找的元素，并使用分块查找算法在列表中查找这个元素，并输出查询结果。因为是随机的，所以每次的执行效果不同。在执行后会输出：

```
开始查找数字 11 , 在下面的列表中查找：
[[16, 13, 12, 11, 9], [6, 4], [3, 0]]
查找结果：在第 1 个列表中的索引值是 4 ！
```

8.5.3 算法演练——数字查询系统

请编写一个 Python 程序实现简易数字查询系统，具体要求如下所示：

- 输入要查找数组的大小 *n*，然后从 0~*n*-1 生成数据。如输入的 *n*=6 则数组为 [0, 1, 2, 3, 4, 5]；
- 提示用户每一组多少个，如每组 3 个，分 2 组；
- 提示用户需要查找的数；
- 提示用户是否要继续查找，输入 *n* 结束，输入其他则继续使用本系统。

编写实例文件 fen03.py，首先编写装饰器函数 timer(func) 计算操作的函数的运行时间；然后编写函数 div_group_func(list_data, long) 生成一个 2 分组，输入每一组的大小，然后计算要分多少组；最后编写函数 search_func() 使用分块查找算法实现查找功能。文件 fen03.py 的具体实现代码如下所示。

```
import time

continue0 = 0
# 每一组的最大值，开始序号，结尾序号

key = []
start = []
end = []
list_data = []
while 1:
    num_all = input('请输入数字总个数：')
    if num_all.isdigit():  # 判断输入的是否为数字，是则强制转换为 int 型
        num_all = int(num_all)
        break
for i in range(num_all):
    list_data.append(i)


# 装饰器，计算函数的运行时间
def timer(func):
    def wrapper(*arg, **karg):
        time_0 = time.time()   #
        func(*arg, **karg)   #
        time_1 = time.time()   #
        print('初始时间 time_0=', time_0)
        print('结束时间 time_1=', time_1)
        print('运行总时间为 %f' % (time_1 - time_0))
        return 0

    return wrapper


# 分组，分成 n 组
@timer
def div_group_func(list_data, long):
    # n 分 n 组数，list_data 输入的数据

    n = num_all // long
    n1 = num_all / long
    if n == n1:
        pass
    else:
        n = n + 1
    print('共分为 %d 组' % n)
    for i in range(n):
        begin = long * i
```

```
        ending = long * (i + 1) - 1
        min_f = list_data[begin]
        start.append(begin)              # 每一组的开始
        end.append(ending)               # 每一组的结尾
        for j in range(1, long):         # 获得最小值
            if (begin + j) < num_all:    # 防止索引超出范围
                if min_f > list_data[begin + j]:
                    min_f = list_data[begin + j]
        key.append(min_f)
    return 0


# 查找函数
# 装饰器解释
# search_func=timer(search_func)，则 search_func=wrapper
# search_func(list_data,search,n)=wrapper(list_data,search,n)
@timer  # 等价于 search_func=timer(search_func)
def search_func(list_data, search, long):
    # list_data 数据
    # search 要搜索的数，
    # n 分组数
    flag = num_all % long
    n = num_all // long
    n1 = num_all / long
    if n == n1:
        pass
    else:
        n = n + 1
    for i in range(n):
        if search >= key[i]:
            if flag == 0:  # 数据整分时
                for j in range(start[i], end[i] + 1):
                    if (j) <= num_all:  # 防止索引超出范围
                        if search == list_data[j]:
                            print('查找成功，您要查找的数在第 %d 处' % (j + 1))
                            return 0
            else:
                if i < n - 1:
                    for j in range(start[i], end[i] + 1):
                        if search == list_data[j]:
                            print('查找成功，您要查找的数在第 %d 处' % (j + 1))
                            return 0
                else:
                    for j in range(end[i - 1] + 1, end[i - 1] + 1 + flag):
                        if search == list_data[j]:
                            print('查找成功，您要查找的数在第 %d 处' % (j + 1))
                            return 0
    else:
        print('查找失败，您要查找的数不在数据库中！')


while True:
    div_group = input('每一组多少个数')
    if div_group.isdigit():  # 判断输入的是否为数字，是则强制转换为 int 型
        print('总数据个数为 %d' % num_all)
        div_group = int(div_group)
        break

div_group_func(list_data, div_group)
# print('每一组最大值：',key)
# print('每一组的开始序号：',start)
# print('每一组的结尾序号：',end)
```

```
    # 可以重复查找，输入 n 退出查找
    while True:
        if continue0:   # 第一次运行不执行
            continue_or_break = input( '输入 n 退出，输入其他继续查找 ')
            if continue_or_break ==  'n' :
                break
        search = input( '请输入要查找的数：')
        if search.isdigit():   # 判断输入的是否为数字，是则强制转换为 int 型
            search = int(search)
        else:
            print( '输入错误请重新输入！ ')
            continue
        search_func(list_data, search, div_group)
        continue0 = 1
```

执行后会输出：

```
请输入数字总个数：5
每一组多少个数 4
总数据个数为 5
共分为 2 组
初始时间 time_0= 1580974026.183155
结束时间 time_1= 1580974026.183155
运行总时间为 0.000000
请输入要查找的数：5
查找失败，您查找的数不在数据库中！
初始时间 time_0= 1580974033.559673
结束时间 time_1= 1580974033.559673
运行总时间为 0.000000
输入 n 退出，输入其他继续查找 f
请输入要查找的数：7
查找失败，您查找的数不在数据库中！
初始时间 time_0= 1580974053.4856043
结束时间 time_1= 1580974053.4856043
运行总时间为 0.000000
输入 n 退出，输入其他继续查找 n
```

8.6　基于树的查找法：二叉排序树算法

基于树的查找法又被称为树表查找法，是指在树结构中查找某一个指定的数据，能够将待查表组织成特定树的形式，并且能够在树结构上实现查找。基于树的查找法主要包括二叉排序树、平衡二叉树和 B 树等。在本节的内容中将首先讲解插值查找算法的基本知识和具体用法。

（即扫即看）

8.6.1　二叉排序树算法基础

二叉排序树又被称为二叉查找树，这是一种特殊结构的二叉树，在现实中通常被定义为一棵空树，或者被描述为具有如下性质的二叉树：

① 如果它的左子树非空，则左子树上所有结点的值均小于根结点的值；

② 如果它的右子树非空，则右子树上所有结点的值均大于根结点的值；

③ 左右子树都是二叉排序树。

由此可见，对二叉排序树的定义可以用一个递归定义的过程来描述。由上述定义可知二叉排序树的一个重要性质：当中序遍历一个二叉排序树时，可以得到一个递增有序序列。如

图 8-2 所示的二叉树就是两棵二叉排序树，中序遍历如图 8-2（a）所示的二叉排序树，可得到如下递增有序序列：1-2-3-4-5-6-7-8-9。

8.6.2 插入和生成

已知一个关键字值为 key 的结点 J，如果将其插入二叉排序树中，需要保证插入后仍然符合二叉排序树的定义。可以使用下面的方法进行插入操作：

① 如果二叉排序树是空树，则 key 称为二叉排序树的根；

② 如果二叉排序树是非空，则将 key 与二叉排序树的根进行比较：

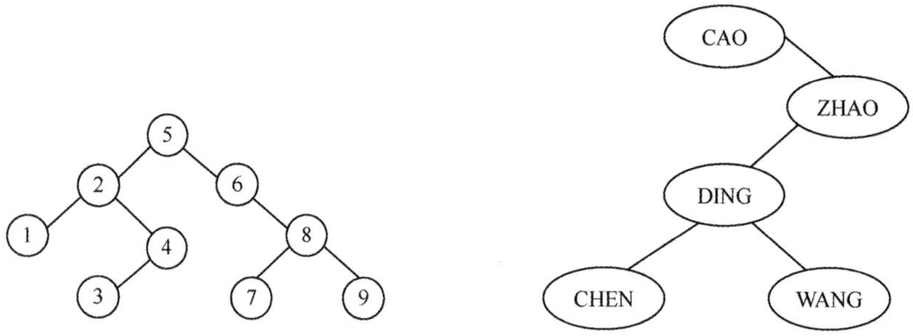

（a）二叉排序树示例 1　　（b）二叉排序树示例 2（根据字符 ASCII 码的大小）

图 8-2　二叉排序树

- 如果 key 的值等于根结点的值，则停止插入；
- 如果 key 的值小于根结点的值，则将 key 插入左子树；
- 如果 key 的值大于根结点的值，则将 key 插入右子树。

假如有一个元素序列，可以利用上述算法创建一棵二叉排序树。首先，将二叉排序树初始化为一棵空树，然后逐个读入元素。每读入一个元素就建立一个新的结点，将这个结点插入当前已生成的二叉排序树中，通过调用上述二叉排序树的插入算法可以将新结点插入。假设关键字的输入顺序为 45、24、53、12、28、90，按上述算法生成的二叉排序树的过程如图 8-3 所示。

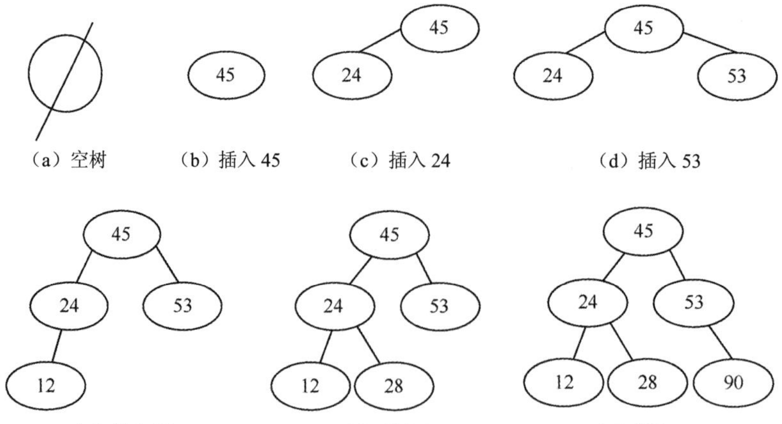

图 8-3　二叉排序树的建立过程

对于同样的一些元素值，如果输入顺序不同，所创建的二叉树的形态也不同。假如在上面的例子中的输入顺序为 24、53、90、12、28、45，则生成的二叉排序树如图 8-4 所示。

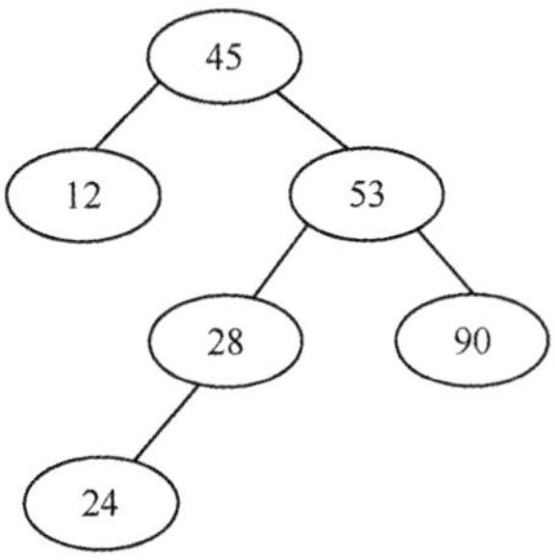

图 8-4　输入顺序不同所建立的不同二叉排序树

例如下面是 Python 实现二叉树插入操作的算法代码：

```
    # 插入
    def insert(self, data):
        flag, n, p = self.search(self.root, self.root, data)
        if not flag:
            new_node = Node(data)
            if data > p.data:
                p.rchild = new_node
            else:
                p.lchild = new_node
```

8.6.3　删除操作

从二叉排序树中删除某一个结点，就是仅删掉这个结点，而不把以该结点为根的所有子树都删掉，并且还要保证删除后得到的二叉树仍然满足二叉排序树的性质。即在二叉排序树中删除一个结点相当于删除有序序列中的一个结点。

在删除操作之前，首先要查找确定被删结点是否在二叉排序树中，如果不在则不需要做任何操作。假设要删除的结点是 p，结点 p 的双亲结点是 f，如果结点 p 是结点 f 的左孩子。在删除时需要分如下 3 种情况来讨论：

（1）如果 p 为叶结点，则可以直接将其删除；

（2）如果 p 结点只有左子树，或只有右子树，则可将 p 的左子树或右子树直接改为其双亲结点 f 的左子树或右子树；

（3）如果 p 既有左子树，也有右子树，如图 8-5（a）所示。此时有如下两种处理方法；

方法 1： 首先找到 p 结点在中序序列中的直接前驱 s 结点，如图 8-5（b）所示，然后将 p 的左子树改为 f 的左子树，而将 p 的右子树改为 s 的右子树：f → lchild=p → lchild；s → rchild= p → rchild；free(p)，结果如图 8-5（c）所示；

方法 2： 首先找到 p 结点在中序序列中的直接前驱 s 结点，如图 8-5（b）所示，然后用 s 结点的值，替代 p 结点的值，再将 s 结点删除，原 s 结点的左子树改为 s 的双亲结点 q 的右子树：p → data=s → data；q → rchild= s → lchild；free(s)，结果如图 8-5（d）所示。

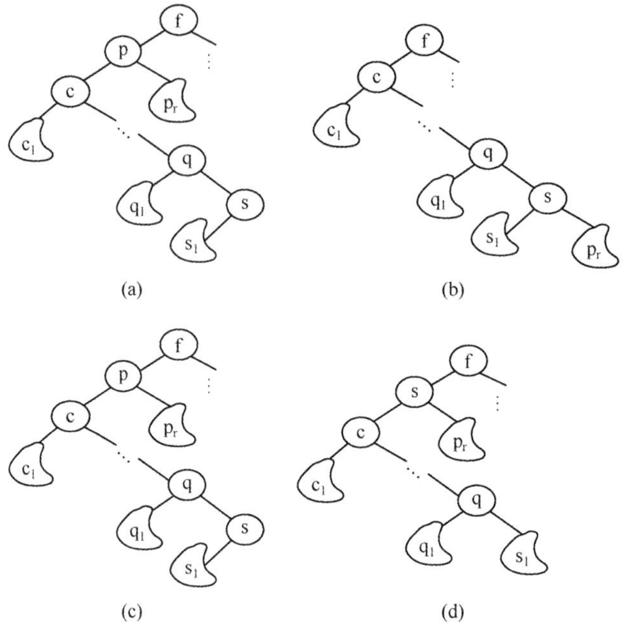

图 8-5　二叉排序树的删除过程

例如下面是 Python 语言实现二叉树删除操作的算法代码，首先查找结点是否存在，如果不存在则打印提示“无该关键字，删除失败”。如果存在则需要遍历具体位置，分别查找左子树和右子树，在找到该元素后使用 del 删除。

```
    # 删除
    def delete(self, root, data):
        flag, n, p = self.search(root, root, data)
        if flag is False:
            print “无该关键字，删除失败"
        else:
            if n.lchild is None:
                if n == p.lchild:
                    p.lchild = n.rchild
                else:
                    p.rchild = n.rchild
                del n
            elif n.rchild is None:
                if n == p.lchild:
                    p.lchild = n.lchild
                else:
                    p.rchild = n.lchild
                del n
            else:  # 左右子树均不为空
                pre = n.rchild
                if pre.lchild is None:
                    n.data = pre.data
                    n.rchild = pre.rchild
                    del pre
                else:
                    next = pre.lchild
                    while next.lchild is not None:
                        pre = next
                        next = next.lchild
                    n.data = next.data
                    pre.lchild = next.rchild
                    del next
```

8.6.4　查找操作

可以将二叉排序树看作是一个有序表，在这棵二叉排序树上可以进行查找操作。二叉排序树的查找过程是一个逐步缩小查找范围的过程，可以根据二叉排序树的特点，首先将待查关键字 *k* 与根结点关键字 *t* 进行比较，如果 *k*=*t* 则返回根结点地址，如果 *k*<*t* 则进一步检查左子树，如果 *k*>*t* 则进一步检查右子树。

因为二叉排序树的查找过程是一个递归过程，所以可以使用递归算法实现，也可以使用循环的方式直接实现二叉排序树查找的递归算法。

例如下面是 Python 实现二叉树搜索操作的算法代码：

```
    # 搜索
    def search(self, node, parent, data):
        if node is None:
            return False, node, parent
        if node.data == data:
            return True, node, parent
        if node.data > data:
            return self.search(node.lchild, node, data)
        else:
            return self.search(node.rchild, node, data)
```

8.6.5　算法演练——排序列表 a 并删除里面的元素 49

在下面的实例文件 ercha.py 中，演示了实现二叉树完整操作的过程，包括二叉树结点的搜索、插入、删除、先序遍历和后序遍历操作，具体实现代码如下：

```
class Node:
    def __init__(self, data):
        self.data = data
        self.lchild = None
        self.rchild = None

class BST:
    def __init__(self, node_list):
        self.root = Node(node_list[0])
        for data in node_list[1:]:
            self.insert(data)

    # 搜索
    def search(self, node, parent, data):
        if node is None:
            return False, node, parent
        if node.data == data:
            return True, node, parent
        if node.data > data:
            return self.search(node.lchild, node, data)
        else:
            return self.search(node.rchild, node, data)

    # 插入
    def insert(self, data):
        flag, n, p = self.search(self.root, self.root, data)
        if not flag:
            new_node = Node(data)
            if data > p.data:
                p.rchild = new_node
            else:
```

```
                p.lchild = new_node

    # 删除
    def delete(self, root, data):
        flag, n, p = self.search(root, root, data)
        if flag is False:
            print("无该关键字，删除失败")
        else:
            if n.lchild is None:
                if n == p.lchild:
                    p.lchild = n.rchild
                else:
                    p.rchild = n.rchild
                del p
            elif n.rchild is None:
                if n == p.lchild:
                    p.lchild = n.lchild
                else:
                    p.rchild = n.lchild
                del p
            else:  # 左右子树均不为空
                pre = n.rchild
                if pre.lchild is None:
                    n.data = pre.data
                    n.rchild = pre.rchild
                    del pre
                else:
                    next = pre.lchild
                    while next.lchild is not None:
                        pre = next
                        next = next.lchild
                    n.data = next.data
                    pre.lchild = next.rchild
                    del p


    # 先序遍历
    def preOrderTraverse(self, node):
        if node is not None:
            print(node.data,)
            self.preOrderTraverse(node.lchild)
            self.preOrderTraverse(node.rchild)

    # 中序遍历
    def inOrderTraverse(self, node):
        if node is not None:
            self.inOrderTraverse(node.lchild)
            print(node.data,)
            self.inOrderTraverse(node.rchild)

    # 后序遍历
    def postOrderTraverse(self, node):
        if node is not None:
            self.postOrderTraverse(node.lchild)
            self.postOrderTraverse(node.rchild)
            print(node.data,)

a = [49, 38, 65, 97, 60, 76, 13, 27, 5, 1]
bst = BST(a)  # 创建二叉查找树
bst.inOrderTraverse(bst.root)  # 中序遍历

bst.delete(bst.root, 49)
print(bst.inOrderTraverse(bst.root))
```

执行后会输出：

```
1
5
13
27
38
49
60
65
76
97
1
5
13
27
38
60
65
76
97
None
```

8.7　基于树的查找法：平衡二叉排序树算法

平衡二叉排序树又叫 AVL 树，是由它们的发明者的名字命名的。平衡二叉排序树是一类特殊的二叉排序树，它或者为空树，或者其左右子树都是平衡二叉排序树，而且其左右的子树高度之差绝对值不超过 1。在本节的内容中将详细讲解平衡二叉排序树算法的基本知识和具体用法。

（即扫即看）

8.7.1　平衡二叉排序树算法基础

在算法中有一个硬性规定，平衡二叉排序树要么是空树，要么是具有下列性质的二叉排序树：

① 左子树与右子树的高度之差的绝对值小于等于 1；

② 左子树和右子树也是平衡二叉排序树。

使用平衡二叉排序树的目的是为了提高查找效率，其平均查找长度为 O（$\log_2 n$）。

在一般情况下，只有祖先结点为根的子树才有可能失衡。当下层的祖先结点恢复平衡后，会使上层的祖先结点恢复平衡，所以应该调整最下面的失衡子树。因为平衡因子为 0 的祖先不可能失衡，所以从新插入结点开始向上遇到的第一个其平衡因子不等于 0 的祖先结点，是第一个可能失衡的结点。如果失衡，需要调整以该结点为根的子树。根据不同的失衡情况，对应的调整方法也不相同。具体的失衡类型及对应的调整方法可以分为如下 4 种。

（1）LL 型

假设最低层失衡结点为 A，在结点 A 的左子树的左子树插入新结点 S 后，导致失衡，如图 8-6（a）所示。由 A 和 B 的平衡因子可以推出和 B_L、B_R 以及 A_R 相同的深度。为了恢复平衡并保持二叉排序树特性，可以将 A 改为 B 的右子树，将 B 原来的右子 B_R 改为 A 的左子树，如图 8-6（b）所示。这相当于以 B 为轴，对 A 做了一次顺时针旋转。

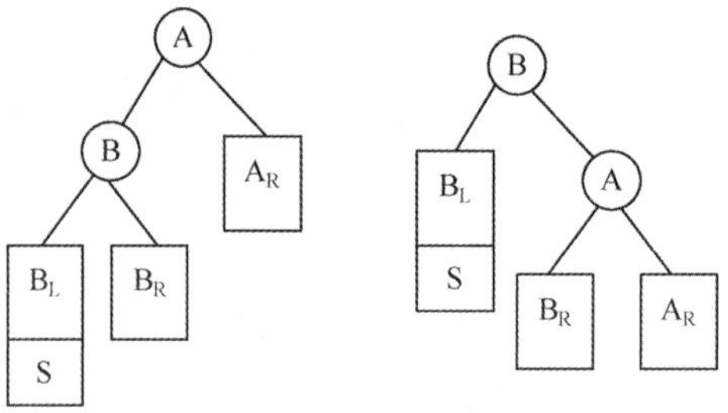

（a）插入新结点 S 后失去平衡　（b）调整后恢复平衡

图 8-6　二叉排序树的 LL 型平衡旋转

在一般二叉排序树的结点中，可以增加一个存放平衡因子的域 bf，这样就可以用来表示平衡二叉排序树。打一个比方，表示结点的字母同时也用于表示指向该结点的指针，则 LL 型失衡的特点是：A → bf=2，B → bf=1。将调整后的二叉树的根结点 B“接到”原 A 处。令 A 原来的父指针为 FA，如果 FA 非空，则用 B 来代替 A，当作 FA 的左子或右子；否则原来 A 就是根结点，此时应令根指针 t 指向 B。

（2）LR 型

假设最低层失衡结点是 A，在结点 A 的左子树的右子树插入新结点 S 后会导致失衡，如图 8-7（a）所示。在图 8-7（a）中假设在 C_L 下插入 S，如果在 C_R 下插入 S，与对树的调整方法相同，不同的是调整后 A 和 B 的平衡因子。由 A、B、C 的平衡因子容易推知，C_L 与 C_R 深度相同，B_L 与 A_R 深度相同，并且 B_L、A_R 的深度比 C_L、C_R 的深度大 1。为了恢复平衡并保持二叉排序树特性，可以将 B 改为 C 的左子，将 C 原来的左子 C_L 改为 B 的右子。将 A 改为 C 的右子，将 C 原来的右子 C_R 改为 A 的左子，如图 8-7（b）所示。这相当于对 B 做了一次逆时针旋转，对 A 做了一次顺时针旋转。

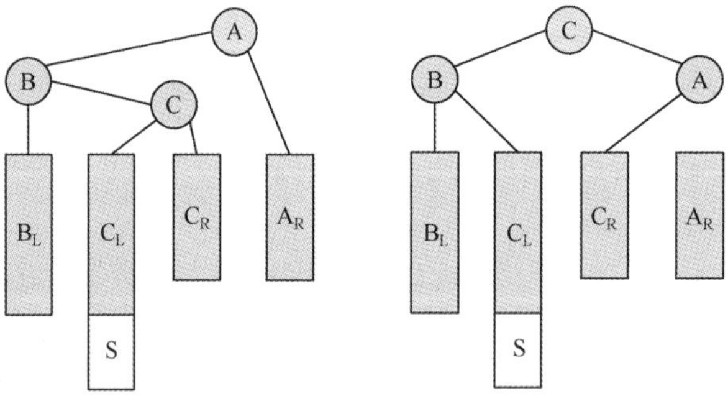

（a）插入新结点 S 后失去平衡　（b）调整后恢复平衡

图 8-7　二叉排序树的 LR 型平衡旋转

在上面提到了在 C_L 下插入 S 和在 C_R 下插入 S 的两种情况。在现实应用中还有另外一种情况，即 B 的右子树为空，C 本身就是插入的新结点 S。此时 C_L、C_R、B_L 和 A_R 都为空。在这种情况下，对树的调整方法仍然相同，不同的是调整后的 A 和 B 的平衡因子都为 0。

LR 型失衡的特点是：A → bf=2，B → bf=-1。

针对上述 3 种不同情况，可以修改 A、B、C 的平衡因子。将调整后的二叉树的根结点 C“接到”原 A 处，使 A 原来的父指针为 FA。如果 FA 非空，则用 C 代替 A 来当作 FA 的左子或右子；否则原来 A 就是根结点，此时应令根指针 t 指向 C。

（3）RR 型

RR 型与 LL 型相互对称。假设最低层失衡结点为 A，如在结点 A 的右子树插入新结点 S 后会导致失衡，如图 8-8（a）所示。由 A 和 B 的平衡因子可知，B_L、B_R 以及 A_L 深度相同。为恢复平衡并保持二叉排序树特性，可以将 A 改为 B 的左子，将 B 原来的左子 B_L 改为 A 的右子，如图 8-8（b）所示。这相当于以 B 为轴，对 A 做了一次逆时针旋转。

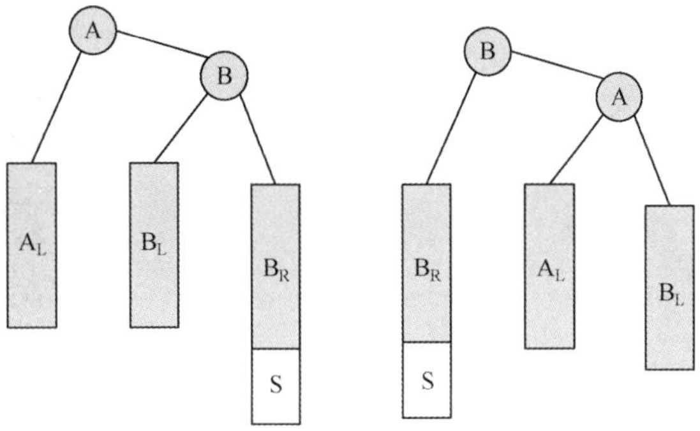

（a）插入新结点 S 后失去平衡　　（b）调整后恢复平衡

图 8-8　二叉排序树的 RR 型平衡旋转

RR 型失衡的特点是：A → bf=-2，B → bf=-1。最后将调整后的二叉树的根结点 B“接到”原 A 处，令 A 原来的父指针为 FA，如果 FA 非空，则用 B 代替 A 当作 FA 的左子或右子；否则原来 A 就是根结点，此时应使根指针 t 指向 B。

（4）RL 型

RL 型与 LR 型相互对称。假设最低层的失衡结点是 A，在结点 A 的右子树的左子树插入新结点 S 后会导致失衡，如图 8-9（a）所示。假设在图中的 C_R 下插入 S，如果在 C_L 下插入 S，则对树的调整方法相同，不同的是调整后 A、B 的平衡因子。由 A、B、C 的平衡因子可知，C_L 与 C_R 深度相同，A_L 与 B_R 深度相同，并且 A_L、B_R 的深度比 C_L、C_R 的深度大 1。为了恢复平衡并保持二叉排序树特性，可以先将 B 改为 C 的右子，将 C 原来的右子 C_R 改为 B 的左子；将 A 改为 C 的左子，将 C 原来的左子 C_L 改为 A 的右子，如图 8-9（b）所示。这相当于对 B 做了一次顺时针旋转，对 A 做了一次逆时针旋转。

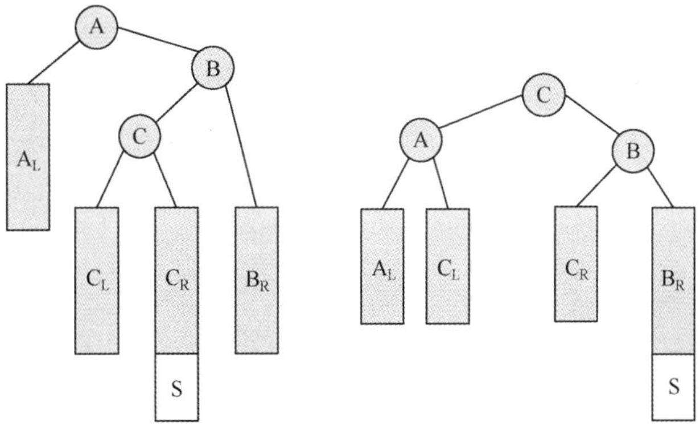

（a）插入新结点 S 后失去平衡　　（b）调整后恢复平衡

图 8-9　二叉排序树的 RL 型平衡旋转

除了前面介绍的在 C_L 下插入 S 和在 CR 下插入 S 的两种情况之外，还有 B 的左子树为空这种情况。因为 C 是插入的新结点 S，所以 C_L、C_R、A_L、B_R 均为空。在这种情况下，对树的调整方法仍然相同，不同的是调整后的 A 和 B 的平衡因子均为 0。

RL 型失衡的特点是：A → bf=−2，B → bf=1。然后针对上述 3 种不同情况，修改 A、B、C 的平衡因子。最后，将调整后的二叉树的根结点 C“接到”原 A 处。令 A 原来的父指针为 FA，如果 FA 非空，则用 C 代替 A 当作 FA 的左子或右子；否则原来的 A 就是根结点，此时应令根指针 t 指向 C。

由此可以看出，在一个平衡二叉排序树上插入一个新结点 S 时，主要通过以下 3 个步骤实现。

① 查找应插的位置，同时记录离插入位置最近的可能失衡结点 A（A 的平衡因子不等于 0）。

② 插入新结点 S，并修改从 A 到 S 路径上各结点的平衡因子。

③ 根据 A、B 的平衡因子，判断是否失衡以及失衡类型，并做相应处理。

8.7.2 Python 判断平衡二叉树的方法

在 Python 语言中，判断平衡二叉树的方法有两种，第一种是使用递归返回判断结果和子结点深度，先判断该结点是否平衡，然后再递归去判断左结点和右结点是否平衡。

```
# 判断二叉树是否为平衡二叉树
def process(head):
    if head is None:
        return True, 0
    leftData = process(head.left)
    if not leftData[0]:
        return False, 0
    rightData = process(head.right)
    if not rightData[0]:
        return False, 0
    if abs(leftData[1]-rightData[1]) > 1:
        return False, 0
    return True, max(leftData[1],rightData[1]) + 1
```

第二种判断二叉树是否为平衡二叉树的方法是先判断该结点是否平衡，然后再递归去判断左结点和右结点是否平衡。

```
# 递归求当前结点的深度
def getdepth(node):
    if not node:
        return 0
    ld = getdepth(node.left)
    rd = getdepth(node.right)
    return max(ld, rd) + 1


def isB(head):
    if not head:
        return True
    ld = getdepth(head.left)
    rd = getdepth(head.right)
    if abs(ld - rd) > 1:
        return False
    return isB(head.left) and isB(head.right)
```

8.7.3　算法演练——实现平衡二叉树的插入、查找和删除操作

在下面的实例文件 ping.py 中，演示了实现平衡二叉树完整操作的过程，具体实现流程如下所示。

（1）通过方法 iternodes() 迭代 Node 类型，用于删除结点：

```
        def iternodes(self):
            if self.left != None:
                for elem in self.left.iternodes():
                    yield elem

            if self != None and self.key != None:
                yield self

            if self.right != None:
                for elem in self.right.iternodes():
                    yield elem
```

（2）通过如下代码找出最小元素，其中函数 findMin() 用于返回 root 中的最小元素，函数 _findMin() 用于返回子结点最小元素。

```
    def findMin(self):
        if self.root is None:
            return None
        else:
            return self._findMin(self.root)

    def _findMin(self,node):
        if node.left:
            return self._findMin(node.left)
        else:
            return node
```

（3）通过如下代码找出最大元素，其中函数 findMax() 用于返回 root 中的最大元素，函数 _findMax() 用于返回子结点最大元素。

```
    def findMax(self):
        if self.root is None:
            return None
        else:
            return self._findMax(self.root)

    def _findMax(self,node):
        if node.right:
            return self._findMax(node.right)
        else:
            return node
```

（4）通过如下代码计算结点高度，通过函数 height() 分别计算左子树和右子树结点的高度。

```
    def height(self, node):
        if (node == None):
            return 0;
        else:
            m = self.height(node.left);
            n = self.height(node.right);
            return max(m, n)+1;
```

（5）通过如下代码实现 LL 型旋转，函数 singleLeftRotate() 用于实现左单旋转。因为在根结点的左孩子的左子树添加了新结点，导致根结点的平衡因子变为 +2，二叉树失去平衡。

对于这种情况，对结点 n 右旋一次即可。

```
def singleLeftRotate(self,node):
    k1=node.left
    node.left=k1.right
    k1.right=node
    node.height=max(self.height(node.right),self.height(node.left))+1
    k1.height=max(self.height(k1.left),node.height)+1
    return k1
```

（6）通过函数 singleRightRotate() 实现 RR 型旋转功能，RR 型旋转的思路和上面介绍的 LL 型旋转完全对称，只需要对结点 n 进行一次左旋即可修正。

```
def singleRightRotate(self,node):
    k1=node.right
    node.right=k1.left
    k1.left=node
    node.height=max(self.height(node.right),self.height(node.left))+1
    k1.height=max(self.height(k1.right),node.height)+1
    return k1
```

（7）通过函数 doubleLeftRotate() 实现 LR 型旋转（双向旋转，先左后右），这是一种平衡处理，将新的结点插入到了 n 的左孩子的右子树上导致的不平衡的情况。这时我们需要的是先对 i 进行一次左旋再对 n 进行一次右旋。

```
def doubleLeftRotate(self,node):
    node.left=self.singleRightRotate(node.left)
    return self.singleLeftRotate(node)
```

（8）通过如下代码实现 RL 型旋转，RL 型旋转也被称为双向旋转（先右后左）平衡处理 RL，能够将新的结点插入到了 n 的右孩子的左子树上导致的不平衡的情况。这时我们需要的是先对 i 进行一次右旋再对 n 进行一次左旋。

```
def doubleRightRotate(self,node):
    node.right=self.singleLeftRotate(node.right)
    return self.singleRightRotate(node)
```

（9）通过函数 insert() 实现插入操作功能，假设平衡因子是左子树的高度减去右子树的高度所得到的值，又假设由于在二叉排序树上插入结点而失去平衡的最小子树根结点的指针为 a（即 a 是离插入点最近，且平衡因子绝对值超过 1 的祖先结点）。

```
def insert(self, key):
    if not self.root:
        self.root=AVLTree.__AVLNode(key)
    else:
        self.root=self._insert(self.root, key)

def _insert(self, node, key):
    if node is None:
        node=AVLTree.__AVLNode(key)
    elif key<node.key:
        node.left=self._insert(node.left, key)
        if (self.height(node.left)-self.height(node.right))==2:
            if key<node.left.key:
                node=self.singleLeftRotate(node)
            else:
                node=self.doubleLeftRotate(node)

    elif key>node.key:
        node.right=self._insert(node.right, key)
        if (self.height(node.right)-self.height(node.left))==2:
            if key<node.right.key:
```

```
                node=self.doubleRightRotate(node)
            else:
                node=self.singleRightRotate(node)


        node.height=max(self.height(node.right),self.height(node.left))+1
        return node
```

（10）通过函数 delete() 和 remove() 实现删除操作功能，把要删除的结点向下旋转成一个叶子结点，接着直接移除这个叶子结点来完成。因为在旋转成叶子结点期间最多有 log*n* 个结点被旋转，而每次 AVL 旋转耗费固定的时间，所以删除处理在整体上耗费 *O*(log*n*) 时间。

```
    def delete(self, key):
        if key in self:
            self.root=self.remove(key, self.root)

    def remove(self, key, node):
        if node is None:
            raise KeyError('Error,key not in tree');
        elif key<node.key:
            node.left=self.remove(key,node.left)
            if (self.height(node.right)-self.height(node.left))==2:
                if self.height(node.right.right)>=self.height(node.right.left):
                    node=self.singleRightRotate(node)
                else:
                    node=self.doubleRightRotate(node)
            node.height=max(self.height(node.left),self.height(node.right))+1

        elif key>node.key:
            node.right=self.remove(key,node.right)
            if (self.height(node.left)-self.height(node.right))==2:
                if self.height(node.left.left)>=self.height(node.left.right):
                    node=self.singleLeftRotate(node)
                else:
                    node=self.doubleLeftRotate(node)
            node.height=max(self.height(node.left),self.height(node.right))+1

        elif node.left and node.right:
            if node.left.height<=node.right.height:
                minNode=self._findMin(node.right)
                node.key=minNode.key
                node.right=self.remove(node.key,node.right)
            else:
                maxNode=self._findMax(node.left)
                node.key=maxNode.key
                node.left=self.remove(node.key,node.left)
            node.height=max(self.height(node.left),self.height(node.right))+1
        else:
            if node.right:
                node=node.right
            else:
                node=node.left

        return node
```

（11）通过如下代码实现返回结点的原始信息功能：

```
    def iternodes(self):
        if self.root != None:
            return self.root.iternodes()
        else:
            return [None];
```

（12）通过如下代码实现寻找结点路径操作功能：

```
def findNodePath(self, root, node):
    path = [];
    if root == None or root.key == None:
        path = [];
        return path

    while (root != node):
        if node.key < root.key:
            path.append(root);
            root = root.left;
        elif node.key >= root.key:
            path.append(root);
            root = root.right;
        else:
            break;

    path.append(root);
    return path;
```

（13）通过如下代码实现寻找父结点功能：

```
def parent(self, root, node):
    path = self.findNodePath(root, node);
    if (len(path)>1):
        return path[-2];
    else:
        return None;
```

（14）通过如下代码实现是否左孩子判断功能：

```
def isLChild(self, parent, lChild):
    if (parent.getLeft() != None and parent.getLeft() == lChild):
        return True;

    return False;
```

（15）通过如下代码实现是否右孩子判断功能：

```
def isRChild(self, parent, rChild):
    if (parent.getRight() != None and parent.getRight() == rChild):
        return True;

    return False;
```

（16）通过如下代码计算某元素处在树的第几层，假设树的根为 0 层，这个计算方法和求结点的 height 是不一样的。

```
def level(self, elem):
    if self.root != None:
        node = self.root;
        lev = 0;

        while (node != None):
            if elem < node.key:
                node = node.left;
                lev+=1;
            elif elem > node.key:
                node = node.right;
                lev+=1;
            else:
                return lev;

        return -1;
```

```
        else:
            return -1;
```

（17）通过如下代码进行测试：

```
    if __name__ == '__main__' :
        avl = AVLTree();

        a = [20, 30, 40, 120, 13, 39, 38, 40, 18, 101];
        b = [[10, 1], [3, 0], [4, 0], [13, -1], [2, 0], [18, 0], [40, -1], [39, 0],
[12, 0]];

        for item in b:
            avl.insert(item);

        avl.info();

        print(45 in avl);
        print(len(avl));

         ''' 
        avl.delete(40);
        avl.info();
        avl.delete(100);
        avl.info();
        avl.insert(1001);
        avl.info();
         '''

        for item in avl.iternodes():
            item.info();
            print(avl.findNodePath(avl.root, item));
            print('Parent:', avl.parent(avl.root, item));
            print('Level:', avl.level(item.key));
            print('\n');
```

执行后会输出：

```
    [[2, 0], [3, 0], [4, 0], [10, 1], [12, 0], [13, -1], [18, 0], [39, 0], [40,
-1]]
    False
    9
    Key=[2, 0], LChild=None, RChild=None, H=1
    [__AVLNode([4, 0], [3, 0], [13, -1], 4), __AVLNode([3, 0], [2, 0], None, 2), __
AVLNode([2, 0], None, None, 1)]
    Parent: [3, 0]
    Level: 2


    Key=[3, 0], LChild=[2, 0], RChild=None, H=2
    [__AVLNode([4, 0], [3, 0], [13, -1], 4), __AVLNode([3, 0], [2, 0], None, 2)]
    Parent: [4, 0]
    Level: 1


    Key=[4, 0], LChild=[3, 0], RChild=[13, -1], H=4
    [__AVLNode([4, 0], [3, 0], [13, -1], 4)]
    Parent: None
    Level: 0


    Key=[10, 1], LChild=None, RChild=[12, 0], H=2
    [__AVLNode([4, 0], [3, 0], [13, -1], 4), __AVLNode([13, -1], [10, 1], [39, 0],
3), __AVLNode([10, 1], None, [12, 0], 2)]
    Parent: [13, -1]
```

```
    Level: 2


    Key=[12, 0], LChild=None, RChild=None, H=1
    [__AVLNode([4, 0], [3, 0], [13, -1], 4), __AVLNode([13, -1], [10, 1], [39, 0],
3), __AVLNode([10, 1], None, [12, 0], 2), __AVLNode([12, 0], None, None, 1)]
    Parent: [10, 1]
    Level: 3


    Key=[13, -1], LChild=[10, 1], RChild=[39, 0], H=3
    [__AVLNode([4, 0], [3, 0], [13, -1], 4), __AVLNode([13, -1], [10, 1], [39,
0], 3)]
    Parent: [4, 0]
    Level: 1


    Key=[18, 0], LChild=None, RChild=None, H=1
    [__AVLNode([4, 0], [3, 0], [13, -1], 4), __AVLNode([13, -1], [10, 1], [39, 0],
3), __AVLNode([39, 0], [18, 0], [40, -1], 2), __AVLNode([18, 0], None, None, 1)]
    Parent: [39, 0]
    Level: 3


    Key=[39, 0], LChild=[18, 0], RChild=[40, -1], H=2
    [__AVLNode([4, 0], [3, 0], [13, -1], 4), __AVLNode([13, -1], [10, 1], [39, 0],
3), __AVLNode([39, 0], [18, 0], [40, -1], 2)]
    Parent: [13, -1]
    Level: 2


    Key=[40, -1], LChild=None, RChild=None, H=1
    [__AVLNode([4, 0], [3, 0], [13, -1], 4), __AVLNode([13, -1], [10, 1], [39, 0],
3), __AVLNode([39, 0], [18, 0], [40, -1], 2), __AVLNode([40, -1], None, None, 1)]
    Parent: [39, 0]
    Level: 3
```

8.8 哈希查找算法

哈希算法定义了一种将字符组成的字符串转换为固定长度（一般是更短长度）的数值或索引值的方法。由于通过更短的哈希值比用原始值进行数据库搜索更快，这种方法一般用来在数据库中建立索引并进行搜索，同时还用在各种解密算法中。哈希算法又被称为散列法或关键字地址计算法等，相应的表被称为哈希表。

（即扫即看）

8.8.1 哈希算法的基本思想

（1）在元素关键字 k 和元素存储位置 p 之间建立对应关系 f，使得 $p=f(k)$，f 称为哈希函数。

（2）在创建哈希表时，把关键字为 k 的元素直接存入地址为 $f(k)$ 的单元。

（3）当查找关键字为 k 的元素时，利用哈希函数计算出该元素的存储位置 $p=f(k)$，从而达到按关键字直接存取元素的目的。

注意：如果关键字集合很大，则关键字值中不同的元素可能会映像到与哈希表相同的地

址上，即 $k_1 \neq k_2$，但是 $H(k_1)=H(k_2)$，上述现象称为冲突。在这种情况下，通常称 k_1 和 k_2 是同义词。在实际应用中，不能避免上述冲突的情形，只能通过改进哈希函数的性能来减少冲突。

哈希法主要包括以下两个方面的内容：①如何构造哈希函数；②如何处理冲突。

hash（哈希）法是一种典型以空间换时间的算法，比如原来一个长度为 100 的数组，对其查找，只需要遍历且匹配相应记录即可，从空间复杂度上来看，假如数组存储的是 byte 类型数据，那么该数组占用 100 byte 空间。现在我们采用 hash 算法，我们前面说的 Hash 必须有一个规则，约束键与存储位置的关系，那么就需要一个固定长度的 hash 表，此时，仍然是 100 byte 的数组，假设我们需要的 100 byte 用来记录键与位置的关系，那么总的空间为 200 byte, 而且用于记录规则的表的大小可能是不定的，会根据规则改变。

8.8.2 构造哈希函数

在构造哈希函数时需要遵循如下原则：

- 函数本身便于计算；
- 计算出来的地址分布均匀，即对任意关键字 k，$f(k)$ 对应不同地址的概率相等，目的是尽可能减少冲突。

构造哈希函数的方法有多种，其中最为常用的有如下 5 种。

（1）数字分析法

如果预先知道关键字集合，当每个关键字的位数比哈希表的地址码位数多时，可以从关键字中选出分布比较均匀的若干位来构成哈希地址。假设有 80 个记录，关键字是一个 8 位的十进制整数：$m_1m_2m_3\cdots m_7m_8$，如哈希表长度取值 100，则哈希表的地址空间为：00 ～ 99。如果经过分析之后，各关键字中 m_4 和 m_7 的取值分布比较均匀，则哈希函数为：$h(\text{key})=h(m_1m_2m_3\cdots m_7m_8)=m_4m_7$。反之，如果经过分析之后，各关键字中 m_1 和 m_8 的取值分布很不均匀，例如 m_1 都等于 5，m_8 都等于 2，则哈希函数为：$h(\text{key})=h(m_1m_2m_3\cdots m_7m_8)=m_1m_8$，这种用不均匀的取值构造函数的算法误差会比较大，所以不可取。

（2）平方取中法

如果无法确定关键字中哪几位分布比较均匀，可以先求出关键字的平方值，然后按照需要取平方值的中间几位作为哈希地址。因为平方后的中间几位和关键字中的每一位都相关，所以不同的关键字会以较高的概率产生不同的哈希地址。

假设把英文字母在字母表中的位置序号作为该英文字母的内部编码，例如 K 的内部编码为 11，E 的内部编码为 05，Y 的内部编码为 25，A 的内部编码为 01，B 的内部编码为 02，由此可以得出关键字“KEYA”的内部代码为 11052501。同理，也可以得到关键字“KYAB”“AKEY”“BKEY”的内部编码。对关键字进行平方运算之后，取出第 7 ～ 9 位作为该关键字哈希地址，如表 8-2 所示。

表 8-2　平方取中法求得的哈希地址

关键字	内部编码	内部编码的平方值	H(k) 关键字的哈希地址
KEYA	11050201	122157778355001	778
KYAB	11250102	126564795010404	795
AKEY	01110525	001233265775625	265
BKEY	02110525	004454315775625	315

（3）分段叠加法

分段叠加法是指按照哈希表地址位数将关键字分成位数相等的几部分，其中最后一部分可以比较短。然后将这几部分相加，舍弃最高进位后的结果就是该关键字的哈希地址。分段叠加有折叠法与移位法两种。移位法是指将分割后的每部分低位对齐相加，折叠法是指从一端向另一端沿分割边界来回折叠，用奇数段表示正序，用偶数段表示倒序，然后将各段相加。

（4）除留余数法

为了更加直观地了解除留余数法，在此举一个例子。假设哈希表长为 *n*，*p* 为小于等于 *n* 的最大素数，则哈希函数为：

```
h(k)=k % p,
```

其中 % 为模 *p* 的取余运算。

假设待散列元素为（18，75，60，43，54，90，46），表长 *n*=10，*p*=7，则有：

```
h(18)=18 % 7=4     h(75)=75 % 7=5     h(60)=60 % 7=4
h(43)=43 % 7=1     h(54)=54 % 7=5     h(90)=90 % 7=6
h(46)=46 % 7=4
```

此时冲突较多，为减少冲突，可以取较大的 *n* 值和 *p* 值，例如 *n*=*p*=13，此时结果如下：

```
h(18)=18 % 13=5     h(75)=75 % 13=10     h(60)=60 % 13=8
h(43)=43 % 13=4     h(54)=54 % 13=2     h(90)=90 % 13=12
h(46)=46 % 13=7
```

此时没有冲突，如图 8-10 所示。

0	1	2	3	4	5	6	7	8	9	10	11	12
		54		43	18		46	60		75		90

图 8-10　除留余数法求哈希地址

（5）伪随机数法

伪随机数法是指采用一个伪随机函数当作哈希函数，即 *h*(*key*)=random(*key*)。

在实际应用中，应根据具体情况灵活采用不同的方法，并使用实际数据来测试它的性能，以便做出正确判定。在判断时通常需要考虑如下 5 个因素：

- 计算哈希函数所需时间（简单）；
- 关键字的长度；
- 哈希表大小；
- 关键字分布情况；
- 记录查找频率。

8.8.3 处理冲突

使用性能良好的哈希函数可以减少冲突，但是通常不可能完全避免冲突，所以解决冲突是哈希法的另一个关键问题。无论是在创建哈希表还是在查找哈希表时都会遇到冲突，在这两种情况下解决冲突的方法是一致的。以创建哈希表为例，有以下 4 种常用的解决冲突的方法。

1．**开放定址法**

开放定址法也被称为再散列法，基本思想如下所示。

当关键字 *key* 的哈希地址 *m*=*H*（*key*）出现冲突时，以 *m* 为基础产生另一个哈希地址 m_1，如果 m_1 还是冲突，再以 *m* 为基础产生另一个哈希地址 m_2……如此继续，一直到找出一个不冲突的哈希地址 m_i 为止，此时将相应元素存入其中。

开放定址法遵循如下通用的再散列函数形式：

```
Hi=(H(key)+di)% m    i=1, 2, …, n
```

其中，*H*(*key*) 为哈希函数，*m* 为表长，d_i 为增量序列。增量序列的取值方式不同，相应的再散列方式也不同。主要有如下 3 种再散列方式。

（1）线性探测再散列，其特点是发生冲突时，顺序查看表中下一单元，直到找出一个空单元或查遍全表，格式如下：

```
di=1, 2, 3, …, m-1
```

（2）二次探测再散列。其特点是当发生冲突时，在表的左右进行跳跃式探测，比较灵活，格式如下：

```
di=1², -1², 2², -2², …, k², -k²    ( k<=m/2 )
```

（3）伪随机探测再散列。在具体实现时需要先建立一个伪随机数发生器，例如 *i*=(*i*+*p*) % *m*，并设置一个随机数做起点。其格式如下：

```
di= 伪随机数序列。
```

2．**再哈希法**

再哈希法能够同时构造多个不同的哈希函数，具体格式如下所示：

```
Hi=RHi (key)  i=1, 2, …, k
```

当哈希地址 H_i=*RHi*(*key*) 发生冲突时计算另一个哈希函数地址，直到冲突不再产生为止。这种方法不易产生聚集，但增加了计算时间。

3．**链地址法**

链地址法的基本思想是将所有哈希地址为 *i* 的元素构成一个同义词链的单链表，并将单链表的头指针存在哈希表的第 *i* 个单元中。链地址法适用于经常进行插入和删除的情况，其中的查找、插入和删除操作主要在同义词链中进行。

假设有如下一组关键字：

32，40，36，53，16，46，71，27，42，24，49，64

哈希表长度为 13，哈希函数为：*H*(*key*)=*key*%13，则用链地址法处理冲突的结果如图 8-11 所示。

上组关键字的平均查找长度 ASL=(1×7+2×4+3×1)/12=1.5。

4．**建立公共溢出区**

建立公共溢出区的基本思想是将哈希表分为基本表和溢出表两部分，凡是和基本表发生冲突的元素，一律填入溢出表。

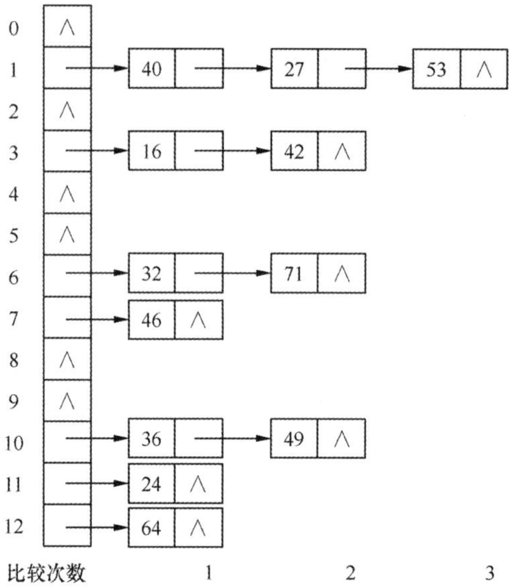

图 8-11　链地址法处理冲突时的哈希表

8.8.4　哈希表的查找过程

哈希表的查找过程与哈希表的创建过程一样。当想查找关键字为 K 的元素时，首先计算 $p_0=hash(K)$，然后根据计算结果来进行处理：

① 如果单元 p_0 为空，则不存在所查的元素；

② 如果单元 p_0 中元素的关键字为 K，则找到所查元素。

否则重复下述操作来解决冲突过程：按解决冲突的方法，找出下一个哈希地址 p_i，如果单元 p_i 为空，则不存在所查的元素；如果单元 p_i 中元素的关键字为 K，则找到所查元素。

8.8.5　算法演练——在列表 L 中查找数字 38 的位置

在下面的实例文件 haxi.py 中，演示了使用哈希算法在列表 L 中查找数字 38 的位置的过程。首先编写函数 myHash()，功能是使用除留余数法实现哈希算法，其中 % 为模 data 的取余运算。然后编写函数 searchHash() 在列表中查找数据，使用 while 循环遍历整个列表的内容，如果找到则返回地址。具体实现代码如下：

```
#除留余数法实现的哈希函数
def myHash(data,hashLength,):
    return data % hashLength
#哈希表检索数据
def searchHash(hash,hashLength,data):
    hashAddress=myHash(data,hashLength)
   #指定 hashAddress 存在，但并非关键值，则用开放定址法解决
    while hash.get(hashAddress) and hash[hashAddress]!=data:
        hashAddress+=1
        hashAddress=hashAddress%hashLength
    if hash.get(hashAddress)==None:
        return None
    return hashAddress

#数据插入哈希表
```

```
def insertHash(hash,hashLength,data):
    hashAddress=myHash(data,hashLength)
    # 如果 key 存在说明已经被别人占用，需要解决冲突
    while(hash.get(hashAddress)):
        # 用开放定址法
        hashAddress+=1
        hashAddress=myHash(hashAddress,hashLength)
    hash[hashAddress]=data

if __name__ == '__main__':
    hashLength=20
    L=[13, 29, 27, 28, 26, 30, 38 ]
    hash={}
    for i in L:
        insertHash(hash,hashLength,i)
    result=searchHash(hash,hashLength,38)
    if result:
        print("数据已找到，索引位置在",result)
        print(hash[result])
    else:
        print("没有找到数据")
```

执行后会输出：

```
数据已找到，索引位置在 18
38
```

8.8.6　算法演练——在列表 L 中查找某指定数据（线性探测方案）

在下面的实例文件 haxi02.py 中，演示了使用哈希表算法查找数据的过程。和上一个实例文件 haxi.py 相比，本实例也是使用了除留余数法实现哈希算法，但是在本实例的函数 insert_hash() 中，使用线性探测法判断在某个位置是否有数据，如果没有则直接将其地址保存起来。具体实现代码如下：

```
class HashTable:
    def __init__(self,size):
        ## 使用 list 数据结构作为哈希表元素的保存方法
        self.elem=[None for i in range(size)]
        self.count=size
    def hash(self,key):
        ## 散列表采用除留余数法
        return key % self.count
    def insert_hash(self,key):
        ## 求散列地址
        address=self.hash(key)
        ## 若该位置已经有数据了，发生冲突，用线性探测法
        while self.elem[address]:
            address=(address+1) % self.count
        ## 没有冲突则直接保存
        self.elem[address]=key
    def search_hash(self,key):
        star=address=self.hash(key)
        while self.elem[address]!=key:
            address=(address+1) % self.count
            ## 没有找到或循环到了开始位置
            if not self.elem[address] or address==star:
                return False
        return True
if __name__=='__main__':
    alist=[12, 67, 56, 16, 25, 37, 22, 29, 15, 47, 48, 34]
    hash_table=HashTable(12)
```

```
        for i in alist:
            hash_table.insert_hash(i)
        for i in hash_table.elem:
            if i:
                print((i, hash_table.elem.index(i)),end=”  “)
        print(“\n”)
        print(hash_table.search_hash(15))
        print(hash_table.search_hash(33)))
```

执行后会输出：

```
    (12, 0) (25, 1) (37, 2) (15, 3) (16, 4) (29, 5) (48, 6) (67, 7) (56, 8) (34, 9)
(22, 10) (47, 11)

    True
    False
```

8.9 斐波那契查找算法

斐波那契搜索（Fibonacci Search），又称斐波那契查找，是一种区间中单峰函数的搜索技术。斐波那契搜索就是在二分查找的基础上根据斐波那契数列进行分割的。在本节将简要介绍斐波那契查找算法的基本知识和具体用法，为读者学习本书后面的知识打下基础。

（即扫即看）

8.9.1 斐波那契查找算法基础

在介绍斐波那契查找算法之前，我们先介绍一下和它紧密相连并且大家都熟知的一个概念——黄金分割。黄金比例又称黄金分割，是指事物各部分之间存在一定的数学比例关系，即将整体一分为二，较大部分与较小部分之比等于整体与较大部分之比，其比值约为 1 ：0.618 或 1.618 ：1。0.618 被公认为是最具有审美意义的比例数字，这个数值的作用不仅仅体现在诸如绘画、雕塑、音乐、建筑等艺术领域，而且在管理、工程设计等方面也有着不可忽视的作用。因此被称为黄金分割。

请看下面数学应用中的斐波那契数列：

1, 1, 2, 3, 5, 8, 13, 21, 34, 55, 89……。

在斐波那契数列中，从第三个数开始，后边每一个数都是前两个数之和。我们会发现，随着斐波那契数列的递增，前后两个数的比值会越来越接近 0.618，利用这个特性，我们就可以将黄金比例运用到查找技术中。具体结构图如图 8-12 所示。

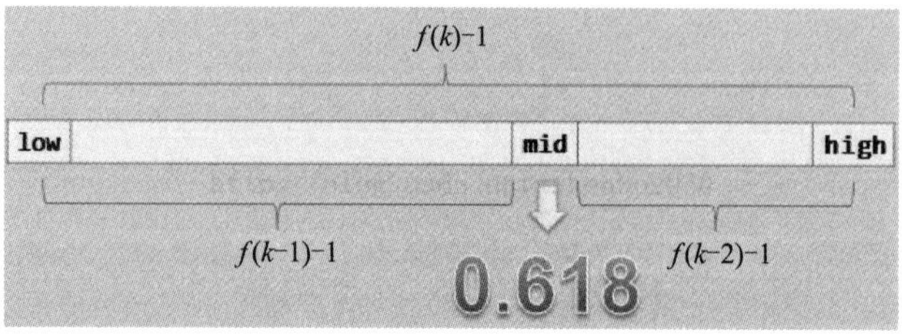

图 8-12　斐波那契查找

斐波那契查找算法是二分查找法的一种提升，通过运用黄金比例的概念在数列中选择查找点进行查找，提高查找效率。同样地，斐波那契查找也属于一种有序查找算法。相对于折半查找，斐波那契查找将待比较的 key 值与第 mid=(low+high)/2 位置的元素比较，比较结果分为如下 3 种情况：

- 相等（=）：mid 位置的元素即为所求；
- 大于（>）：low=mid+1；
- 小于（<）：high=mid-1。

斐波那契查找与折半查找很相似，能够根据斐波那契序列的特点对有序表进行分割。要求开始表中记录的个数比某个斐波那契数小 1，即 $n=f(k)-1$。开始将 k 值与第 $f(k-1)$ 位置的记录进行比较，即 $mid=low+f(k-1)-1$，比较结果也分为如下 3 种：

- 相等（=）：mid 位置的元素即为所求；
- 大于（>）：low=mid+1,k-=2；
- 小于（<）：high=mid-1,k-=1。

注意：

（1）low=mid+1 说明待查找的元素在 [mid+1,high] 范围内，k-=2 说明范围 [mid+1,high] 内的元素个数为 $n-(f(k-1))=f(k)-1-f(k-1)=f(k)-f(k-1)-1=f(k-2)-1$ 个。所以，可以递归的应用可用斐波那契查找。

（2）low=mid+1 说明待查找的元素在 [low,mid-1] 范围内，k-=1 说明范围 [low,mid-1] 内的元素个数为 $f(k-1)-1$ 个。所以，可以递归的应用可用斐波那契查找。

开始介绍斐波那契查找算法复杂度，在最坏情况下的时间复杂度为 $O(log_2n)$，且其期望复杂度也为 $O(log_2n)$。

8.9.2　算法演练——查找数字 35 在列表 array 中的位置

使用斐波那契查找算法的前提是已经有一个包含斐波那契数据的列表，在下面的实例文件 feibo.py 中，首先创建了函数 FibonacciSearch()，功能是使用斐波那契查找算法查找列表中某个元素的位置。在查找伊始需要判断索引是否超过合法范围， 如果合法则使用函数 append() 生成斐波那契数列。然后分割队列，根据查找记录是否小于当前分割记录进行对应的操作。具体实现代码如下：

```
from pylab import *

def FibonacciSearch(data, length, key):
    F = [0,1]
    count = 1;
    low = 0
    high = length-1
    if(key < data[low] or key>data[high]):                  #索引超出范围返回错误
        print(“Error!!! The “, key, “ is not in the data!!!”)
        return -1

    data = list(data)
    while F[count] < length:                      #生成斐波那契数列
        F.append(F[count-1] + F[count])
        count = count + 1
    low = F[0]
    high = F[count]

    while length-1 < F[count-1]:                  #将数据个数补全
```

```
            data.append(data[length-1])
            length = length + 1
        data = array(data)
        while(low<=high):
            mid = low+F[count-1]                        # 计算当前分割下标
            if(data[mid] > key):                        # 若查找记录小于当前分割记录
                high = mid-1                            # 调整分割记录
                count = count-1
            elif(data[mid] < key):                      # 若查找记录大于当前分割记录
                low = mid+1
                count = count-2
            else:                                       # 若查找记录等于当前分割记录
                return mid
        if(data[mid] != key):                          # 数据 key 不在查询列表 data 中返回错误
            print("Error!!! The ", key, " is not in the data!!!")
            return -1

length = 11

data = array([0,1,16,24,35,48,59,62,73,88,99])
key = 35
idx = FibonacciSearch(data, length, key)
print(data)
print("The ", key, " is the ", idx+1, "th value of the data.")
```

执行后会输出：

```
[ 0  1 16 24 35 48 59 62 73 88 99]
The  35  is the  5 th value of the data.
```

8.9.3 算法演练——计算顺序查找、二分查找、插值查找和斐波那契查找的时间

在下面的实例文件 feibo02.py 中，分别使用顺序查找算法、二分查找算法、插值查找算法和斐波那契查找算法实现查询操作，并分别显示这 4 种查找算法的查询时间。其中函数 sequentialSearch() 实现顺序查找功能，函数 binarySearch() 实现二分查找功能，函数 interpolationSearch() 实现插值查找功能，函数 fibonacciSearch() 实现斐波那契查找功能。文件 feibo02.py 的具体实现代码如下所示：

```
import random,time

class Search:
    def sequentialSearch(self, array, key):
        # 顺序查找
        for i in range(len(array)):
            if array[i] == key:
                return i
        return None

    def binarySearch(self, array, key):
        # 有序表查找—折半查找
        left = 0
        right = len(array) - 1
        while left < right:
            if key >= array[left] and key <= array[right]:
                mid = (left + right) // 2
                if array[mid] > key:
                    right = mid
                elif array[mid] < key:
                    left = mid
```

```
                else:
                    return mid
                continue

    def interpolationSearch(self, array, key):
        # 有序表查找—插值查找
        left = 0
        right = len(array) - 1
        while left < right:
            if key >= array[left] and key <= array[right]:
                    mid = left + int((right - left) * (key - array[left]) /
(array[right] - array[left]))
                if array[mid] > key:
                    right = mid
                elif array[mid] < key:
                    left = mid
                else:
                    return mid

    def fibonacciSearch(self, array, key):
        # 有序表查找—斐波那契查找
         fibonacci_list = [1, 1, 2, 3, 5, 8, 13, 21, 34, 55, 89, 144,233, 377,
610, 987,
                          1597, 2584, 4181, 6765,10946, 17711, 28657, 46368]
        n = len(array)
        for i in range(len(fibonacci_list)):
            if fibonacci_list[i] >= n:
                ind = i
                break

        if fibonacci_list[ind] > n:
            array.extend([array[-1]] * (fibonacci_list[ind] - n))

        left = 0
        right = fibonacci_list[ind] - 1
        while left < right and ind - 1 >= 0 and ind - 2 >= 0:
            mid = left + fibonacci_list[ind - 1]
            if array[mid] < key:
                left = mid
                ind -= 2
            elif array[mid] > key:
                right = mid
                ind -= 1
            else:
                return mid

if __name__ == ‘__main__’:
    list = [random.randint(0,999) for i in range(10000)]
    s = Search()
    key = random.randint(0,999)

    start = time.perf_counter()
    index = s.sequentialSearch(list, key)
    end = time.perf_counter()
    print(‘顺序查找             ', end - start, '\n','结果:               ', key
== list[index])

    list1 = sorted(list.copy())
    start = time.perf_counter()
    index = s.binarySearch(list1, key)
    end = time.perf_counter()
    print(‘二分查找             ', end - start, '\n', '结果:              ', key
== list1[index])
```

```
        list2 = sorted(list.copy())
        start = time.perf_counter()
        index = s.interpolationSearch(list2, key)
        end = time.perf_counter()
        print('插值查找            ', end - start, '\n', '结果:             ', key
== list2[index])

        list3 = sorted(list.copy())
        start = time.perf_counter()
        index = s.fibonacciSearch(list3, key)
        end = time.perf_counter()
        print('Fibonacci 查找        ', end - start, '\n', '结果:             ',
key == list3[index])
```

执行后会输出：

```
    顺序查找                3.0299999999927607e-05
     结果:                  True
    二分查找                3.4799999999890474e-05
     结果:                  True
    插值查找                2.920000000017353e-05
     结果:                  True
    斐波那契查找            0.00010500000000002174
     结果:                  True
```

8.10 红黑树（Red-Black Tree）查找算法

前面介绍的平衡查找树能保证在插入元素之后保持树的平衡状态，在最坏情况下，即所有的子结点都是 2-node，树的高度为 lg*n*，从而保证了最坏情况下的时间复杂度。但是平衡树实现起来比较复杂，于是就有了一种简单实现平衡树的数据结构，即红黑树（Red-Black Tree）。在本节的内容中将详细讲解红黑树（Red-Black Tree）查找算法的基本知识和具体用法。

（即扫即看）

8.10.1 红黑树查找算法基础

红黑树的基本思想就是对平衡查找树进行编码，尤其是对平衡查找树中的 3-nodes 结点添加额外的信息。红黑树中将结点之间的链接分为两种不同类型，红色链接，它用来链接两个 2-nodes 结点来表示一个 3-nodes 结点。黑色链接用来链接普通的 2-3 结点。特别地，使用红色链接的两个 2-nodes 来表示一个 3-nodes 结点，并且向左倾斜，即一个 2-node 是另一个 2-node 的左子结点。这种做法的好处是查找的时候不用做任何修改，和普通的二叉查找树相同。

红黑树的特性有以下 5 条：

（1）每个结点或者是黑色，或者是红色；

（2）根结点是黑色；

（3）每个叶子结点（NIL）是黑色；[注意：这里的叶子结点是指为空（NIL 或 NULL）的叶子结点！]

（4）如果一个结点是红色的，则它的子结点必须是黑色的；

（5）从一个结点到该结点的子孙结点的所有路径上包含相同数目的黑结点。

注意：

- **特性（3）中的叶子结点，是只为空（NIL 或 null）的结点；**
- **在特性（5）中确定没有一条路径会比其他路径长出两倍。因而，红黑树是相对接近平衡的二叉树。**

红黑树的示意图如图 8-13 所示。

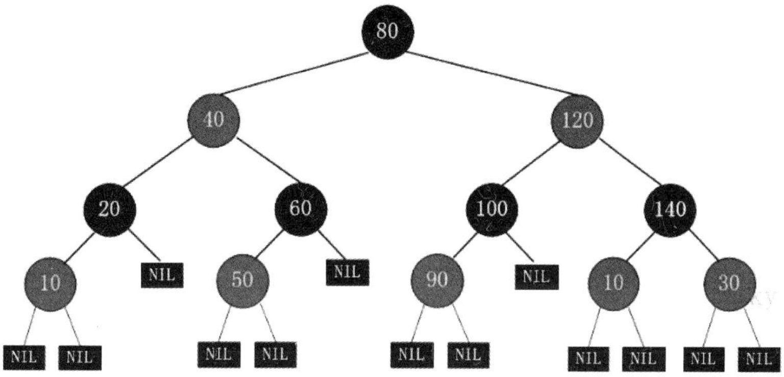

图 8-13　红黑树的示意图

8.10.2　算法演练——实现红黑树的定义、左旋转、右旋转、上色和元素插入等操作

在下面的实例文件 hong.py 中，演示了实现红黑树的定义、左旋转、右旋转、上色和元素插入等操作的过程。主要功能函数的具体说明如下所示：

- 函数 RBInsert()，实现红黑树插入操作，插入一个新结点就像在二叉树中插入一个结点一样，但是由于红黑树多了一个颜色属性，因此初始插入的结点的颜色属性为 RED。选择将插入结点的颜色属性初始为 RED 的原因：在红黑树中插入一个结点时，如果初始插入结点的颜色为 BLACK 时，那么将会破坏本章 8.10.1 中介绍的红黑树性质（5），而且在修改性质（5）的过程中，需要去遍历每条路径，显然这是低效率的；如果将颜色初始为 RED 时，那么将会破坏性质（2）和性质（4），性质（2）修改很简单，性质（4）的修改过程只需要考虑叔叔结点的颜色，就可以逐步实现；显然将插入结点初始为 RED 是更高效的操作；
- 函数 LeftRotate()：实现红黑树的左旋转操作，逆时针旋转红黑树的两个结点，使得父结点被自己的右孩子取代，而自己成为自己的左孩子；
- 函数 RightRotate()：实现红黑树的右旋转操作，顺时针旋转红黑树的两个结点，使得父结点被自己的左孩子取代，而自己成为自己的右孩子；
- 函数 RBDeleteFixup()：实现红黑树的删除操作，首先将红黑树当作一棵二叉查找树，将该结点从二叉查找树中删除；然后通过”旋转和重新着色”等一系列来修正该树，使之重新成为一棵红黑树；
- 函数 RBInsertFixup()：实现红黑树的上色操作，目的是利用颜色值作为二叉树的平衡对称性的检查，只要插入的结点“着色”满足红黑二色的规定，最短路径与最长路径不会相差的太远，红黑树的结点分布就能大体上达至均衡。

文件 hong.py 的具体实现代码如下所示：

```
# 定义红黑树
class RBTree(object):
    def __init__(self):
        self.nil = RBTreeNode(0)
        self.root = self.nil
class RBTreeNode(object):
    def __init__(self, x):
        self.key = x
        self.left = None
        self.right = None
        self.parent = None
        self.color =  'black'
        self.size=None
# 左旋转
def LeftRotate( T, x):
    y = x.right
    x.right = y.left
    if y.left != T.nil:
        y.left.parent = x
    y.parent = x.parent
    if x.parent == T.nil:
        T.root = y
    elif x == x.parent.left:
        x.parent.left = y
    else:
        x.parent.right = y
    y.left = x
    x.parent = y
# 右旋转
def RightRotate( T, x):
    y = x.left
    x.left = y.right
    if y.right != T.nil:
        y.right.parent = x
    y.parent = x.parent
    if x.parent == T.nil:
        T.root = y
    elif x == x.parent.right:
        x.parent.right = y
    else:
        x.parent.left = y
    y.right = x
    x.parent = y
# 红黑树的插入
def RBInsert( T, z):
    y = T.nil
    x = T.root
    while x != T.nil:
        y = x
        if z.key < x.key:
            x = x.left
        else:
            x = x.right
    z.parent = y
    if y == T.nil:
        T.root = z
    elif z.key < y.key:
        y.left = z
    else:
        y.right = z
    z.left = T.nil
```

```
    z.right = T.nil
    z.color = 'red'
    RBInsertFixup(T, z)
    return z.key, '颜色为', z.color
#红黑树的上色
def RBInsertFixup( T, z):
    while z.parent.color == 'red' :
        if z.parent == z.parent.parent.left:
            y = z.parent.parent.right
            if y.color == 'red' :
                z.parent.color = 'black'
                y.color = 'black'
                z.parent.parent.color = 'red'
                z = z.parent.parent
            else:
                if z == z.parent.right:
                    z = z.parent
                    LeftRotate(T, z)
                z.parent.color = 'black'
                z.parent.parent.color = 'red'
                RightRotate(T,z.parent.parent)
        else:
            y = z.parent.parent.left
            if y.color == 'red' :
                z.parent.color = 'black'
                y.color = 'black'
                z.parent.parent.color = 'red'
                z = z.parent.parent
            else:
                if z == z.parent.left:
                    z = z.parent
                    RightRotate(T, z)
                z.parent.color = 'black'
                z.parent.parent.color = 'red'
                LeftRotate(T, z.parent.parent)
    T.root.color = 'black'
def RBTransplant( T, u, v):
    if u.parent == T.nil:
        T.root = v
    elif u == u.parent.left:
        u.parent.left = v
    else:
        u.parent.right = v
    v.parent = u.parent

def RBDelete(T, z):
    y = z
    y_original_color = y.color
    if z.left == T.nil:
        x = z.right
        RBTransplant(T, z, z.right)
    elif z.right == T.nil:
        x = z.left
        RBTransplant(T, z, z.left)
    else:
        y = TreeMinimum(z.right)
        y_original_color = y.color
        x = y.right
        if y.parent == z:
            x.parent = y
        else:
            RBTransplant(T, y, y.right)
            y.right = z.right
```

```
            y.right.parent = y
        RBTransplant(T, z, y)
        y.left = z.left
        y.left.parent = y
        y.color = z.color
    if y_original_color == 'black' :
        RBDeleteFixup(T, x)
# 红黑树的删除
def RBDeleteFixup( T, x):
    while x != T.root and x.color == 'black' :
        if x == x.parent.left:
            w = x.parent.right
            if w.color == 'red' :
                w.color = 'black'
                x.parent.color = 'red'
                LeftRotate(T, x.parent)
                w = x.parent.right
            if w.left.color == 'black' and w.right.color == 'black' :
                w.color = 'red'
                x = x.parent
            else:
                if w.right.color == 'black' :
                    w.left.color = 'black'
                    w.color = 'red'
                    RightRotate(T, w)
                    w = x.parent.right
                w.color = x.parent.color
                x.parent.color = 'black'
                w.right.color = 'black'
                LeftRotate(T, x.parent)
                x = T.root
        else:
            w = x.parent.left
            if w.color == 'red' :
                w.color = 'black'
                x.parent.color = 'red'
                RightRotate(T, x.parent)
                w = x.parent.left
            if w.right.color == 'black' and w.left.color == 'black' :
                w.color = 'red'
                x = x.parent
            else:
                if w.left.color == 'black' :
                    w.right.color = 'black'
                    w.color = 'red'
                    LeftRotate(T, w)
                    w = x.parent.left
                w.color = x.parent.color
                x.parent.color = 'black'
                w.left.color = 'black'
                RightRotate(T, x.parent)
                x = T.root
    x.color = 'black'

def TreeMinimum( x):
    while x.left != T.nil:
        x = x.left
    return x
# 中序遍历
def Midsort(x):
    if x!= None:
        Midsort(x.left)
        if x.key!=0:
```

```
            print( 'key:' , x.key,' x.parent' ,x.parent.key)
        Midsort(x.right)
nodes = [11,2,14,1,7,15,5,8,4]
T = RBTree()
for node in nodes:
    print( '插入数据 ',RBInsert(T,RBTreeNode(node)))
print( '中序遍历 ')
Midsort(T.root)
RBDelete(T,T.root)
print( '中序遍历 ')
Midsort(T.root)
RBDelete(T,T.root)
print( '中序遍历 ')
Midsort(T.root)
```

执行后会输出：

```
插入数据 (11,   '颜色为',   'black')
插入数据 (2,    '颜色为',   'red')
插入数据 (14,   '颜色为',   'red')
插入数据 (1,    '颜色为',   'red')
插入数据 (7,    '颜色为',   'red')
插入数据 (15,   '颜色为',   'red')
插入数据 (5,    '颜色为',   'red')
插入数据 (8,    '颜色为',   'red')
插入数据 (4,    '颜色为',   'red')
中序遍历
key: 1 x.parent 2
key: 2 x.parent 7
key: 4 x.parent 5
key: 5 x.parent 2
key: 7 x.parent 0
key: 8 x.parent 11
key: 11 x.parent 7
key: 14 x.parent 11
key: 15 x.parent 14
中序遍历
key: 1 x.parent 2
key: 2 x.parent 8
key: 4 x.parent 5
key: 5 x.parent 2
key: 8 x.parent 0
key: 11 x.parent 14
key: 14 x.parent 8
key: 15 x.parent 14
中序遍历
key: 1 x.parent 2
key: 2 x.parent 11
key: 4 x.parent 5
key: 5 x.parent 2
key: 11 x.parent 0
key: 14 x.parent 11
key: 15 x.parent 14
```

8.10.3 算法演练——绘制红黑树的动态插入图

在下面的实例中，首先插入数据构建红黑树，然后使用 Python 绘图库绘制将列表元素插入红黑树结点的流程图，最后将绘制的构建流程图转换为 gif 格式的动图。本实例的具体实现流程如下所示。

（1）编写实例文件 hong03.py 中，功能是分别实现左旋转函数、右旋转函数、插入结点函数、颜色转换函数，最终将使用指定的结点构建一个红黑树。在本实例中用到的各个红黑树操作函数跟上一个实例中的操作函数类似，为节省本书篇幅，将不再介绍这个函数的具体实现过程。在本实例中约定插入的数据都是红色的，此处要用到红黑树的一个特性，当一个叶子结点为红色的时候，那么它的兄弟结点只能为红色或者为空；当一个结点为红色时，那么它的父结点为黑色。如图 8-14 所示是以插入的父结点为祖父结点的左结点为例。

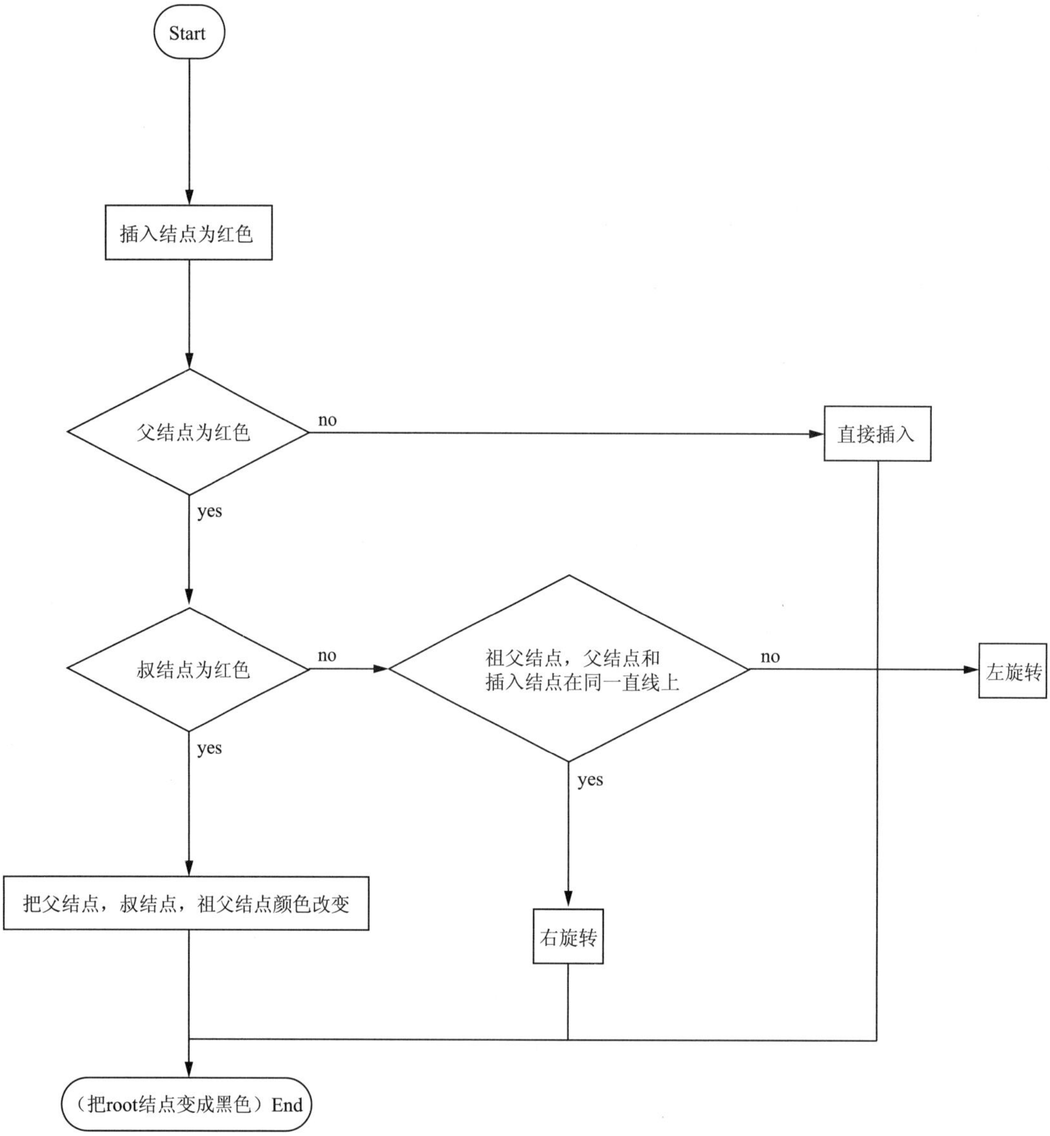

图 8-14　算法流程

文件 hong03.py 的主要实现代码如下所示：

```
from graphviz import Digraph
import time

dot = Digraph(comment=' Red Black Tree' )
```

```
class Node:
    def __init__(self, key, left=None, right=None, color=None, p=None):
        self.left = left
        self.right = right
        self.color = color
        self.key = key
        self.p = p
        if key == "NIL":
            self.p = self

    def LeftRotate(self, T, x):
        y = x.right
        x.right = y.left
        if y.left != T.nil:
            y.left.p = x
        y.p = x.p
        if x.p == T.nil:
            T.root = y
        elif x == x.p.left:
            x.p.left = y
        else:
            x.p.right = y
        y.left = x
        x.p = y

    def RightRotate(self, T, x):
        y = x.left
        x.left = y.right
        if y.right != T.nil:
            y.right.p = x
        y.p = x.p
        if x.p == T.nil:
            T.root = y
        elif x == x.p.left:
            x.p.left = y
        else:
            x.p.right = y
        y.right = x
        x.p = y

    def RBInsert(self, T, z):

#########
省略红黑树操作函数，具体代码请参照下载包
#########

T = Tree()
B = [11, 2, 14, 1, 7, 15, 5, 8, 4]
BB = [26]
i = 0
for j in B:
    dot = Digraph(comment='Red Black Tree')
    T.root.RBInsert(T, Node(j))
    dot = T.root.printTree(T, T.root, dot)
    dot.render('test-output/' + str(i), view=False)
    i = i + 1
```

执行后会绘制构建列表 B[11, 2, 14, 1, 7, 15, 5, 8, 4] 的流程图，绘制的图片被保存在“test-output”目录中，图片格式是 PDF，如图 8-15 所示。

图 8-15　生成的 PDF 图片

其实 PDF 图片 0.pdf~8.pdf 分别是通过列表 B[11, 2, 14, 1, 7, 15, 5, 8, 4] 构建红黑树流程的步骤图，图片 0.pdf、1.pdf 和 2.pdf 的效果如图 8-16 所示。

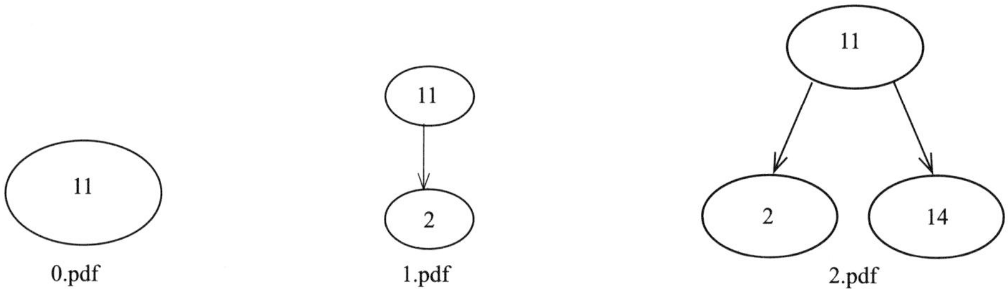

图 8-16　构建红黑树的流程图

（2）在 PDF 图片目录“test-output” 中创建实例文件 convert_to_jpg.py，将上面生成的 9 张 PDF 图片转换为 JPG 格式，具体实现代码如下所示：

```
import os
from wand.image import Image

def convert_pdf_to_jpg(filename):
    pdf_list = []
    os.chdir(filename)
    for i in os.listdir():
        if “.pdf” in i:
            pdf_list.append(i)
    sorted(pdf_list)
    t = 0
    print(pdf_list)
    for i in pdf_list:
        with Image(filename=i) as img:
            with img.convert(‘jpeg’) as converted:
                converted.save(filename=i.split(“.”)[0] + ‘.jpg’)
                t = t + 1

convert_pdf_to_jpg(os.getcwd())
```

在运行上述实例前需要安装 ImageMagick 和 gs950w64.exe，并通过 pip 命令安装 Python 库 wand，执行后会将 8 张 PDF 图片转换成 JPG 格式。如图 8-17 所示。

图 8-17　新生成的 8 张 JPG 图片

（3）在 PDF 图片目录“test-output”中创建实例文件 gif.py，将上面生成的 9 张 JPG 图片转换为一个 jif 动图文件“gif.gif”，播放此动图后会展示红黑树的完整动态构建流程。文件 gif.py 的具体实现代码如下所示：

```
import imageio,os
images = []
images.append(imageio.imread('8.jpg'))
filenames=sorted((fn for fn in os.listdir('.') if fn.endswith('.jpg')))
for filename in filenames:
    images.append(imageio.imread(filename))
imageio.mimsave('gif.gif', images,duration=1,loop=1)
```

执行后会生成动图文件 gif.gif，如图 8-18 所示。

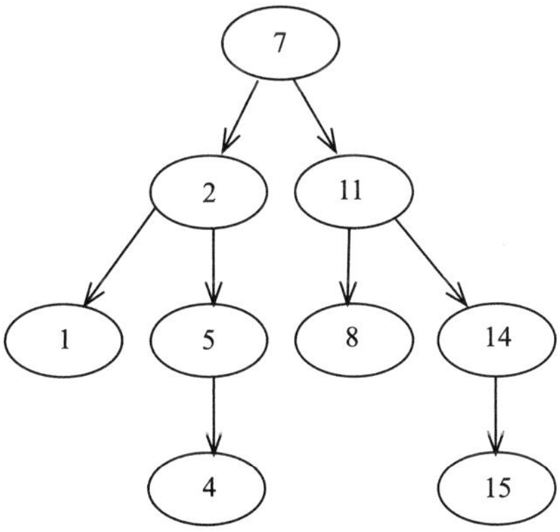

图 8-18　动态生成红黑树流程图

8.11　小结

到此为止，常用的查找算法思想的基本知识和具体用法已经讲解完毕。在现实应用中，用到查找算法的频率十分高。建议读者在解决问题时遵循“具体情况具体对待”的原则，不要一味追求使用最高效率的算法。在现实应用中，建议广大算法初学者尽量用多种查找算法来解决同一个问题，这样可以比较不同查找算法实现的效率，并能更加深入地体会不同算法思想的精髓所在。

第 9 章 排序算法

排序是指针对一连串数据，按照其中的某个或某些关键字的大小，以递增或递减的样式排列起来的操作。排序算法是将一系列数据按照要求进行排列的方法，小到成绩排序，大到大数据处理，排序算法在很多领域种发挥着十分重要的作用。本章将详细讲解使用内部排序算法的知识，并通过具体实例的实现过程来讲解其使用流程。

9.1 排序基础

排序是计算机内部经常使用的一种操作，其目的是将一组无序的记录序列调整为有序的记录序列，可分为内部排序和外部排序。在本书的内容中将详细讲解排序算法的基础知识。

（即扫即看）

9.1.1 排序算法的定义

排序（Sorting）是计算机程序设计中的一种重要操作，它的功能是将一个数据元素（或记录）的任意序列，重新排列成一个关键字有序的序列。所谓排序算法，是指通过特定的算法因式将一组或多组数据按照既定模式进行重新排序。这种新序列遵循着一定的规则，体现出一定的规律，而且经过处理后的数据便于筛选和计算，大大提高了计算效率。对于排序，首先要求其具有一定的稳定性，即当两个相同的元素同时出现于某个序列之中，经过一定的排序算法之后，两者在排序前后的相对位置不发生变化。换言之，即便是两个完全相同的元素，它们在排序过程中也是各有区别的，不允许混淆不清。

9.1.2 排序算法的分类

根据使用频率，在表 9-1 中总结了常用排序算法的分类、时间复杂度以及稳定性信息。

表 9-1　常用排序算法的时间复杂度和稳定性

排序算法	平均时间复杂度	稳定性
冒泡排序	$O(n^2)$	稳定
选择排序	$O(n^2)$	不稳定
插入排序	$O(n^2)$	稳定
希尔排序	$O(n^{1.5})$	不稳定
快速排序	$O(n*\log n)$	不稳定

续表

排序算法	平均时间复杂度	稳定性
归并排序	$O(n*\log n)$	稳定
堆排序	$O(n*\log n)$	不稳定
基数排序	$O(d(n+r))$	稳定

关于稳定性的说明：如果 a 原本在 b 前面，而 $a=b$，排序之后 a 仍然在 b 的前面，这就是稳定的。

9.2 插入排序算法

插入排序的基本思想是每步将一个待排序的记录按其关键码值的大小插入前面已经排序的文件中适当位置上，直到全部插入完成为止。

（即扫即看）

9.2.1 插入排序算法基础

插入排序是建立在一个已排好序的记录子集的基础之上的算法，其基本思想是每一步将下一个待排序的记录有序插入已排好序的记录子集中，直到将所有待排记录全部插入完毕为止。例如，打扑克牌时的抓牌过程就是一个典型的插入排序，每抓一张牌，都需要将这张牌插入合适位置，一直到抓完牌为止，从而得到一个有序序列。

插入排序（Insertion sort）是一种简单直观且稳定的排序算法。如果有一个已经有序的数据序列，要求在这个已经排好的数据序列中插入一个数，但要求插入后此数据序列仍然有序，这个时候就要用到一种新的排序方法——插入排序法，算法适用于少量数据的排序，时间复杂度 $O(n^2)$。插入算法把要排序的数组分成两个部分：第一部分包含这个数组的所有元素，但将最后一个元素除外（让数组多一个空间才有插入的位置），第二部分只包含这一个元素（即待插入元素）。在第一部分排序完成后，再将最后这个元素插入已排好序的第一部分之中。

可以将插入排序算法分为三类：直接插入排序算法、二分插入排序法（又称折半插入排序）和链表插入排序法。

9.2.2 直接插入排序算法

直接插入排序是一种最基本的插入排序方法，能够将第 i 个记录插入前面 $i-1$ 个已排好序的记录中，具体插入过程如下所示。

将第 i 个记录的关键字 K_i 顺序与其前面记录的关键字 $K_{i-1}, K_{i-2},\cdots,K_1$ 进行比较，将所有关键字大于 K_i 的记录依次向后移动一个位置，直到遇见关键字小于或者等于 K_i 的记录 K_j。此时 K_j 后面必为空位置，将第 i 个记录插入空位置即可。完整的直接插入排序是从 $i=2$ 开始，也就是说，将第 1 个记录作为已排好序的单元素子集合，然后将第二个记录插入单元素子集合中。将 i 从 2 循环到 n，即可实现完整的直接插入排序。图 9-1 给出了一个完

```
A: {48} 62  35  77  55  14  35  98
B: {48  62} 35  77  55  14  35  98
C: {35  48  62} 77  55  14  35  98
D: {35  48  62  77} 55  14  35  98
E: {35  48  55  62  77} 14  35  98
F: {14  35  48  55  62  77} 35  98
G: {14  35  35  48  55  62  77} 98
H: {14  35  35  48  55  62  77  98}
```

图 9-1　直接插入排序示例

整的直接插入排序实例。图中大括号内为当前已排好序的记录子集合。

假设待排序记录保存在 r 中，需要设置一个监视哨 r[0]，使得 r[0] 始终保存待插入的记录，其目的是提高效率。此处设置监视哨有以下两个作用。

① 备份待插入的记录，以便前面关键字较大的记录后移。

② 防止越界，这一点与顺序查找法中监视哨的作用相同。

直接插入排序算法并不是任意使用的，它比较适用于待排序记录数目较少且基本有序的情形。当待排序记录数目较大时，直接使用插入排序会降低性能。针对上述情况，如果非要使用插入排序算法，可以对直接插入排序进行改进。具体改进方法是在直接插入排序算法的基础上，减少关键字比较和移动记录这两种操作的次数。

图 9-2 展示了一个直接插入排序实例的实现过程。

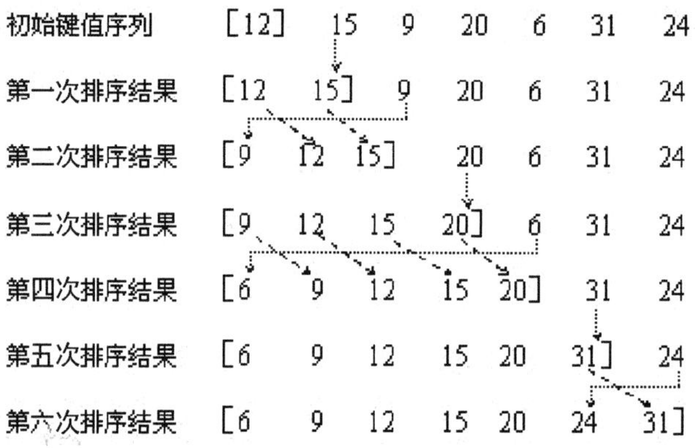

图 9-2　一个直接插入排序实例

9.2.3 算法演练——排序一个给定的列表

下面将通过一个具体实例的实现过程，详细讲解编写直接插入排序算法的具体方法。假设待排序的列表为 [49，38，65，97，76，13，27，49]，则比较的步骤和得到的新列表如下。

待排序列表：[49，38，65，97，76，13，27，49]。

第一次比较后：[***38***，49，65，97，76，13，27，49] 第二个元素（38）与之前的元素进行比较，发现 38 较小，进行交换。

第二次比较后：[38，49，65，97，76，13，27，49] 第三个元素（65）大于前一个元素（49），所以不进行交换操作，直接到下一个元素比较。

第三次比较后：[38，49，65，97，76，13，27，49] 和第二次比较类似。

第四次比较后：[38，49，65，***76***，97，13，27，49] 当前元素（76）比前一元素（97）小，（97）后移，（76）继续与（65）比较，发现当前元素比较大，执行插入。

第五次比较后：[***13***，38，49，65，76，97，27，49]。

第六次比较后：[13，***27***，38，49，65，76，97，49]。

第七次比较后：[13，27，38，49，***49***，65，76，97]。

注意：带有灰色颜色的列表段是已经排序好的，用加粗 + 斜体 + 下画线标注的是执行插入并且进行过交换的元素。

在下面的实例文件 zhicha.py 中，演示了使用直接插入排序算法排序上述数据的过程。

```
def InsertSort(myList):
    # 获取列表长度
    length = len(myList)

    for i in range(1, length):
        # 设置当前值前一个元素的标识
        j = i - 1

        # 如果当前值小于前一个元素，则将当前值作为一个临时变量存储，将前一个元素后移一位
        if (myList[i] < myList[j]):
            temp = myList[i]
            myList[i] = myList[j]

        # 继续往前寻找，如果有比临时变量大的数字，则后移一位，直到找到比临时变量小的元素或者达
                                                                          到列表第一个元素
            j = j - 1
            while j >= 0 and myList[j] > temp:
                myList[j + 1] = myList[j]
                j = j - 1

            # 将临时变量赋值给合适位置
            myList[j + 1] = temp


myList = [49, 38, 65, 97, 76, 13, 27, 49]
InsertSort(myList)
print(myList)
```

执行后会输出：

```
[13, 27, 38, 49, 49, 65, 76, 97]
```

9.2.4　算法演练——升序和降序排列一个列表中的元素

在下面的实例文件 zhicha01.py 中，分别使用直接插入排序算法编写了升序排列函数 Zhijie_Px() 和降序排列函数 Zhijie_Px2()。具体原理是：假定前 *i* 个元素构成的子序列是处于已排序的情况下，然后将第 *i* 个元素与前 *i* 个元素构成的子序列逆序进行比较。如果要升序排序，则比较第 *i* 个元素是否比第 *j*=*i*-1(*i*-1 需要不小于零) 个元素大，如果是则第 *i* 个元素的位置（即 *j*+1 的位置上）保持不动，反之则将 *j*=*i*-1 的元素放置到 *i* 的位置，再进行第 *i* 个元素与 *j*=*i*-2(*i*-2 需要不小于零) 的比较，依次进行，如果第 *i* 个元素刚好比 *j*=*i*-3 大，则将第 *i* 个元素插入到 *j*=*i*-2（即 *j*+1 的位置）上。文件 zhicha01.py 的具体实现代码如下所示：

```
# 升序排列
def Zhijie_Px(arr):

    for i in range(1,len(arr)):
        if arr[i]<arr[i-1]:
            temp=arr[i]
            j=i-1
            while arr[j]>temp and j>=0:
                arr[j+1]=arr[j]
                j -=1
            arr[j+1]=temp
    print(arr)

# 降序排列
def Zhijie_Px2(arr):
```

```
    for i in range(1,len(arr)):
        if arr[i]>arr[i-1]:
            temp=arr[i]
            j=i-1
            while arr[j]<temp and j>=0:
                arr[j+1]=arr[j]
                j -=1
            arr[j+1]=temp
    # arr=arr[::-1]
    print(arr)

Zhijie_Px([88,78,65,156,239,43])

Zhijie_Px2([88,78,65,156,239,43])
```

执行后会分别输出显示升序排列和降序排列后的结果：

```
[43, 65, 78, 88, 156, 239]
[239, 156, 88, 78, 65, 43]
```

9.2.5 算法演练——向一个列表中插入两个新值

请看下面的实例文件 cha02.py，功能是向一个列表中插入一个新值。函数 binaryInsert() 的功能是使用折半插入算法向列表中添加新元素，将变量 *m* 设置为中间点，然后使用 if 语句判断最大值和最小值的关系，根据对比结果实现插入操作。文件 cha02.py 的具体实现代码如下所示：

```
def binaryInsert(series,a):
    low = 0
    high = len(series) - 1
    m = (low + high)//2
    while low < high:
            if series[m] > a:
                    high = m - 1
            elif series[m] < a:
                    low = m + 1
            else:
                    high = m
            m = (low + high)//2
    series.insert(high+1,a)

l = sorted([2,4,7,3,9,1,5,6,9])
binaryInsert(l,5)
print(l)
```

执行后会输出：

```
[1, 2, 3, 4, 5, 5, 6, 7, 9, 9]
```

9.2.6 算法演练——同时使用直接插入排序算法和折半插入排序算法排序列表中的元素

请看下面的实例文件 zhe04.py，功能是同时使用直接插入排序算法和折半插入排序算法排列两个列表的过程。文件 zhe04.py 的具体实现代码如下所示：

```
c=[-1,49,38,65,97,76,13,27,49]            # 其中 [0]=-1 这一位置是暂存单元
d=[-1,49,38,65,97,76,13,27,49]

# 直接插入排序 ----------------------------------------------------------
def InsertSort(list):
```

```
    for i in range(2,len(list)):
        if list[i]<list[i-1]:                  # 小于的话，需要将 list[i] 插入有序子表
            list[0]=list[i]                    # 复制为哨兵
            list[i]=list[i-1]                  # 先将 list[i] 前面一个元素后移一位
            j=i-2                              # 从 list[i] 前面开始逐一判断
            while list[0]<list[j]:
                list[j+1]=list[j]
                j-=1
            list[j+1]=list[0]                  # 最后要是不比 [j] 小，就插在 [j+1] 处

# 折半插入排序 -----------------------------------------------------------
def BinaryInsertSort(list):
    for i in range(2,len(list)):
        list[0]=list[i]
        low=1
        high=i-1
        while low<=high:
            m=int((low+high)/2)                # 折半
            if list[0]<list[m]:                # 插入点在低半区
                high=m-1
            else:                              # 插入点在高半区
                low=m+1
        j=i-1                                  # 记录后移
        while j>=high+1:
            list[j+1]=list[j]
            j-=1
        list[high+1]=list[0]

InsertSort(c)
print(c[1:])

BinaryInsertSort(d)
print(d[1:])
```

执行后会输出：

```
[13, 27, 38, 49, 49, 65, 76, 97]
[13, 27, 38, 49, 49, 65, 76, 97]
```

通过上述代码的排序过程可知，折半插入排序是对插入排序算法的一种改进，由于在排序算法过程中，就是不断地依次将元素插入前面已经排好序的序列中。由于前半部分为已经排好序的数列，这样我们不用按顺序依次寻找插入点，可以采用折半查找的方法来加快寻找插入点的速度。具体操作为：在将一个新元素插入已排好序的数组的过程中，寻找插入点时，将待插入区域的首元素设置为 a[low]，末元素设置为 a[high]，则比较时将待插入元素与 a[m]（其中 m=(low+high)/2 相比较），如果比参考元素小，则选择 a[low] 到 a[m−1] 为新的插入区域（即 high=m−1），否则选择 a[m+1] 到 a[high] 为新的插入区域（即 low=m+1），如此直至 low<=high 不成立，即将此位置之后所有元素后移一位，并将新元素插入 a[high+1]。

9.2.7　算法演练——计算直接插入排序算法和折半插入排序算法的执行时间

请看下面的实例文件 zhe05.py，功能是分别使用直接插入排序算法和折半插入排序算法排列随机生成的数据，并分别输出两种算法所消耗的排序时间。其中函数 insertion_sort(l) 实现直接插入排序功能，函数 insertion_sort_bin(seq) 实现折半插入排序功能。文件 zhe04.py 的具体实现代码如下所示：

```
import datetime
import bisect
```

```
def insertion_sort(l):
    for i in range(1, len(l)):
        j = i - 1
        key = l[i]
        while (l[j] > key) and (j >= 0):
            l[j + 1] = l[j]
            j -= 1
        l[j + 1] = key


def insertion_sort_bin(seq):
    for i in range(1, len(seq)):
        bisect.insort(seq, seq.pop(i), 0, i)


a = []
for x in range(3000):
    a.append(x)

a.reverse()

start = datetime.datetime.now()
insertion_sort(a)
end = datetime.datetime.now()
print("直接插入排序 : %s" % (end - start))


a.reverse()

start2 = datetime.datetime.now()
insertion_sort_bin(a)
end2 = datetime.datetime.now()
print("折半插入排序 : %s" % (end2 - start2))
```

本实例的执行效果因电脑的不同而不同，例如在笔者电脑中执行后会输出：

```
直接插入排序 : 0:00:36.422806
折半插入排序 : 0:00:00.120925
```

由此可见，与直接插入排序法相比，折半插入排序算法所消耗的时间更少，所以对应的效率也更高一些。

注意：与直接插入排序法相比，虽然折半插入排序法改善了算法中比较次数的数量级大的问题。但是，仍然没有改变移动元素的时间耗费，所以折半插入排序的总的时间复杂度仍然是 $O(n^2)$。折半插入排序在记录移动次数上和直接插入排序相同，所以算法时间复杂度也相同，只是在寻找插入位置的时候可能会节约更多的时间。

9.3 希尔排序

希尔排序又被称为缩小增量排序法，这是一种基于插入思想的排序方法。在本节的内容中，将详细讲解希尔排序算法的基本知识和具体用法，为读者步入本书后面知识的学习打下基础。

（即扫即看）

9.3.1　希尔排序算法基础

希尔排序利用了直接插入排序的最佳性质，首先将待排序的关键字序列分成若干个较小的子序列，然后对子序列进行直接插入排序操作。经过上述粗略调整，整个序列中的记录已经基本有序，最后再对全部记录进行一次直接插入排序。在时间耗费上，与直接插入排序相比，希尔排序极大地改进了排序性能。

在进行直接插入排序时，如果待排序记录序列已经有序，直接插入排序的时间复杂度可以提高到 $O(n)$。因为希尔排序对直接插入排序进行了改进，所以会大大提高排序的效率。

注意：希尔排序时效分析很难，关键码的比较次数与记录移动次数依赖于增量因子序列 d 的选取，特定情况下可以准确估算出关键码的比较次数和记录的移动次数。目前还没有人给出选取最好的增量因子序列的方法。增量因子序列可以有各种取法，有取奇数的，也有取质数的，但是需要特别注意的是，增量因子中除 1 外没有公因子，且最后一个增量因子必须为 1。希尔排序方法是一个不稳定的排序方法。

希尔排序在具体实现时，首先选定两个记录间的距离 d_1，在整个待排序记录序列中将所有间隔为 d_1 的记录分成一组，然后在组内进行直接插入排序。接下来取两个记录间的距离 $d_2<d_1$，在整个待排序记录序列中，将所有间隔为 d_2 的记录分成一组，进行组内直接插入排序，一直到选定两个记录间的距离 $d_t=1$ 为止。此时只有一个子序列，即整个待排序记录序列。

如图 9-3 所示，给出了一个希尔排序的具体实现过程。

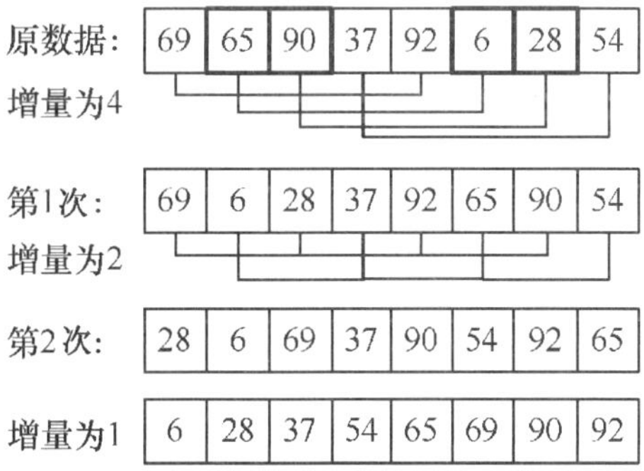

图 9-3　希尔排序过程

希尔排序的时间复杂度是所取增量序列的函数，目前存在争议。有的专家指出，当增量序列为 $d[k]=2(t-k+1)$ 时，希尔排序的时间复杂度为 $O(n^{1.5})$，其中 t 为排序趟数。

9.3.2　算法演练——由小到大排序列表 array 中的数字

在下面的实例文件 xier.py 中，演示了使用希尔排序算法的过程。其中函数 ShellInsetSort() 实现了直接插入排序功能，函数 ShellSort() 实现了希尔排序功能。具体排序过程在代码后面进行了详细讲解。

```
def ShellInsetSort(array, len_array, dk):  # 直接插入排序
    for i in range(dk, len_array):  # 从下标为 dk 的数进行插入排序
        position = i
        current_val = array[position]   # 要插入的数

        index = i
```

```
        j = int(index / dk)  # index与dk的商
        index = index - j * dk
           # while True:   # 找到第一个的下标，在增量为dk中，第一个的下标index必然
                                                                        0<=index<dk
        # position>index，要插入的数的下标必须得大于第一个下标
        while position > index and current_val < array[position-dk]:
            array[position] = array[position-dk]  # 往后移动
            position = position-dk
        else:
            array[position] = current_val


def ShellSort(array, len_array):              # 希尔排序
    dk = int(len_array/2)                     # 增量
    while(dk >= 1):
        ShellInsetSort(array, len_array, dk)
        print(“>>:”,array)
        dk = int(dk/2)

if __name__ == “__main__”:
    array = [49, 38, 65, 97, 76, 13, 27, 49, 55, 4]
    print(“>:”, array)
    ShellSort(array, len(array))
```

执行后会输出：

```
>: [49, 38, 65, 97, 76, 13, 27, 49, 55, 4]
>>: [13, 27, 49, 55, 4, 49, 38, 65, 97, 76]
>>: [4, 27, 13, 49, 38, 55, 49, 65, 97, 76]
>>: [4, 13, 27, 38, 49, 49, 55, 65, 76, 97]
```

其中第二次排序结果如图 9-4 所示。

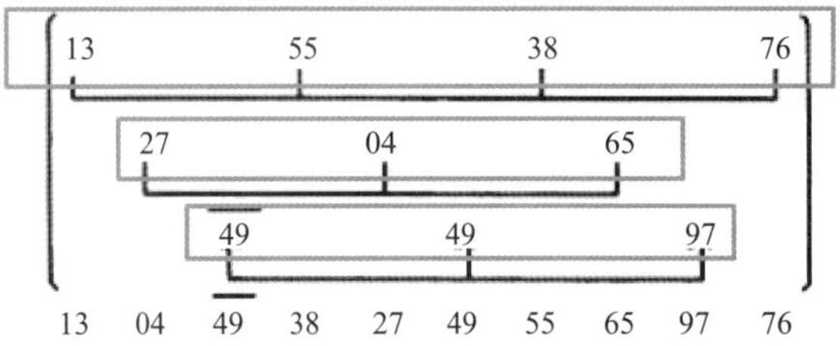

图 9-4　二次排序结果

接下来对图 9-4 三个框中的数进行插入排序，例如排列 13，55，38，76，先直接看 13，因为 13<55 成立，所以不用移动。接着看 38，因为 38<55，所以 55 后移，此时的数据变为 [13，55，38，76]，接着比较 38<55，由 38 替换 55，最后变成 [13，38，55，76]。其他两个框的排列过程类似。这里有一个问题，比如第二个框 [27，4，65]，4<27，那么 27 往后移，接着 4 就替换第一个，数据变成 [4，27，65]，但是计算机怎么知道 4 就是在第一个呢？先找出 [27，4，65] 第一个数的下标，在这个例子中 27 的下标为 1。当要插入的数的下标大于第一个下标 1 时，才可以往后移，前一个数不可以往后移有两种情况，一种是前面有数据，且小于要插入的数，只能插在它后面。另一种很重要，当要插入的数比前面所有的数都小时，那插入的数肯定是放在第一个，此时要插入的数的下标等于第一个数的下标。

为了找到第一个数的下标，大多数人的想法是用以下类似的循环：

```
while True:      # 找到第一个数的下标，在增量为dk中，第一个数的下标index必然0<=index<dk
    index = index - dk
```

```
        if 0<=index and index <dk:
            break
```

此时调试会发现用循环太浪费时间了，特别是当增量 d=1 时，直接插入排序为插入列表的最后一个数，得循环减 1，直到第一个数的下标为止。我们可以用以下代码来解决：

```
    j = int(index / dk)   # index与dk的商
    index = index - j * dk
```

注意：希尔排序和插入排序谁更快

说到谁更快，本来应该是希尔排序快一点，它是在插入排序的基础上处理的，减少了数据的移动次数，但是笔者编写过无数个程序测试后，发现插入排序总是比希尔更快一些，这是为什么呢？其实希尔排序实际上是对插入排序的一种优化，主要是为了减少数组移动的次数。希尔排序在数字比较少的情况下显得并不是十分优秀，但是对于大量数据来说，它要比插入排序效率高得多。后来编写大型程序进行测试后，发现希尔排序更快。由此建议读者，简单程序用插入排序，大型程序用希尔排序。

9.4　交换类排序：冒泡排序算法

看名字就知道，交换类排序是一种基于交换的排序法，能够通过交换逆序元素进行排序。在现实应用中，最常用的交换类排序算法有冒泡排序法和快速排序法。在本节的内容中将详细介绍使用冒泡排序算法。

（即扫即看）

9.4.1　冒泡排序（相邻比序法）算法基础

冒泡排序是一种简单的交换类排序方法，能够将相邻的数据元素进行交换，从而逐步将待排序序列变成有序序列。冒泡排序的基本思想是：从头扫描待排序记录序列，在扫描的过程中顺次比较相邻的两个元素的大小。下面以升序为例介绍排序过程。

（1）在第一次排序中，对 n 个记录进行如下操作：

① 对相邻的两个记录的关键字进行比较，如果逆序就交换位置；

② 在扫描的过程中不断向后移动相邻两个记录中关键字较大的记录；

③ 将待排序记录序列中的最大关键字记录交换到待排序记录序列的末尾，这也是最大关键字记录应在的位置。

（2）然后进行第二次冒泡排序，对前 $n-1$ 个记录进行同样的操作，其结果是使第二大的记录被放在第 $n-1$ 个记录的位置上。

（3）继续进行排序工作，在后面几次的升序处理也反复遵循上述过程，直到排好顺序为止。如果在某一次冒泡过程中没有发现一个逆序，就可以马上结束冒泡排序。整个冒泡过程最多可以进行 $n-1$ 次，图 9-5 演示了一个完整冒泡排序过程。

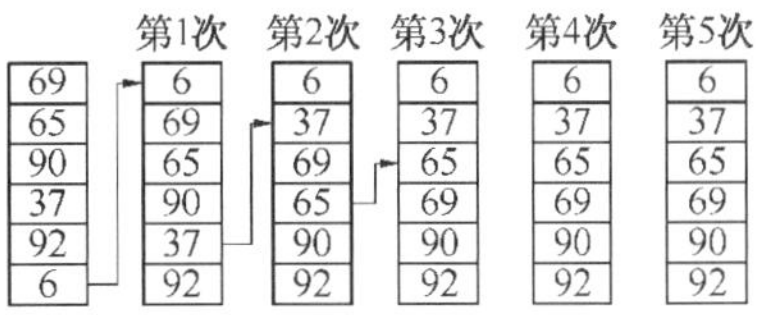

图 9-5　冒泡排序过程

注意：排序算法的稳定性

针对排序算法，有一个重要的衡量指标就是稳定性，这个概念是说，如果待排序的序列中存在值相等的元素，经过排序之后，相等元素之间原有的先后顺序不变。假如有序列 4，1，2，2，我们把第一个 2 叫 2'，第二个 2 叫 2"，如果排序之后，为 1，2'，2"，4。那么这个排序算法就是稳定的，否则就是不稳定的。稳不稳定有什么用吗？值都是一样的。当然有用，因为在软件开发过程中，要排序的数据不单单是一个属性的数据，而是有多个属性的对象，假如对订单排序，要求金额排序，订单金额相同的情况下，按时间排序。最先想到的方法就是先对金额排序，在金额相同的订单区间内按时间排序，理解起来不难，有没有想过，实现起来很复杂。

但是借助稳定的排序算法就很简单了，先按订单时间排一次序，再按金额排一次序就可以了。

9.4.2 算法演练——从大到小排序列表中的数字

在下面的实例文件 easy.py 中演示了实现从大到小的冒泡排序过程。通过 for 循环逐一比较两个相邻的数字，将大的数字放前面，将小的数字放后面。具体实现代码如下：

```
a_list = [1, 2, 3, 4, 5, 6]

for t in range(len(a_list)-1):

    for i in range(0, len(a_list)-1):
        tmp = a_list[i]
        if a_list[i] < a_list[i+1]:
            a_list[i] = a_list[i+1]
            a_list[i+1] =tmp

print(a_list)
```

执行后会输出：

```
[6, 5, 4, 3, 2, 1]
```

先看冒泡排序的原理：这里面有 n 个数字，要对其进行从大到小的排序的话，就要拿相邻的两个数进行比较，如果第一个数比第二个大就交换它们的位置：第二个就和第三个比较，一直这样下去，直到最小的就会在最后面，然后继续从第一和第二个进行比较，如此循环下去。在上述代码中，要排列的列表元素是 [1, 2, 3, 4, 5, 6]，使用冒泡排序算法的流程如下：

```
    第 1 轮: 1,2,3,4,5,6   2,1,3,4,5,6       2,3,1,4,5,6      2,3,4,1,5,6      2,3,4,5,1,6
2,3,4,5,6,1
    第 2 轮: 2,3,4,5,6,1    3,2,4,5,6,1     3,4,2,5,6,1     3,4,5,2,6,1     3,4,5,6,2,1
    第 3 轮: 3,4,5,6,2,1    4,3,5,6,2,1     4,5,3,6,2,1     4,5,6,3,2,1
    第 4 轮: 4,5,6,3,2,1    5,4,6,3,2,1     5,6,4,3,2,1
    第 5 轮: 5,6,4,3,2,1   6,5,4,3,2,1
```

由上面可以看到一共进行了五轮排序，后一轮都要比前一轮少一次比较，第一轮进行 $n-1$ 次比较。

注意：冒泡排序和直接插入升序排序的差别在于，冒泡是向后遍历，而直接插入升序排序是向前遍历。

9.4.3 算法演练——冒泡排序算法的优化

因为在现实中使用冒泡排序算法的概率比较大，所以接下来讲解冒泡排序算法的效率问题并试图优化它。首先看下面的实例文件 mao01.py，使用冒泡排序算法对列表中的数字实现升序排序。在这个方案中，即使在两个相邻的数字中，前面的数字小于后面的数字，也会执行一次冒泡排序操作，具体实现代码如下：

```
def bubble_sort(collection):
    “” ”
    无任何优化版
    “” ”
    compare_count = 0
    length = len(collection)
    for i in range(length - 1):
        print(collection)   # 方便查看数组的排序过程
        for j in range(length - 1 - i):
            compare_count += 1
            if collection[j] > collection[j + 1]:
                tmp = collection[j]
                collection[j] = collection[j + 1]
                collection[j + 1] = tmp
    print(f”经历的总循环次数是：{compare_count}")
    return collection

print(“排序开始------")
unsorted = [3,4,2,1,5,6,7,8]
print(“排序结束------: ",*bubble_sort(unsorted))
执行后会输出：
排序开始------
[3, 4, 2, 1, 5, 6, 7, 8]
[3, 2, 1, 4, 5, 6, 7, 8]
[2, 1, 3, 4, 5, 6, 7, 8]
[1, 2, 3, 4, 5, 6, 7, 8]
[1, 2, 3, 4, 5, 6, 7, 8]
[1, 2, 3, 4, 5, 6, 7, 8]
[1, 2, 3, 4, 5, 6, 7, 8]
经历的总循环次数是：28
排序结束------:  1 2 3 4 5 6 7 8
```

通过上述排序过程可以发现，在第 4 次冒泡时其实已经实现了所需的数据排列功能，此时可以考虑加入一个判断条件：如果本次循环没有冒泡（交换）则说明数据已经有序，可以直接退出。优化后的实例文件是 mao02.py，具体实现代码如下所示：

```
def bubble_sort2(collection):
    “” ”
    如果没有元素交换，说明数据在排序过程中已经有序，直接退出循环
    “” ”
    compare_count=0
    length = len(collection)
    for i in range(length-1):
        swapped = False
        print(collection)
        for j in range(length-1-i):
            compare_count+=1
            if collection[j] > collection[j+1]:
                swapped = True
                tmp = collection[j]
                collection[j] = collection[j+1]
                collection[j+1] = tmp
        if not swapped: break  # Stop iteration if the collection is sorted.
    print(f”经历的总循环次数是：{compare_count}")
```

```
    return collection
print("排序开始------")
unsorted = [3,4,2,1,5,6,7,8]
print("排序结束------: ",*bubble_sort2(unsorted))
```

此时执行后会输出：

```
排序开始------
[3, 4, 2, 1, 5, 6, 7, 8]
[3, 2, 1, 4, 5, 6, 7, 8]
[2, 1, 3, 4, 5, 6, 7, 8]
[1, 2, 3, 4, 5, 6, 7, 8]
经历的总循环次数是：22
排序结束------:  1 2 3 4 5 6 7 8
```

可以看到，此时的总循环次数还是比较多的，仅比未优化版少了 6 次循环次数，需要继续努力。观察执行结果可以发现，可以将此时的数据分为两部分：无序部分 3 4 2 1 和有序部分 5 6 7 8，每次循环如果能够发现无序和有序的边界，然后下次冒泡仅对无序部分进行比较和冒泡，这样即可极大减少比较次数（循环次数），从而加快速度。下面开始找出边界：

- 在第一次冒泡的过程中，第一个元素 4 被移动到下标为 3 的位置（Python 列表索引从 0 开始），位置 3 就是有序部分的开始位置；
- 在第二次冒泡的过程中，第一个元素 3 被移动到下标为 2 的位置（Python 列表索引从 0 开始），位置 2 就是有序部分的开始位置。

由此可以推断出，在一次冒泡的过程中，最后一个被交换的元素下标即为无序和有序的边界，因而下次冒泡仅对 0 ~ 边界的元素冒泡即可极大减少循环次数。根据上述思想编写实例文件 mao03.py，具体实现代码如下所示：

```
def bubble_sort2(collection):
    """
    如果没有元素交换，说明数据在排序过程中已经有序，直接退出循环
    """
    compare_count=0
    length = len(collection)
    for i in range(length-1):
        swapped = False
        print(collection)
        for j in range(length-1-i):
            compare_count+=1
            if collection[j] > collection[j+1]:
                swapped = True
                tmp = collection[j]
                collection[j] = collection[j+1]
                collection[j+1] = tmp
        if not swapped: break  # Stop iteration if the collection is sorted.
    print(f"经历的总循环次数是：{compare_count}")
    return collection
print("排序开始------")
unsorted = [3,4,2,1,5,6,7,8]
print("排序结束------: ",*bubble_sort2(unsorted))
```

此时执行后会输出：

```
排序开始------
[3, 4, 2, 1, 5, 6, 7, 8]
[3, 2, 1, 4, 5, 6, 7, 8]
[2, 1, 3, 4, 5, 6, 7, 8]
[1, 2, 3, 4, 5, 6, 7, 8]
经历的总循环次数是：10
排序结束------:  1 2 3 4 5 6 7 8
```

注意：冒泡排序算法的平均时间复杂度

严格来说，平均时间复杂度就是加权平均期望时间复杂度，分析的时候要结合概率论的知识，对于包含 n 个数据的数组，有 $n!$ 种排序方式，不同的排列方式，冒泡排序的执行时间肯定是不同的，如果要用概率论的方法定量分析平均时间复杂度，涉及的数据推理会很复杂，这里有一种思路，通过有序度和逆序度这两个概念来分析。有序度就是有顺序的元素的个数，比如 3，1，2 这三个数据的有序度为 1 即（1，2）一个，相反，逆序度为 2，即（3，2）（3，1）这两个，1，2，3 这三个数据的有序度为 3，即（1，2）（1，3）（2，3），逆序度为 0，完全有序的数据序列的有序度也叫满有序度。下面是一个公式：

逆序度 = 满有序度 - 有序度

排序的过程就是增加有序度，减少逆序度，最后达到满有序度，说明排序完成。逆序度也注重元素的交换次数。最坏的情况是，初始状态的有序度为 0，逆序度为 $n*(n-1)/2$，所以要进行 $n*(n-1)/2$ 次交换操作。最好的情况是，补充状态完全有序，逆序度为 0 不需要进行交换，这里平均交换次数可以取个平均值，即 $n*(n-1)/4$。

而比较次数肯定比交换次数要多，因此在平均情况下，无论算法怎么优化，时间复杂度不会低于 $n*(n-1)/4$，也就是 $O(n^2)$。

9.5　交换类排序：快速排序算法

快速排序（Quicksort）是对冒泡排序的一种改进，其基本思想是通过一次排序将要排序的数据分割成独立的两部分，其中一部分的所有数据都比另外一部分的所有数据都要小，然后再按此方法对这两部分数据分别进行快速排序，整个排序过程可以递归进行，以此达到整个数据变成有序序列。

（即扫即看）

9.5.1　快速排序算法基础

在冒泡排序中，在扫描过程中只比较相邻的两个元素，所以在互换两个相邻元素时只能消除一个逆序。其实也可以对两个不相邻的元素进行交换，这样做的好处是消除待排序记录中的多个逆序，这样会加快排序的速度。由此可见，快速排序方法就是通过一次交换消除多个逆序的过程。

快速排序的基本思想如下所示。

① 从待排序记录序列中选取一个记录，通常选取第一个记录，将其关键字设为 K_1。

② 将关键字小于 K_1 的记录移到前面，将关键字大于 K_1 的记录移到后面，结果会将待排序记录序列分成两个子表。

③ 将关键字为 K_l 的记录插到其分界线的位置。

通常将上述排序过程称作一次快速排序，通过一次划分之后，会以关键字 K_1 这个记录作为分界线，将待排序序列分成两个子表，前面子表中所有记录的关键字都不能大于 K_1，后面子表中所有记录的关键字都不能小于 K_1。可以对分割后的子表继续按上述原则进行分割，直到所有子表的表长不超过 1 为止，此时待排序记录序列就变成一个有序表。

快速排序算法基于分治策略，可以把待排序数据序列分为两个子序列，具体步骤如下所示。

① 从数列中挑出一个元素，将该元素称为“基准”。

② 扫描一遍数列，将所有比“基准”小的元素排在“基准”前面，所有比“基准”大的元素排在“基准”后面。

③ 使用递归将各子序列划分为更小的序列，直到把小于基准值元素的子数列和大于基准值元素的子数列排序。

上述排序过程如图 9-6 所示。

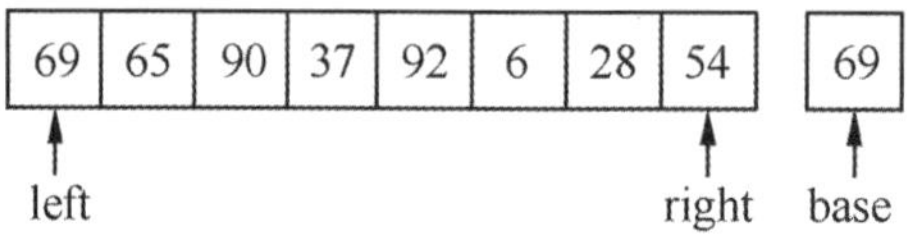

（a）排序前

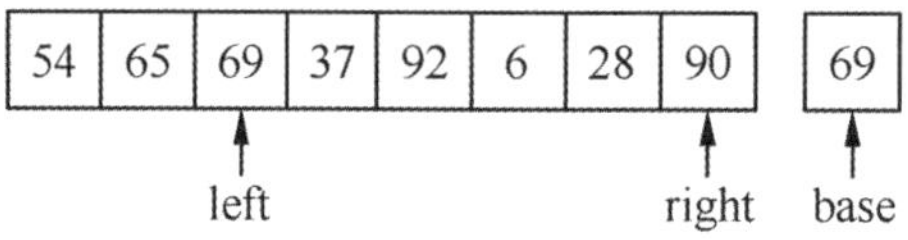

（b）排序后

图 9-6 排序过程

注意：快速排序的时间耗费是多少

快速排序的时间耗费和共需要使用递归调用深度的次数有关。具体来说，快速排序的时间耗费分为如下最好情况、最坏情况和一般情况。其中一般情况介于最好情况和最坏情况之间，没有讨论的必要，接下来将重点讲解最好和最坏这两种情况。

① 最好情况：每次将序列一分为二，正好在表中间，将表分成两个大小相等的子表。这类似于折半查找，此时 $T(n) \approx O(n\log n)$。

② 最坏情况：当待排序记录已经排序时，算法的执行时间最长。第一次经过 $n-1$ 次比较，将第一个记录定位在原来的位置上，并得到一个包含 $n-1$ 个记录的子文件；第二次经过 $n-2$ 次比较，将第二个记录定位在原来的位置上，并得到一个包含 $n-2$ 个记录的子文件。这样最坏情况的总比较次数为：

$$\sum_{i=1}^{n-1}(n-i)+(n-2)+\cdots+1=\frac{n(n-1)}{2}\approx\frac{n^2}{2}$$

快速排序所需时间的平均值是 $T_{\text{arg}}(n) \leqslant K_n\ln(n)$，这是当前内部排序方法中所能达到的最好的平均时间复杂度。如果初始记录按照关键字的有序或基本有序排成序列时，快速排序就变为冒泡排序，其时间复杂度为 $O(n^2)$。为了改进它，可以使用其他方法选取枢轴元素。如采用三者值取中的方法来选取，例如：{46，94，80} 取 80，即

$$k_r = \text{mid}\left(r[low]key, r\left[\frac{low+high}{2}\right]key, r\left[high\right]key\right)$$

或者取表中间位置的值作为枢轴的值，例如上例中取位置序号为 2 的记录 94 为枢轴元素。

9.5.2　算法演练——由小到大排列列表中的数字（sub_sort() 实现分组）

在下面的实例文件 k.py 中演示了实现基本的快速排序的过程。其中函数 sub_sort() 对列表进行了分组，前面的分组向前搜索排序，后面的分组向后搜索排序。函数 quick_sort() 调用函数 sub_sort () 实现了快速排序功能，实现代码如下：

```
def sub_sort(array,low,high):
    key = array[low]
    while low < high:
        while low < high and array[high] >= key:
            high -= 1
        while low < high and array[high] < key:
            array[low] = array[high]
            low += 1
            array[high] = array[low]
    array[low] = key
    return low


def quick_sort(array,low,high):
    if low < high:
        key_index = sub_sort(array,low,high)
        quick_sort(array,low,key_index)
        quick_sort(array,key_index+1,high)


if __name__ == '__main__':
    array = [8,10,9,6,4,16,5,13,26,18,2,45,34,23,1,7,3]
    print(array)
    quick_sort(array,0,len(array)-1)
    print(array
```

（1）首先从数列中取出一个数作为基准数。

（2）执行分区操作，将比这个数大的数全放到它的右边，其他数全放到它的左边。

（3）最后再对左右区间重复第（2）步，直到各区间只有一个数。

执行后会输出：

```
[8, 10, 9, 6, 4, 16, 5, 13, 26, 18, 2, 45, 34, 23, 1, 7, 3]
[1, 2, 3, 4, 5, 6, 7, 8, 9, 10, 13, 16, 18, 23, 26, 34, 45]
```

9.6　选择排序算法

在排序时可以有选择地进行，但是不能随便选择，只能选择关键字最小的数据。在选择排序法中，每一次从待排序的记录中选出关键字最小的记录，顺序放在已排好序的子文件的最后，直到排序完成全部记录为止。常用的选择排序方法有两种，分别是直接选择排序算法和树形选择排序算法。

（即扫即看）

9.6.1　直接选择排序算法基础

直接选择排序又被称为简单选择排序，第 i 次简单选择排序是指通过 $n-i$ 次关键字的比较，从 $n-i+1$ 个记录中选出关键字最小的记录，并与第 i 个记录进行交换。这样共需进行 $i-1$ 次比较，直到排序完成所有记录为止。例如当进行第 i 次选择时，从当前候选记录中选出关键字最小的 k 号记录，并与第 i 个记录进行交换。

对拥有 n 个记录的文件进行直接选择排序，其经过 $n-1$ 次直接选择排序可以得到一个有序的结果。具体排序流程如下所示。

① 在初始状态，无序区为 $R[1\cdots n]$，有序区为空。

② 实现第 1 次排序。在无序区 $R[1\cdots n]$ 中选出关键字最小的记录 $R[k]$，将它与无序区的第 1 个记录 $R[1]$ 交换，使 $R[1\cdots n]$ 和 $R[2\cdots n]$ 分别变为记录个数增加 1 个的新有序区和记录个数减少 1 个的新无序区。

③ 实现第 i 次排序。

在开始第 i 次排序时，当前有序区和无序区分别是 $R[1\cdots i-1]$ 和 $R[i\cdots n](1 \leqslant i \leqslant n-1)$。该次排序会从当前无序区中选出关键字最小的记录 $R[k]$，将它与无序区的第 1 个记录 $R[i]$ 进行交换，使 $R[1\cdots i]$ 和 $R[i+1\cdots n]$ 分别变为记录个数增加 1 个的新有序区和记录个数减少 1 个的新无序区。

这样，n 个记录文件经过 $n-1$ 次直接选择排序后会得到有序结果。

9.6.2 树形选择排序算法基础

在简单选择排序中，首先从 n 个记录中选择关键字最小的记录进行 $n-1$ 次比较，在 $n-1$ 个记录中选择关键字最小的记录进行 $n-2$ 次比较……每次都没有利用上次比较的结果，所以比较操作的时间复杂度为 $O(n^2)$。如果想减少比较的次数，需要保存比较过程中的大小关系。

树形选择排序也被称为锦标赛排序，其基本思想如下。

（1）两两比较待排序的 n 个记录的关键字，并取出较小者。

（2）在 $n/2$ 个较小者中，采用同样的方法比较选出每两个中的较小者。

如此反复上述过程，直至选出最小关键字记录为止。可以用一棵有 n 个结点的树来表示，选出的最小关键字记录就是这棵树的根结点。当输出最小关键字之后，为了选出第二小关键字，可以设置根结点（即最小关键字记录所对应的叶结点）的关键字值为 ∞，然后再进行上述过程，直到所有的记录全部输出为止。

例如如下数据：49，38，65，97，76，13，27，49。如果想从上述 8 个数据中选出最小数据，具体实现过程如图 9-7 所示。

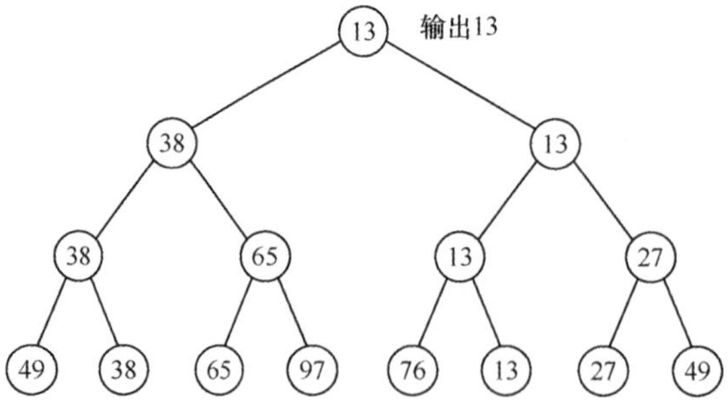

图 9-7　选出最小数据的过程

在树形选择排序中，被选中的关键字都是走了一条由叶结点到根结点的比较过程，因为含有 n 个叶结点的完全二叉树的深度为 $[\log n]+1$，所以在树形选择排序中，每当选择一个关键字都需要进行 $\log n$ 次比较，其时间复杂度为 $O(\log n)$。因为移动记录次数不超过比较次数，所以总的算法时间复杂度为 $O(n\log n)$。与简单选择排序相比，树形选择排序降低了比较次数的数量级，增加了 $n-1$ 个存放中间比较结果的额外存储空间，并同时附加了与 ∞ 进行比较的时间耗费。

9.6.3　算法演练——使用直接选择排序一个列表

直接选择排序的时间复杂度为 $O(n^2)$，需要进行的比较次数为第一轮 $n-1$，$n-2\cdots1$, 总的比较次数为 $n*(n-1)/2$。在下面的实例文件 qiu.py 中演示了实现直接选择排序操作的过程。首先使用 for 循环遍历列表中的元素，每一次遍历都选出其中最小的元素放在前面，一直到排序结束为止，具体实现代码如下：

```
def selectedSort(myList):
    #获取 list 的长度
    length = len(myList)
    #一共进行多少轮比较
    for i in range(0,length-1):
        #默认设置最小值的 index 为当前值
        smallest = i
        #用当先最小 index 的值分别与后面的值进行比较，以便获取最小 index
        for j in range(i+1,length):
            #如果找到比当前值小的 index，则进行两值交换
            if myList[j]<myList[smallest]:
                tmp = myList[j]
                myList[j] = myList[smallest]
                myList[smallest]=tmp
        #打印每一轮比较好的列表
        print(“Round “,i,”： “,myList)



myList = [1,4,5,0,6]
print(“Selected Sort: “)
selectedSort(myList)
```

执行后会输出：

```
Selected Sort:
Round  0 :  [0, 4, 5, 1, 6]
Round  1 :  [0, 1, 5, 4, 6]
Round  2 :  [0, 1, 4, 5, 6]
Round  3 :  [0, 1, 4, 5, 6]
```

9.6.4　算法演练——使用直接选择排序的两种方式由小到大排列列表中的元素

在下面的实例文件 xuan02.py 中，演示了使用直接选择排序算法排列一个列表的过程。其中函数 Selectionsort1() 以序号为依据进行排序，函数 Selectionsort2() 以数值为依据进行排序。具体排序算法思想也是使用 for 循环遍历列表，将每次找到的较小值放在前面，最后使用 print() 打印输出排序后的数字。文件 xuan02.py 的具体实现代码如下所示：

```
def Selectionsort1():
    A = [-9, -8, 640, 25, 12, 22, 33, 23, 45, 11, -2, -5, 99, 0]
    for i in range(len(A)):
        min = i
        for j in range(i + 1, len(A)):  # 上一个值右边的数组
            if A[min] > A[j]:  # 使 min 为最小值，遇到比 min 小的值就赋值于 min
                min = j
```

```
        A[i], A[min] = A[min], A[i]  # 交换最小值到左边

    print ( 'Selectionsort1 排序后的数组: ', A)

def Selectionsort2():
    A = [-9, -8, 640, 25, 12, 22, 33, 23, 45, 11, -2, -5, 99, 0]
    counter = 0  # 记录循环次数和位置
    array = []

    for i in A:
        counter += 1
        for j in A[counter:]:  # 缩小范围
            if i > j:  # 使 i 为最小值
                i = j

            A.remove(i)
            A.insert(counter - 1, i)
            # 把最小值置于列表左边，避免重复比较

        array.append(i)

    print( 'Selectionsort2 排序后的数组: ', array)

Selectionsort1()
Selectionsort2()
```

执行后会输出：

```
    Selectionsort1 排序后的数组:  [-9, -8, -5, -2, 0, 11, 12, 22, 23, 25, 33, 45, 99,
640]
    Selectionsort2 排序后的数组:  [-9, -8, -5, -2, 0, 11, 12, 22, 23, 25, 33, 45, 99,
640]
```

9.6.5 算法演练——对一个列表分别实现升序和降序排序

在下面的实例文件 xuan03.py 中演示了使用直接选择排序算法分别升序和降序排列一个列表的过程。首先通过参数 order 设置排序方式，然后使用 for 循环遍历列表，根据参数 order 的值将每次找到的较小值或较大值放在前面，最后使用 print() 打印输出排序后的数字。文件 xuan03.py 的具体实现代码如下所示：

```
# 待排序数组 arr，排序方式 order>0 升序，order<0 降序
def selectSort(arr,order):
    rborder = len(arr)
    for i in range(0,rborder):
        p = i
        j = i+1
        while(j<rborder):
                if((arr[p]>arr[j]) and (int(order)>0)) or ((arr[p]<arr[j]) and
(int(order)<0)):
                p = j
            j += 1
        arr[i], arr[p] = arr[p], arr[i]
        i += 1
    return arr

A = [64, 25, 12, 22, 11]
print(selectSort(A, -1))
print(selectSort(A, 1))
```

执行后会分别实现对列表 [64, 25, 12, 22, 11] 的降序和升序排列：

```
[64, 25, 22, 12, 11]
[11, 12, 22, 25, 64]
```

9.6.6　算法演练——比较选择排序算法和 Python 内置函数的效率

在下面的实例文件 pai.py 中演示了使用排序算法和使用 Python 内置函数两种方案的对比过程。在本实例中用到了 Python 内置的 sort() 方法，通过 "assert ssort.items == items" 代码行来验证我们的选择排序算法运行结果的正确性；并且添加了 timer 功能来比较我们的排序算法和 Python 自带的 sort 方法的运行时间；具体实现代码如下：

```
class SelectionSort(object):
    items=[]
    def __init__(self,items):
        self.items = items

    def sort(self):
        print("iten len: %d" % len(self.items))
        for i in range(len(self.items)-1,0,-1):
            maximum = i
            for j in range(0,i):
                if (self.items[i] < self.items[j]):
                    maximum = j
                self.items[i],self.items[maximum]=self.swap(self.items[i],self.
items[maximum])
    def swap(self,i,j):
        temp = j
        j = i
        i = temp
        return i,j

print("-"*10 + "sorting numbers" + "_"*10)
items = []
# generate random numbers and put in items
for i in range(0,10):
    items.append(random.randint(2,999))
print("original items: %r" % items)

ssort = SelectionSort(items)

# calculate execution time for our selection sort method
start = timer()
ssort.sort()
end = timer()
duration1 = end - start
# calculate execution time for python built-in sort method
start = timer()
items.sort()
end = timer()
duration2 = end - start

assert ssort.items == items
print("sorted items: %r" % ssort.items)
print("Duration: our selection sort method - %ds, python builtin sort - %ds" %
(duration1, duration2))
```

执行后会输出：

```
----------sorting numbers__________
original items: [290, 787, 286, 547, 557, 69, 412, 892, 811, 201]
```

```
iten len: 10
sorted items: [69, 201, 286, 290, 412, 547, 557, 787, 811, 892]
Duration: our selection sort method - 0s, python builtin sort - 0s
```

上述运行结果表明，排序的结果是一样的。但是当在运算很大数组的时候，比如数组 size 在 4000 左右，需要耗时 1s 多，而 Python 自带的算法超快，毫秒级。当数据到 10 000 时，我们的算法要运行 5s 多，但 Python 自带的 sort 方法仍然不到 1s。这说明选择排序算法简单，但是性能却不佳。

9.7 堆排序算法

堆排序（Heapsort）是指利用堆这种数据结构设计的一种排序算法。堆是一个近似完全二叉树的结构，并同时满足堆积的性质：即子结点的键值或索引总是小于(或者大于)它的父结点。在本节的内容中将详细讲解使用堆排序算法的知识。

（即扫即看）

9.7.1 堆排序算法基础

堆排序是指在排序过程中将向量中存储的数据看成一棵完全二叉树，利用完全二叉树中双亲结点和孩子结点之间的内在关系，以选择关键字最小的记录的过程。待排序记录仍采用向量数组方式存储，并非采用树的存储结构，而仅仅是采用完全二叉树的顺序结构的特征进行分析而已。堆排序是对树形选择排序的改进。当采用堆排序时，需要一个能够记录大小的辅助空间。

堆排序的基本思想是：初始时把要排序的数的序列看作是一棵顺序存储的二叉树，调整它们的存储顺序，使之成为一个堆，这时堆的根结点的数最大；然后将根结点与堆的最后一个结点交换。然后对前面 $(n-1)$ 个数重新调整使之成为堆。依此类推，直到只有两个结点的堆，并对它们作交换处理，最后得到有 n 个结点的有序序列。从算法描述来看，堆排序需要两个过程，一是建立堆，二是堆顶与堆的最后一个元素交换位置。所以堆排序由两个函数组成：一是建堆的渗透函数，二是反复调用渗透函数实现排序的函数。

堆排序的具体做法是：将待排序的记录的关键字存放在数组 $r[1\cdots n]$ 之中，将 r 用一棵完全二叉树的顺序来表示。每个结点表示一个记录，第一个记录 $r[1]$ 作为二叉树的根，后面的各个记录 $r[2\cdots n]$ 依次逐层从左到右顺序排列，任意结点 $r[i]$ 的左孩子是 $r[2i]$，右孩子是 $r[2i+1]$, 双亲是 $r[r/2]$。调整这棵完全二叉树，使各结点的关键字值满足下列条件：

```
r[i].key ≥ r[2i].key 并且 r[i].key ≥ r[2i+1].key(i=1,2, …[n/2])
```

将满足上述条件的完全二叉树称为堆，将此堆中根结点的最大关键字称为大根堆。反之，如果此完全二叉树中任意结点的关键字大于或等于其左孩子和右孩子的关键字（当有左孩子或右孩子时），则对应的堆为小根堆。

假如存在如下两个关键字序列都满足上述条件：

（10，15，56，25，30，70）

（70，56，30，25，15，10）

上述两个关键字序列都是堆，（10，15，56，25，30，70）对应的完全二叉树的小根堆如图 9-8（a）所示，（70，56，30，25，15，10）对应的完全二叉树的大根堆如图 9-8（b）所示。

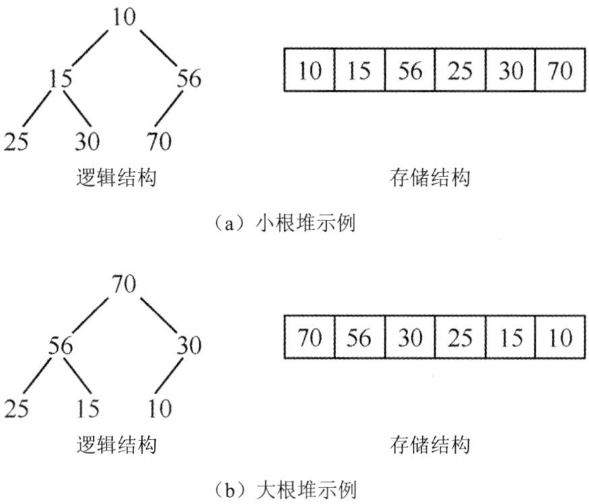

图 9-8　堆示例

堆排序的过程主要需要解决如下几个问题：

① 如何重建堆？

② 如何由一个任意序列建初堆？

③ 如何利用堆进行排序？

1. 重建堆

重建堆的过程非常简单，只需要如下两个移动步骤即可实现：

① 移出完全二叉树根结点中的记录，该记录称为待调整记录，此时的根结点接近于空结点；

② 从空结点的左子、右子中选出一个关键字较小的记录，如果该记录的关键字小于待调整记录的关键字，则将该记录上移至空结点中。此时，原来那个关键字较小的子结点相当于空结点。

重复上述移动步骤，直到空结点左子、右子的关键字均不小于待调整记录的关键字为止，此时将待调整记录放入空结点即可完成重建。通过上述调整方法，实际上是使待调整记录实现了逐步向下“筛选”处理，所以上述过程一般被称为“筛选”法。

2. 用任意序列建初堆

可以将一个任意序列看作是对应的完全二叉树，因为可以将叶结点视为单元素的堆，所以可以反复利用“筛选”法，自底向上逐层把所有子树调整为堆，直到将整个完全二叉树调整为堆。可以确定最后一个非叶结点位于 $[n/2]$ 个元素，n 为二叉树结点数目。所以“筛选”必须从第 $[n/2]$ 个元素开始，逐层向上倒退，直到根结点为止。

3. 堆排序

使用堆进行排序的具体步骤如下所示：

① 将待排序记录按照堆的定义建立一个初堆，并输出堆顶元素；

② 调整剩余的记录序列，使用筛选法将前 $n-i$ 个元素重新筛选，以便建成一个新堆，然后再输出堆顶元素；

③ 重复执行步骤②，实现 n-1 次筛选，这样新筛选成的堆会越来越小，而新堆后面的有

序关键字会越来越多，最后使待排序记录序列成为一个有序的序列，这个过程称为堆排序。

9.7.2 算法演练——对给定的 9 个数字实现堆排序

假设待排序数字为 30，20，80，40，50，10，60，70，90，在下面的实例文件 dui.py 中演示了实现完整堆排序的过程，如图 9-9 所示。

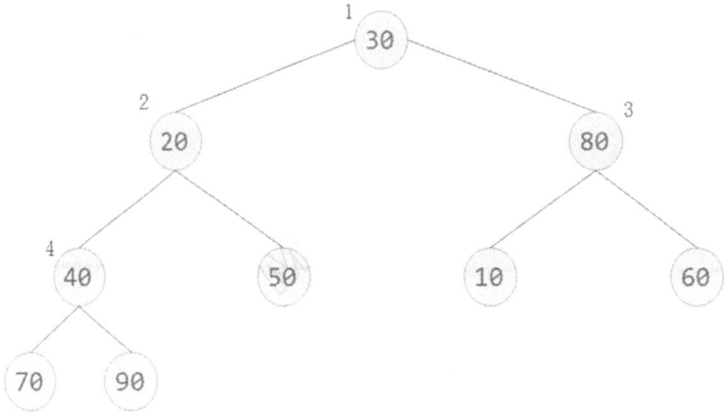

图 9-9 待排序的数字

实例文件 dui.py 的算法思路如下所示：

（1）构建完全二叉树：将原始数据放入完全二叉树中；

（2）构建大顶堆：分别选择起点和结点，选择下一个结点，并确定如何调整堆；

（3）排序：依次将堆顶的数据拿走，生成排序的树，最后用层序遍历处理所有的排序元素。

实例文件 dui.py 的具体实现流程如下所示：

（1）编写打印函数 print_tree() 构建完全二叉树并打印树，为了方便观察，生成一个打印列表为树结构的函数，方便观察树结点的变动。为了适应不同的完全二叉树，这个打印函数 print_tree() 还需要特殊处理一下：第一行取 1 个，第二行取 2 个，第三行取 3 个，以此类推。函数 print_tree() 的具体实现代码如下所示。

```
import math
def print_tree(array):
    index = 1
    depth = math.ceil(math.log2(len(array))) # 因为补0了，不然应该是math.ceil (math.
log2(len(array)+1))
    sep = ‘  ‘
    for i in range(depth):
        offset = 2 ** i
        print(sep * (2 ** (depth - i - 1) - 1), end=’ ’)
        line = array[index:index + offset]
        for j, x in enumerate(line):
            print(“{:>{}}”.format(x, len(sep)), end=’ ’)
            interval = 0 if i == 0 else 2 ** (depth - i) - 1
            if j < len(line) - 1:
                print(sep * interval, end=’ ’)
        index += offset
        print()
```

（3）准备要处理的列表是 [30，20，80，40，50，10，60，70，90]，为了和编码对应，增加一个无用的 0 在列表 origin 中的首位。编写函数 heap_adjust() 调整堆结点，具体调整流程如下所示：

1）度数为 2 的结点 A，如果它的左右孩子结点的最大值比它大，将这个最大值和该结点交换；

2）度数为 1 的结点 A，如果它的左孩子的值大于它，则交换；

3）如果结点 A 被交换到新的位置，还需要和其孩子结点重复上面的处理过程。

上述功能对应的实现代码如下所示：

```
origin = [0, 30, 20, 80, 40, 50, 10, 60, 70, 90]
total = len(origin) - 1  # 初始待排序元素个数，即 n
print(origin)
print_tree(origin)
print("=" *50)
def heap_adjust(n, i, array: list):
    '''
    调整当前结点（核心算法）
    调整的结点的起点在 n/2，保证所有调整的结点都有孩子结点
    :param n: 待比较数个数
    :param i: 当前结点的下标
    :param array: 待排序数据
    :return: None
    '''
    while 2 * i <= n:
        # 孩子结点判断 2i 为左孩子，2i+1 为右孩子
        lchile_index = 2 * i
        max_child_index = lchile_index  # n=2i
        if n > lchile_index and array[lchile_index + 1] > array[lchile_index]:
                                                            # n>2i 说明还有右孩子
            max_child_index = lchile_index + 1  # n=2i+1
        # 和子树的根结点比较
        if array[max_child_index] > array[i]:
            array[i], array[max_child_index] = array[max_child_index], array[i]
            i = max_child_index  # 被交换后，需要判断是否还需要调整
        else:
            break
    # print_tree(array)
```

（4）到目前为止也只是解决了单个结点的调整，下面要使用循环来依次解决比起始结点编号小的结点。编写函数 max_heap() 分别构建大顶堆、大根堆，具体流程如下：

1）起点的选择：从最下层最右边叶子结点的父结点开始。由于构造了一个前置的 0，所以编号和列表的索引正好重合。元素个数等于长度减 1；

2）下一个结点：按照二叉树性质，从起点开始找编号逐个递减的结点，直到找到编号 1 为止。

函数 max_heap() 的具体实现代码如下所示：

```
def max_heap(total,array:list):
    for i in range(total//2,0,-1):
        heap_adjust(total,i,array)
    return array
print_tree(max_heap(total,origin))
print("=" *50)
```

（5）编写函数 sort() 实现排序功能，具体流程如下所示：

1）每次都要让堆顶的元素和最后一个结点交换，然后排除最后一个元素形成一个新的被破坏的堆；

2）让它重新调整，调整后，堆顶一定是最大的元素；

3）最后剩余 2 个元素的时候，如果后一个结点比堆顶大就不用调整了。

函数 sort() 的具体实现代码如下所示：

```
def sort(total, array:list):
    while total > 1:
        array[1], array[total] = array[total], array[1] # 堆顶和最后一个结点交换
        total -= 1
        if total == 2 and array[total] >= array[total-1]:
            break
        heap_adjust(total,1,array)
    return array
```

（6）最后是测试代码，如下所示：

```
print_tree(sort(total,origin))
print(origin)
print(origin)
```

执行后会输出：

```
[0, 30, 20, 80, 40, 50, 10, 60, 70, 90]
              30
      20              80
  40      50      10      60
70  90
==================================================
              90
      70              80
  40      50      10      60
20  30
==================================================
              10
      20              30
  40      50      60      70
80  90
[0, 10, 20, 30, 40, 50, 60, 70, 80, 90]
[0, 10, 20, 30, 40, 50, 60, 70, 80, 90]
```

注意：堆排序与直接选择排序的区别是什么？

在直接选择排序中，为了从 R[1…*n*] 中选出关键字最小的记录，必须经过 *n*-1 次比较，然后在 R[2…*n*] 中选出关键字最小的记录，最后做 *n*−2 次比较。事实上，在后面的 *n*−2 次比较中，有许多比较可能在前面的 *n*-1 次比较中已经实现过。但是由于前一次排序时未保留这些比较结果，所以后一次排序时又重复执行这些比较操作。

堆排序可通过树形结构保存部分比较结果，可减少比较次数。

9.7.3 算法演练——实现最小堆并将小的结点作为父结点

按照堆排序步骤，在建堆之后需要进行堆调整工作，例如实现最小堆功能。实现最小堆的基本算法思想是：首先实现单个叉（某个结点及其子结点）的排序，将当前结点分别与其左右子结点进行比较即可。

在下面的实例文件 xiao.py 中，演示了实现最小堆并将小的结点作为父结点的过程。在具体实现时，使用 for 循环遍历每个叉，使用 if 语句比较里面的每个子结点的大小，将最小值存储起来。遍历完毕后继续遍历其他的叉，按照上述步骤继续遍历并比较，依次存储每一个最小堆值，最终会找到我们需要的最小的堆；具体实现代码如下：

```
def MinSort(arr, row, cloumn):
```

```
    if row < 1 or cloumn < 1:
        print( "the number of row and column must be greater than 1" )
        return
    if cloumn > 2 ** (row - 1):
        print( "this row just ", 2 ** (row - 1), "numbers" )
        return

    frontRowSum = 0
    CurrentRowSum = 0
    for index in range(0, row - 1):
        CurrentRowSum = 2 ** index                    # 当前行的位数
        frontRowSum = frontRowSum + CurrentRowSum     # the number of digits of all rows
    NodeIndex = frontRowSum + cloumn - 1              # 按行和列在数组中查找结点的位置

    if NodeIndex > len(arr) - 1:
        print( "out of this array" )
        return

    currentNode = arr[NodeIndex]

    childIndex = NodeIndex * 2 + 1

    print( "Current Node:" , currentNode)

    if row == 1:
        print( "no parent node!" )
    else:
        parentIndex = int((NodeIndex - 1) / 2)
        parentNode = arr[parentIndex]
        print( "Parent Node:" , parentNode)

    if childIndex + 1 > len(arr):
        print( "no left child node!" )
    else:
        leftChild = arr[childIndex]
        print( "Left Child Node:" , leftChild)

        if currentNode > leftChild:
            print( "swap currentNode and leftChild" )
            temp = currentNode
            currentNode = leftChild
            leftChild = temp
            arr[childIndex] = leftChild

    if childIndex + 1 >= len(arr):
        print( "no right child node!" )
    else:
        rightChild = arr[childIndex + 1]

        print( "Right Chile Node:" , rightChild)

        if currentNode > rightChild:
            print( "swap rightCild and leftChild" )
            temp = rightChild
            rightChild = currentNode
            currentNode = temp
            arr[childIndex + 1] = rightChild

    arr[NodeIndex] = currentNode


arr = [10, 9, 8, 7, 6, 5, 4, 3, 2, 1, 234, 562, 452, 23623, 565, 5, 26]
print( "initial array:" , arr)
```

```
    MinSort(arr, 1, 1)
    print("result array:", arr)
```

执行后会输出：

```
    initial array: [10, 9, 8, 7, 6, 5, 4, 3, 2, 1, 234, 562, 452, 23623, 565, 5,
26]
    Current Node: 10
    no parent node!
    Left Child Node: 9
    swap currentNode and leftChild
    Right Chile Node: 8
    swap rightCild and leftChild
    result array: [8, 10, 9, 7, 6, 5, 4, 3, 2, 1, 234, 562, 452, 23623, 565, 5, 26]
```

从运行结果可以看出，对于第一个结点，其子结点为 9 和 8，已经实现了将结点与最小的子结点进行交换的功能，并且保证父结点小于任何一个子结点。

9.8 归并排序算法

归并排序是一个典型的基于分治的递归算法。它不断地将原数组分成大小相等的两个子数组（可能相差 1），最终当划分的子数组大小为 1 时（下面代码第 17 行 left 小于 right 不成立时），将划分的有序子数组合并成一个更大的有序数组。在本节的内容中将详细讲解使用归并排序算法的知识。

（即扫即看）

9.8.1 归并排序算法基础

在使用归并排序法时，将两个或两个以上有序表合并成一个新的有序表。假设初始序列含有 k 个记录，首先将这 k 个记录看成 k 个有序的子序列，每个子序列的长度为 1，然后两两进行归并，得到 $k/2$ 个长度为 2（k 为奇数时，最后一个序列的长度为 1）的有序子序列。最后在此基础上再进行两两归并，如此重复下去，直到得到一个长度为 k 的有序序列为止。上述排序方法被称作二路归并排序算法。

归并排序就是利用归并过程，开始时先将 k 个数据看成 k 个长度为 1 的已排好序的表，将相邻的表成对合并，得到长度为 2 的（$k/2$）个有序表，每个表含有 2 个数据；进一步再将相邻表成对合并，得到长度为 4 的（$k/4$）个有序表……如此重复做下去，直到将所有数据均合并到一个长度为 k 的有序表为止，从而完成排序。图 9-10 显示了二路归并排序的过程。

初始值	[6]	[14]	[12]	[10]	[2]	[18]	[16]	[8]	
第一次归并	[6	14]	[10	12]		[2	18]	[8	16]
第二次归并	[6	10	12	14]		[2	8	16	18]
第三次归并	[2	6	8	10		12	14	16	18]

图 9-10　二路归并排序过程

在图 9-11 中，假设使用函数 Merge() 将两个有序表进行归并处理，将两个待归并的表分别保存在数组 A 和 B 中，将其中一个的数据安排在下标从 m 到 n 单元中，另一个安排在下标从（n+1）到 h 单元中，将归并后得到的有序表存入辅助数组 C 中。归并过程是依次比较这两个有序表中相应的数据，按照“取小”原则复制到 C 中。

A	2	6	8	10				
B	2	8	16	18				
C	2	6	8	10	12	14	16	18

图 9-11　两个有序表的归并

函数 Merge() 的功能只是归并两个有序表，在进行二路归并的每一次归并过程中，能够将多对相邻的表进行归并处理。接下来开始讨论一次归并，假设已经将数组 r 中的 n 个数据分成成对长度为 s 的有序表，要求将这些表两两归并，归并成一些长度为 $2s$ 的有序表，并把结果置入辅助数组 r_2 中。如果 n 不是 $2s$ 的整数倍，虽然前面进行归并的表长度均为 s，但是最后还是能剩下一对长度都是 s 的表。在这个时候需要考虑如下两种情况。

① 剩下一个长度为 s 的表和一个长度小于 s 的表，由于上述的归并函数 merge() 并不要求待归并的两个表必须长度相同，仍可将两者归并，只是归并后的表的长度小于其他表的长度 $2s$。

② 只剩下一个表，它的长度小于或等于 s，由于没有另一个表与它归并，只能将它直接复制到数组 r_2 中，准备参加下一次的归并。

注意：为什么是有序子数组？

在归并排序算法中，为什么将划分的有序子数组合并成一个更大的有序数组。先看排序的递归公式：

$$T(n) = 2T(n/2) + O(n)$$

从中可以看出：将规模为 n 的原问题分解成两个规模 $n/2$ 的两个子问题，并且合并这两个子问题的代价是 $O(n)$。注意，上面公式中的 $O(n)$ 表示合并的代价。

9.8.2　二路归并算法的思路

假设将两个有序的子文件（相当于输入堆）放在同一向量中的相邻位置上，位置是 $r[low \cdots m]$ 和 $r[m+1 \cdots high]$。可以先将它们合并到一个局部的暂存向量 r_1（相当于输出堆）中，当合并完成后将 r_1 复制回 $r[low \cdots high]$ 中。

（1）合并过程

① 预先设置 3 个指针 i、j 和 p，其初始值分别指向这 3 个记录区的起始位置。

② 在合并时依次比较 $r[i]$ 和 $r[j]$ 的关键字，将关键字较小的记录复制到 $r_1[p]$ 中，然后将被复制记录的指针 i 或 j 加 1，以及指向复制位置的指针 p 加 1。

③ 重复上述过程，直到两个输入的子文件中有一个已全部复制完毕为止，此时将另一个非空的子文件中剩余记录依次复制到 r_1 中。

（2）动态申请 r_1

在二路归并过程中，r_1 是动态申请的，因为申请的空间会很大，所以需要判断加入申请空间是否成功。二路归并排序法的操作目的非常简单，只是将待排序列中相邻的两个有序子序列合并成一个有序序列。在合并过程中，两个有序的子表被遍历了一遍，表中的每一项均被复制一次。因此，合并的代价与两个有序子表的长度之和成正比，该算法的时间复杂度为 $O(n)$。

9.8.3 实现归并排序

实现归并排序的方法有两种，分别是自底向上和自顶向下，具体说明如下所示。

1. 自底向上的方法

（1）自底向上的基本思想

自底向上的基本思想是当第 1 次归并排序时，将待排序的文件 $R[1\cdots n]$ 看作是 n 个长度为 1 的有序子文件，然后将这些子文件两两归并。

- 如果 n 为偶数，则得到 $n/2$ 个长度为 2 的有序子文件；
- 如果 n 为奇数，则最后一个子文件轮空（不参与归并）。

所以当完成本次归并后，前 $[\lg n]$ 个有序子文件长度为 2，最后一个子文件长度仍为 1。

第 2 次归并的功能是将第 1 次归并所得到的 $[\lg n]$ 个有序的子文件实现两两归并。如此反复操作，直到最后得到一个长度为 n 的有序文件为止。

上述每次归并操作都是将两个有序的子文件合并成一个有序的子文件，所以称其为“二路归并排序”。类似地还有 $k(k>2)$ 路归并排序。

（2）一次归并算法

在某次归并中，设各子文件长度为 length（最后一个子文件的长度可能小于 length），则归并前 $r[1\cdots n]$ 中共有 n 个有序的子文件：$r[1\cdots length]$，$r[length+1\cdots 2length]$，…，$r[([n/length]-1)*length+1\cdots n]$。

注意：调用归并操作将相邻的一对子文件进行归并时，必须对子文件的个数可能是奇数、偶数以及最后一个子文件的长度小于 length 这两种特殊情况进行处理。

- 如果子文件个数为奇数，则最后一个子文件无须和其他子文件归并（即本次轮空）；
- 如果子文件个数为偶数，则要注意最后一对子文件中后一个子文件区间的上界是 n。

2. 自顶向下的方法

用分治法进行自顶向下的算法设计，这种形式更为简洁。

（1）分治法的 3 个步骤

设归并排序的当前区间是 $r[low\cdots high]$，分治法的 3 个步骤如下所示：

① 分解：将当前区间一分为二，即求分裂点；

② 求解：对两个子区间 $r[low\cdots mid]$ 和 $r[mid+1\cdots high]$ 进行归并排序；

③ 组合：将已排序的两个子区间 $r[low\cdots mid]$ 和 $r[mid+1\cdots high]$ 归并为一个有序的区间 $r[low\cdots high]$。

递归的终结条件：子区间长度为 1。

（2）具体算法

例如，已知序列 {26，5，77，1，61，11，59，15，48，19}，写出采用归并排序算法排序的每一次的结果。

归并排序各次的结果如下所示：

[26] [5] [77] [1] [61] [11] [59] [15] [48] [19]

[5 26] [1 77] [11 61] [15 59] [19 48]
[1 5 26 77] [11 15 59 61] [19 48]
[1 5 11 15 26 59 61 77] [19 48]
[1 5 11 15 19 26 48 59 61 77]

9.8.4 算法演练——使用归并排序算法排列一个列表（元素由小到大）

归并排序使用了二分法，归根到底的思想还是分而治之。拿到一个长数组，将其不停地分为左右两份，然后以此递归下去，然后再将它们按照两个有序数组的样子合并起来。假设要排序的列表是 [4, 7, 8, 3, 5, 9]，则归并排序的流程如图 9-12 所示。

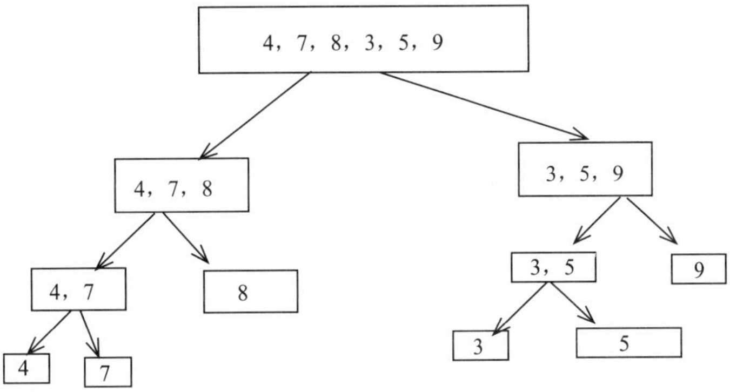

图 9-12　归并排序的流程

图 9-12 展示了归并排序的第 1 步，将数组按照 middle 进行递归拆分，最后分到最细之后，再将其使用对两个有序数组进行排序的方法进行排序。两个有序数组排序的方法非常简单，同时对两个数组的第一个位置进行大小比较，将小的放入一个空数组，然后被放入空数组的那个位置的指针往后移一个，然后继续和另外一个数组的上一个位置进行比较，以此类推。到最后任何一个数组先出栈完，就将另外一个数组里的所有元素追加到新数组后面。

根据上面的归并分析，可以看到对图 9-12 的一个行为：当最左边的分到最细之后无法再划分左右然后开始进行合并，下面是合并过程：

（1）第一次组合完成 [4, 7] 的合并；

（2）第二次组合完成 [4, 7, 8] 的合并；

（3）第三次组合完成 [3, 5] 的合并；

（4）第四次组合完成 [3, 5, 9] 的合并；

（5）第五次组合完成 [3, 4, 5, 7, 8, 9] 的合并，结束排序。

在下面的实例文件 guibing01.py 中演示了使用归并排序算法由小到大排列列表 [4, 7, 8, 3, 5, 9] 元素的过程。

```
def merge(a, b):
    c = []
    h = j = 0
    while j < len(a) and h < len(b):
        if a[j] < b[h]:
            c.append(a[j])
            j += 1
```

```
        else:
            c.append(b[h])
            h += 1

    if j == len(a):
        for i in b[h:]:
            c.append(i)
    else:
        for i in a[j:]:
            c.append(i)

    return c


def merge_sort(lists):
    if len(lists) <= 1:
        return lists
    middle = int(len(lists)/2)
    left = merge_sort(lists[:middle])
    right = merge_sort(lists[middle:])
    return merge(left, right)


if __name__ == '__main__':
    a = [4, 7, 8, 3, 5, 9]
    print(merge_sort(a))
```

执行后会输出：

```
[3, 4, 5, 7, 8, 9]
```

9.8.5 算法演练——使用归并排序处理指定列表

归并排序的最大优点是无论输入是什么样的，它对 *n* 个元素的序列排序所用时间与 *n*log*n* 成正比。在下面的实例文件 hao.py 中演示了使用归并排序处理指定列表的过程。其中函数 merge() 是一个归并函数，能够对一个序列递归地调用函数，直到底部得到一个长度为 2 的序列，此时再调用函数，则分别得到 2 个已排好序的单元素序列，这时递归过程终止，开始回代过程，调用合并函数 merge() 将两个已排序的序列合并成一个新的已排序的序列；具体实现代码如下：

```
def mergesort(seq):
    if len(seq)<=1:
        return seq
    mid=int(len(seq)/2)
    left=mergesort(seq[:mid])
    right=mergesort(seq[mid:])
    return merge(left,right)

def merge(left,right):
    result=[]
    i,j=0,0
    while i<len(left) and j<len(right):
        if left[i]<=right[j]:
            result.append(left[i])
            i+=1
        else:
            result.append(right[j])
            j+=1
    result+=left[i:]
    result+=right[j:]
```

```
    return result

if __name__==' __main__' :
    seq=[4,5,7,9,7,5,1,0,7,-2,3,-99,6]
    print(mergesort(seq))
```

执行后会输出：

```
[-99, -2, 0, 1, 3, 4, 5, 5, 6, 7, 7, 7, 9]
```

9.8.6　算法演练——使用二路归并排序处理一个列表

在下面的实例文件 erbing.py 中演示了使用二路归并排序处理一个列表数据的过程。首先通过函数 Merge() 对列表参数 array 进行分组，使用二分法将列表分解成两部分，把 array 左边的值放到 left_arr 里面，右边的值放到 right_arr 里面，然后通过 while 循环依次对分组内的元素进行排序处理。最后通过函数 MergeSort() 递归实现排序功能。实例文件 erbing.py 的具体实现代码如下所示：

```
def Merge(array, low, middle, high):
    n1 = middle - low + 1
    n2 = high - middle
    left_array = [None]*n1
    right_array = [None]*n2

    # 把array 左边的值，放到 left_arr 数组里面
    for i in range(0, n1):
        left_array[i] = array[i + low]

    # 把 array 右边的值，放到 right_arr 数组里面
    for j in range(0, n2):
        right_array[j] = array[j + middle + 1]

    i, j = 0, 0
    k = low
    while i != n1 and j != n2:
        if left_array[i] <= right_array[j]:
            array[k] = left_array[i]
            k += 1
            i += 1
        else:
            array[k] = right_array[j]
            k += 1
            j += 1

    while i < n1:
        array[k] = left_array[i]
        k += 1
        i += 1

    while j < n2:
        array[k] = right_array[j]
        k += 1
        j += 1


def MergeSort(array, p, q):
    if p < q:
        # 转成 int 类型
        mid = int((p + q) / 2)
        MergeSort(array, p, mid)
```

```
        MergeSort(array, mid + 1, q)
        Merge(array, p, mid, q)


if __name__ == "__main__":
    # mylist=[1,45,56,34,67,88,54,22]
    mylist = [1, 34, 6, 21, 98, 31, 7, 4, 56, 59, 27, 13, 36, 47, 67, 37, 25, 2]

    length = len(mylist)
    MergeSort(mylist, 0, length - 1);

    print(mylist)
```

在上述代码中，对方法 Merge(array，low，middle，high) 进行处理，对 array 进行 merge，就是把 array 组成一个新的 array。方法 Merge(array, low, middle, high) 把 array 的左半部分和右半部分分别取出一个值进行比较，谁小谁就被放在数组 arr[] 中。最后如果 left_array 有剩余，直接复制到数组 array[] 里面。执行后会输出：

```
[1, 2, 4, 6, 7, 13, 21, 25, 27, 31, 34, 36, 37, 47, 56, 59, 67, 98]
```

9.8.7 算法演练——借助临时数组由小到大排列列表中的元素

在下面的实例文件 gui02.py 中演示了使用归并排序算法由小到大排列列表 [12, 11, 13, 5, 6, 7] 的过程。在本实例中创建了临时数组 L 和 R，用于存放归并完成后的数据，在把临时数组复制到原数组之前，原数组中保存的是未经归并的数据。在本实例中会复制数据到临时数组 arrays L[] 和 R[] 中，然后通过归并将临时数组保存到 arr[l..*r*] 中；最后分别复制 L[] 和 R[] 中的保留元素。实例文件 gui02.py 的具体实现代码如下所示：

```
def merge(arr, l, m, r):
    n1 = m - l + 1
    n2 = r - m

    # 创建临时数组
    L = [0] * (n1)
    R = [0] * (n2)

    # 复制数据到临时数组 arrays L[] 和 R[]
    for i in range(0, n1):
        L[i] = arr[l + i]

    for j in range(0, n2):
        R[j] = arr[m + 1 + j]

        # 归并临时数组到 arr[l..r]
    i = 0   # 初始化第一个子数组的索引
    j = 0   # 初始化第二个子数组的索引
    k = l   # 初始归并子数组的索引

    while i < n1 and j < n2:
        if L[i] <= R[j]:
            arr[k] = L[i]
            i += 1
        else:
            arr[k] = R[j]
            j += 1
        k += 1

    # 复制 L[] 的保留元素
```

```
    while i < n1:
        arr[k] = L[i]
        i += 1
        k += 1

    # 复制 R[] 的保留元素
    while j < n2:
        arr[k] = R[j]
        j += 1
        k += 1


def mergeSort(arr, l, r):
    if l < r:
        m = int((l + (r - 1)) / 2)

        mergeSort(arr, l, m)
        mergeSort(arr, m + 1, r)
        merge(arr, l, m, r)


arr = [12, 11, 13, 5, 6, 7]
n = len(arr)
print("要排列的列表")
for i in range(n):
    print("%d" % arr[i]),

mergeSort(arr, 0, n - 1)
print("\n\n排序后的列表")
for i in range(n):
    print("%d" % arr[i]),
```

执行后会输出：

```
要排列的列表
12
11
13
5
6
7


排序后的列表
5
6
7
11
12
13
```

注意：归并排序的效率如何，应该如何选择。

归并排序中一次归并要多次用到二路归并算法，一次归并排序的操作是调用 **(*n*/2*h*)** 次 **merge** 算法，将 **r_1[1…*n*]** 中前后相邻且长度为 ***h*** 的有序段进行两两归并，得到前后相邻、长度为 **2*h*** 的有序段，并存放在 ***r*[1…*n*]** 中，其时间复杂度为 ***O*(*n*)**。整个归并排序需进行 ***m*(*m*=log*n*)** 次二路归并，所以归并排序总的时间复杂度为 ***O*(*nlogn*)**。在实现归并排序时，需要和待排记录等数量的辅助空间，空间复杂度为 ***O*(*n*)**。

与快速排序和堆排序相比，归并排序的最大特点是一种稳定的排序方法。在一般情况下，因为要求附加和待排记录等数量的辅助空间，所以很少利用二路归并排序进行内部排序。

根据二路归并排序思想，可实现多路归并排序法，归并的思想主要用于外部排序。可以将外部排序过程分为如下两步。

① 将待排序记录分批读入内存，用某种方法在内存排序，组成有序的子文件，再按某种策略存入外存。

② 子文件多路归并，成为较长有序子文件，再记入外存，如此反复，直到整个待排序文件有序。

外部排序可使用外存、磁带、磁盘等设备，内存所能提供排序区大小和最初排序策略决定了最初形成的有序子文件的长度。

9.9 基数排序算法

前面所述的各种排序方法使用的基本操作主要是比较与交换，而基数排序则利用分配和收集这两种基本操作，基数类排序就是典型的分配类排序。在介绍分配类排序之前，先介绍关于多关键字排序的问题。

（即扫即看）

9.9.1 多关键字排序

关于多关键字排序问题，可以通过一个例子来了解。例如：可以将一副扑克牌的排序过程看成是对花色和面值两个关键字进行排序的问题。若规定花色和面值的顺序如下：

- 花色：梅花 < 方块 < 红桃 < 黑桃；
- 面值：A<2<3<…<10<J<Q<K。

并进一步规定花色的优先级高于面值，则一副扑克牌从小到大的顺序为：梅花 A，梅花 2，……，梅花 K；方块 A，方块 2，……，方块 K；红桃 A，红桃 2，……，红桃 K；黑桃 A，黑桃 2，……，黑桃 K。进行排序时有两种做法：其中一种是先按花色分成有序的四类，然后再按面值对每一类从小到大排序，该方法称为“高位优先”排序法。另一种做法是分配与收集交替进行，即首先按面值从小到大把牌摆成 13 叠（每叠 4 张牌），然后将每叠牌按面值的次序收集到一起，再对这些牌按花色摆成 4 叠，每叠有 13 张牌，最后把这 4 叠牌按花色的次序收集到一起，于是就得到了上述有序序列。该方法称为“低位优先”排序法。

9.9.2 链式基数排序

基数排序属于上述“低位优先”排序法，通过反复进行分配与收集操作完成排序。假设记录 $r[i]$ 的关键字为 *keyi*，*keyi* 是由 d 位十进制数字构成的，即 $keyi=Ki^1\,Ki^2\cdots Ki^d$，则每一位可以视为一个子关键字，其中 Ki^1 是最高位，Ki^d 是最低位，每一位的值都在 $0\leqslant Ki^j\leqslant 9$ 的范围内，此时基数 rd=10。如果 *keyi* 是由 d 个英文字母构成的，即 $keyi=Ki^1\,Ki^2\cdots Ki^d$，其中 $a\leqslant Ki^j\leqslant z$，则基数 r_d=26。

排序时先按最低位的值对记录进行初步排序，在此基础上再按第二低位的值进行进一步排序。以此类推，由低位到高位，每一次都是在前一次的基础上，根据关键字的某一位对所有记录进行排序，直至最高位，这样就完成了基数排序的全过程。

例如，某关键字 K 是数值型，取值范围为 $0\leqslant K\leqslant 999$。则可把每一位数字看成是一个关键字，即可认为 K 是由 3 个关键字（K^1，K^2，K^3）组成，其中 K^1 是百位数，K^2 是十位数，K^3 是个位数。此时基数 rd 为 10。

例如，有关键字 K 是由五位大写字母组成的单词，则可把此关键字看成是由五个关键字（K^1，K^2，K^3，K^4，K^5）组成的。此时基数 r_d 为 26。

链式基数排序的实现步骤如下：

① 以静态链表存储 n 个待排记录；

② 按最低位关键字进行分配，把 n 个记录分配到 r_d 个链队列中，每个队列中记录关键字的最低位值相等，然后再改变所有非空队列的队尾指针，令其指向下一个非空队列的队头记录，重新将 r_d 个队列中的记录收集成一个链表；

③ 对第二低位关键字进行分配、收集，依次进行，直到对最高位关键字进行分配、收集，便可得到一个有序序列。

例如，对关键字序（278，109，063，930，589，184，505，269，008，083）进行基数排序，其过程如图 9-13 所示。

对于 n 个记录（每个记录含 d 个子关键字，每个子关键字的取值范围为 RADIX 个值）进行链式排序的时间复杂度为 $O(d(n+\text{RADIX}))$，其中每一次分配算法的时间复杂度为 $O(n)$，每一次收集算法的时间复杂度为 $O(\text{RADIX})$，整个排序进行 d 次分配和收集，所需辅助空间为 $2\times\text{RADIX}$ 个队列指针。当然，由于需要链表作为存储结构，则相对于其他以顺序结构存储记录的排序方法而言，还增加了 n 个指针域空间。

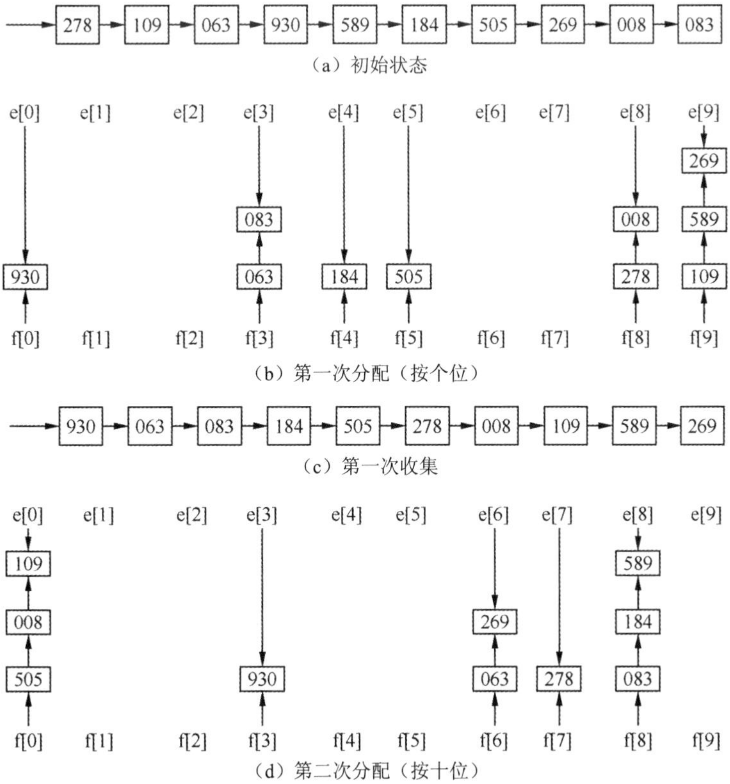

图 9-13　基数排序过程

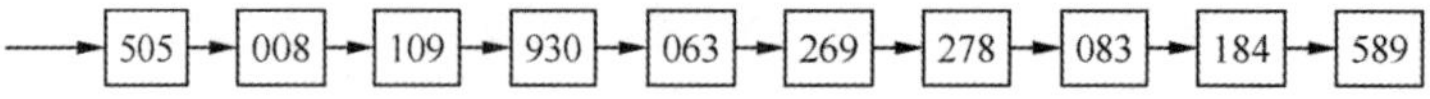

（e）第二次收集

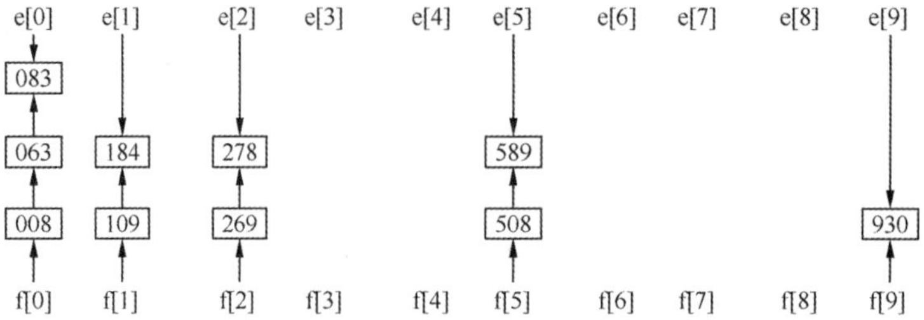

（f）第三次分配（按百位）

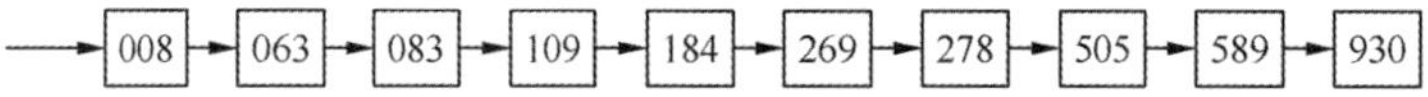

（g）第三次收集

图 9-13　基数排序过程（续）

9.9.3　算法演练——使用基数排序算法排序给定列表

基数排序的原理就是先排元素的最后一位，再排倒数第二位，直到所有位数都排完为止。这里并不能先排第一位，那样最后依然是无序。举个例子，假如要排列的是 [51，7，12，336，2，67，16，16，553]，则排序过程如图 9-14 所示。

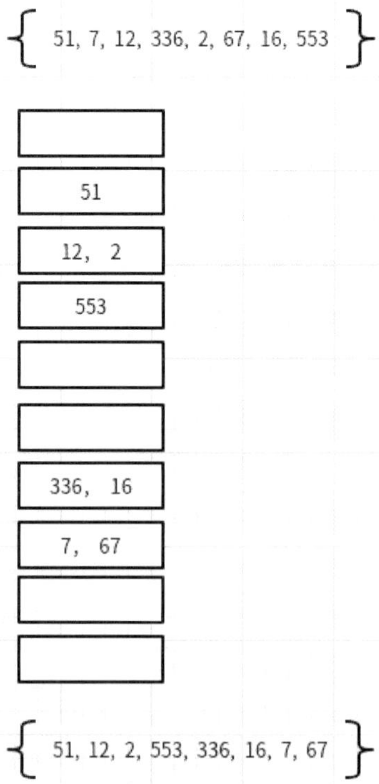

图 9-14　排序过程

在下面的实例文件 ji02.py 中演示了使用基数排序算法排序列表 [51，7，12，336，2，67，16，16，553] 的过程。

```
def radix_sort(s):
    “” ”基数排序 """
    i = 0                                    # 记录当前正在排哪一位，最低位为 1
    max_num = max(s)                         # 最大值
    j = len(str(max_num))                    # 记录最大值的位数
    while i < j:
        bucket_list =[[] for _ in range(10)]     # 初始化桶数组
        for x in s:
            bucket_list[int(x / (10**i)) % 10].append(x)      # 找到位置放入桶数组
        print(bucket_list)
        s.clear()
        for x in bucket_list:                # 放回原序列
            for y in x:
                s.append(y)
        i += 1

if __name__ == ‘__main__’ :
    a = [51,7,12,336,2,67,16,16,553]
    radix_sort(a)
    print(a)
```

执行后会输出：

```
[[], [51], [12, 2], [553], [], [], [336, 16, 16], [7, 67], [], []]
[[2, 7], [12, 16, 16], [], [336], [], [51, 553], [67], [], [], []]
[[2, 7, 12, 16, 16, 51, 67], [], [], [336], [], [553], [], [], [], []]
[2, 7, 12, 16, 16, 51, 67, 336, 553]
```

9.10　综合比较各种排序方法

从算法的平均时间复杂度、最坏时间复杂度以及算法的空间复杂度三个方面，对各种排序方法进行比较，如表 9-2 所示。其中简单排序包括除希尔排序以外的其他插入排序、冒泡排序和简单选择排序。

（即扫即看）

表 9-2　各种排序方法的性能比较

排序方法	平均时间复杂度	最坏时间复杂度	空间复杂度
简单排序	$O(n^2)$	$O(n^2)$	$O(1)$
快速排序	$O(nlogn)$	$O(n^2)$	$O(nlogn)$
堆排序	$O(nlogn)$	$O(nlogn)$	$O(1)$
归并排序	$O(nlogn)$	$O(nlogn)$	$O(n)$
基数排序	$O(d(n+r_d))$	$O(d(n+r_d))$	$O(n+r_d)$

综合分析并比较各种排序方法后，可得出如下结论。

（1）简单排序一般只用于 n 较小的情况。当序列中的记录“基本有序”时，直接插入排序是最佳的排序方法，常与快速排序、归并排序等其他排序方法结合使用。

（2）快速排序、堆排序和归并排序的平均时间复杂度均为 $O(n\log n)$，但实验结果表明，就平均时间性能而言，快速排序是所有排序方法中最好的。遗憾的是，快速排序在最坏情况下的时间性能为 $O(n^2)$。堆排序和归并排序的最坏时间复杂度仍为 $O(n\log n)$，当 n 较大时，归并排序的时间性能优于堆排序，但是它所需的辅助空间更多。

（3）基数排序的时间复杂度可以写成 $O(d \times n)$。因此，它最适用于 n 值很大而关键字的位数 d 较小的序列。

（4）从排序的稳定性上来看，基数排序是稳定的，除了简单选择排序，其他各种简单排序法也是稳定的。然而，快速排序、堆排序、希尔排序等时间性能较好的排序方法以及简单选择排序都是不稳定的。多数情况下，排序是按记录的主关键字进行的，此时不用考虑排序方法的稳定性。如果排序是按记录的次关键字进行的，则应充分考虑排序方法的稳定性。

综上所述，每一种排序方法都各有特点，没有哪一种方法是绝对最优的，应根据具体情况选择合适的排序方法，也可以将多种方法结合起来使用。

9.11 小结

到此为止，常用排序算法的基本知识和具体用法已经讲解完毕。本章介绍的各种排序算法各有千秋，每种算法都有自身的优点和局限性。虽然这些算法平常根本就不用自己去编写，但作为一个有追求的程序员，还是要了解它们从不同角度解决排序问题的思想。建议读者在学习过程中和日后的工作过程中，多写代码多体会，为自己的项目代码选择最合适的排序算法。

第 10 章

使用算法解决数据结构问题

数据结构是计算机存储和组织数据的方式。在本书开始介绍算法的基本概念时，我们提出了“程序 = 数据结构 + 算法”的这一说法。数据结构是为算法提供服务的，算法是围绕数据结构进行操作的；由此可见，数据结构与算法是密切相关的，为了巩固读者业已掌握的编程技巧，本章将介绍使用算法解决经典数据结构问题的例子。

10.1 约瑟夫环

约瑟夫环问题既是经典的数据结构问题，也是非常重要的算法问题。在本节的内容中，将详细讲解使用 Python 语言解决约瑟夫环问题的知识。

（即扫即看）

10.1.1 问题描述

几个人（以编号 1，2，3，…，n 分别表示）围坐在一张圆桌周围。从编号为 k 的人开始报数，数到 m 的那个人出列；他的下一个人又从 1 开始报数，数到 m 的那个人又出列；依此规律重复下去，直到圆桌周围的人全部出列。将每一次出列的人称为“出列者”，将最后一个出列的人称为“胜利者”。

10.1.2 算法分析：公式转换

n 个人（编号 0 ～ $(n-1)$），从 0 开始报数，报到（$m-1$）的退出，剩下的人继续从 1 开始报数。求胜利者的编号。

我们知道第一个人（编号一定是 $(m-1)\%n$）出列之后，剩下的 $n-1$ 个人组成了一个新的约瑟夫环（以编号为 $k=m\%n$ 的人开始）：k，$k+1$，$k+2$，…，$n-2$，$n-1$，0，1，2，…，$k-2$。并且从 k 开始报 0，现在把他们的编号进行如下转换：

```
k→0
k+1→1
k+2→2
...
k-3→n-3
k-2→n-2
```

变换后就完全成了（$n-1$）个人报数的子问题，假如知道这个子问题的解：例如 x 是最终的胜利者，那么根据上面这个表把 x 变回去不刚好就是 n 个人情况的解吗？变回去的公式很简单，相信大家都可以推出来，$x'=(x+k)\%n$。

要想知道（$n-1$）个人报数问题的解，只要知道（$n-2$）个人的解即可。如何知道（$n-2$）个人的解呢？当然是先求（$n-3$）的情况，这显然就是一个倒推问题。假设用 f 表示第 i 个人玩游戏报出 m 退出最后胜利者的编号（报数），最后的结果自然是 $f[n]$。递推公式如下所示：

$$f[1]=0;$$

$$f=(f[i-1]+m)\%i;\ (i>1)$$

有了上述公式之后，要做的就是从 1 到 n 顺序算出 f 的数值，最后结果是 $f[n]$。因为实际生活中编号总是从 1 开始，输出 $f[n]+1$ 由于是逐级递推，不需要保存每个 f，程序也是异常简单。例如有 10 个人编号 0 ～ 9，围坐一圈，报 3 的倍数的人退出，然后余下的人接着报至最后 1 人。其图解过程如图 10-1 所示。

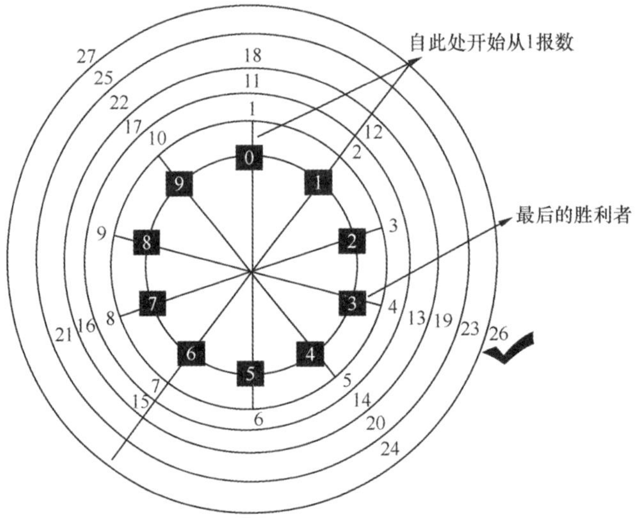

图 10-1　约瑟夫环图解过程

10.1.3　计算约瑟夫环的幸存者

编写实例文件 yue.py 解决约瑟夫环的问题，首先通过函数 createLink(*n*) 创建带头结点的链表，然后通过函数 showLink(root) 打印输出链表的内容，最后通过函数 josephus(*n*,*k*) 解决约瑟夫环问题，其中参数 *n* 表示一共有 *n* 个人，分别给与编号。一共要出列 *n* 个人，根据报数的人的下标循环输出各列人的编号，游戏循环执行的条件是只要没报到 *k* 个数即可。实例文件 yue.py 的具体实现代码如下所示：

```
class Node():
    def __init__(self,value,next=None):
        self.value=value
        self.next=next

def createLink(n):
    if n<=0:
        return False
    if n==1:
        return Node(1)
```

```
    else:
        root=Node(1)
        tmp=root
        for i in range(2,n+1):
            tmp.next=Node(i)
            tmp=tmp.next
        tmp.next=root
        return root

def showLink(root):
    tmp=root
    while True:
        print(tmp.value)
        tmp=tmp.next
        if tmp==None or tmp==root:
            break

def josephus(n,k):
    if k==1:
        print('幸存者:',n)
        return
    root=createLink(n)
    tmp=root
    while True:
        for i in range(k-2):
            tmp=tmp.next
        print('杀掉:',tmp.next.value)
        tmp.next=tmp.next.next
        tmp=tmp.next
        if tmp.next==tmp:
            break
    print('survive:',tmp.value)

if __name__=='__main__':
    josephus(10,4)
    print('-----------------')
    josephus(10,2)
    print('-----------------')
    josephus(10,1)
    print( '-----------------' )
```

执行后会输出：

```
杀掉: 4
杀掉: 8
杀掉: 2
杀掉: 7
杀掉: 3
杀掉: 10
杀掉: 9
杀掉: 1
杀掉: 6
survive: 5
-----------------
杀掉: 2
杀掉: 4
杀掉: 6
杀掉: 8
杀掉: 10
杀掉: 3
杀掉: 7
杀掉: 1
杀掉: 9
survive: 5
```

```
-----------------
幸存者 : 10
-----------------
```

10.2 操作顺序表

顺序表是在计算机内存中以数组的形式保存的线性表，线性表的顺序存储是指用一组地址连续的存储单元依次存储线性表中的各个元素，使得线性表中在逻辑结构上相邻的数据元素存储在相邻的物理存储单元中，即通过数据元素物理存储的相邻关系来反映数据元素之间逻辑上的相邻关系，采用顺序存储结构的线性表通常称为顺序表。顺序表是将表中的结点依次存放在计算机内存中一组地址连续的存储单元中。

（即扫即看）

10.2.1 算法分析：五种操作

对顺序表的操作万变不离其宗，不外乎修改、查找、统计、删除和销毁操作。在进行插入和删除的时候，要注意考虑删除或插入字符后面的内容，千万不能弄混，造成错误；如果是动态存储结构，在插入和删除时只要考虑前后指针的关系即可。

插入操作时分为头插、尾插和任意插入等几种情况。顺序表的头插就是将数据整体往后移动，然后把指定数插到数组的第一个位置；注意在移动的时候从数组的最后一个元素开始移动，如果从第一个元素移动会覆盖数组元素。在顺序表尾插时要设定数组长度，然后把该数放到数组的 size 位置。任意插入需要指定插入位置，然后将原来位置往后的元素整体后移一个位置。

10.2.2 实现顺序表的修改、查找、统计、删除和销毁操作

在下面的实例文件 shun02.py 中，演示了实现顺序表的修改、查找、统计、删除和销毁操作的方法。各个方法的具体说明如下所示：

- 定义顺序表类 SeqList，设置默认最多容纳 10 个元素；
- 通过方法 is_empty(self) 判定线性表是否为空；
- 通过方法 __setitem__() 修改线性表中某一位置的元素；
- 定义方法 getLoc()，根据值查找元素的位置；
- 通过方法 Count() 统计线性表中元素的个数；
- 通过方法 appendLast() 在表末尾插入新的元素；
- 通过方法 insert() 在顺序表的任意位置插入元素；
- 通过方法 remove() 删除顺序表中的某一位置。

实例文件 shun02.py 的具体实现代码如下所示：

```
class SeqList(object):
    def __init__(self,max=10):
        self.max = max
        #初始化顺序表数组
        self.num = 0
        self.date = [None] * self.max
```

```
    def is_empty(self):           # 判定线性表是否为空
        return self.num is 0

    def is_full(self):            # 判定线性表是否全满
        return self.num is self.max

    # 获取线性表中某一位置的元素
    def __getitem__(self, i):
        if not isinstance(i,int): # 如果 i 不为 int 型，则判定输入有误，即 Type 错误
            raise TypeError
        if 0<= i < self.num:      # 如果位置 i 满足条件，即在元素个数的范围内，则返回相对
应的元素值，否则，超出索引，返回 IndexError
            return self.date[i]
        else:
            raise IndexError

    def __setitem__(self, key, value):
        if not isinstance(key,int): # 如果 key 不为 int 型，则判定输入有误，即 Type 错误
            raise TypeError
  # 如果位置 key 满足条件，即在元素个数的范围内，则返回相对应的元素值，否则，超出索引，返回 IndexError
        if 0<= key <self.num:
            self.date[key] = value
        else:
            raise IndexError
    def getLoc(self,value):
        n = 0
        for j in range(self.num):
            if self.date[j] == value:
                return j
        if j == self.num:
            return -1      # 如果遍历顺序表还未找到 value 值相同的元素，则返回 -1 表示顺序表
                                                                        中没有 value 值的元素

    def Count(self):
        return self.num

    def appendLast(self,value):
        if self.num >= self.max:
            print('The list is full')
            return
        else:
            self.date[self.num] = value
            self.num += 1

    def insert(self,i,value):
        if not isinstance(i,int):
            raise TypeError
        if i < 0 and i > self.num:
            raise IndexError
        for j in range(self.num,i,-1):
            self.date[j] = self.date[j-1]
        self.date[i] = value
        self.num += 1


    def remove(self,i):
        if not isinstance(i,int):
            raise TypeError
        if i < 0 and i >=self.num:
            raise IndexError
        for j in range(i,self.num):
            self.date[j] = self.date[j+1]
        self.num -= 1
```

```
    # 输出操作
    def printList(self):
        for i in range(0,self.num):
            print(self.date[i])

    # 销毁操作
    def destroy(self):
        self.__init__()
```

执行后会输出：

```
[None, None, None, None, None, None, None, None]
True
[0, 1, 2, None, None, None, None, None]
3
8
[0, 6, 1, 2, None, None, None, None]
[0, 5, 1, 2, None, None, None, None]
4
返回值为 2（第一次出现）的索引： 3
====
[0, 1, 2, 2, None, None, None, None]
3
========
3
[2, 1, 0, 2, None, None, None, None]
False
[None, None, None, None, None, None, None, None]
0

Process finished with exit code 0
```

10.3 操作链表

链表是一种物理存储单元上非连续、非顺序的存储结构，数据元素的逻辑顺序是通过链表中的指针链按次序实现的。链表由一系列结点（链表中每一个元素称为结点）组成，结点可以在运行时动态生成。

（即扫即看）

10.3.1 算法分析：结点的构成

链表用一组地址任意的存储单元存放线性表中的数据元素。链表中结点的构成：元素（数据元素的映象）+ 指针（指示后继元素存储位置），元素就是存储数据的存储单元，指针就是连接每个结点的地址数据。它的每个结点包含两个域：一个信息域（元素域）和一个链接域。这个链接域指向链表中的下一个结点，而最后一个结点的链接域则指向一个空值。

在添加列表元素时先检测是不是链表类的实例，如果不是则新建一个结点。如果列表还是空的话，就把该结点当作头结点；如果不是空，就将当前结点指向下一个元素（也就是刚新添加的结点），最后把新结点添加到列表当中。

10.3.2 具体实现：实现链表的查找、添加和删除操作

在下面的实例文件 lian.py 中，演示了实现链表的查找、添加和删除操作的方法。各个功能函数的具体说明如下所示：

- init()：链表初始化；
- insert()：在链表中插入数据；
- trave()：遍历链表数据；
- delete()：删除链表中的某个数据；
- find()：查找链表中的某个数据。

实例文件 lian.py 的具体实现代码如下所示：

```
class LinkedList():
    def __init__(self, value=None):
        self.value = value
        # 前驱
        self.before = None
        # 后继
        self.behind = None

    def __str__(self):
        if self.value is not None:
            return str(self.value)
        else:
            return 'None'


def init():
    return LinkedList('HEAD')


def delete(linked_list):
    if isinstance(linked_list, LinkedList):
        if linked_list.behind is not None:
            delete(linked_list.behind)
            linked_list.behind = None
            linked_list.before = None
        linked_list.value = None


def insert(linked_list, index, node):
    node = LinkedList(node)
    if isinstance(linked_list, LinkedList):
        i = 0
        while linked_list.behind is not None:
            if i == index:
                break
            i += 1
            linked_list = linked_list.behind
        if linked_list.behind is not None:
            node.behind = linked_list.behind
            linked_list.behind.before = node
        node.before, linked_list.behind = linked_list, node


def remove(linked_list, index):
    if isinstance(linked_list, LinkedList):
        i = 0
        while linked_list.behind is not None:
            if i == index:
                break
            i += 1
            linked_list = linked_list.behind
        if linked_list.behind is not None:
            linked_list.behind.before = linked_list.before
```

```
        if linked_list.before is not None:
            linked_list.before.behind = linked_list.behind
        linked_list.behind = None
        linked_list.before = None
        linked_list.value = None


def trave(linked_list):
    if isinstance(linked_list, LinkedList):
        print(linked_list)
        if linked_list.behind is not None:
            trave(linked_list.behind)


def find(linked_list, index):
    if isinstance(linked_list, LinkedList):
        i = 0
        while linked_list.behind is not None:
            if i == index:
                return linked_list
            i += 1
            linked_list = linked_list.behind
        else:
            if i < index:
                raise Exception(404)
            return linked_list
```

10.4 带有尾结点引用的单链表

单链表是一种链式存取的数据结构，用一组地址任意的存储单元存放线性表中的数据元素。链表中的数据是以结点来表示的，每个结点的构成如下：元素（数据元素的映像）+ 指针（指示后继元素存储位置），元素就是存储数据的存储单元，指针就是连接每个结点的地址数据。

（即扫即看）

10.4.1 算法分析：把链表尾当作是队尾

因为队列的操作是在两端进行的，而且凡是在链表尾部进行的操作，其时间复杂度一定是 $O(n)$，所以在尾部添加一个尾指针，时时刻刻都指向链表的最后一个元素，其下一个元素为 None。此时添加元素的时间复杂度为 $O(1)$，但是出队的话还是要从前往后直到倒数第二个元素，所以时间复杂度还是 $O(n)$，但是我们可以把链表尾当做是队尾，链表头当做队首，此时入队与出队的操作的时间复杂度就都是 $O(1)$，所以带一个尾指针是十分必要的。

10.4.2 具体实现：引用单链表

在下面的实例文件 weidan.py 中演示了实现带有尾结点引用的单链表的过程。各个函数的具体说明如下所示：

- 定义方法 prepend() 在表头插入数据；
- 定义方法 append() 在表尾插入数据；
- 定义方法 pop() 在表头删除数据；
- 定义方法 pop_last() 在表尾删除数据。

实例文件 weidan.py 的主要实现代码如下所示：

```
import random
class LList1(LList):
    def __init__(self):
        LList.__init__(self)
        self._rear = None

    # 表头插入
    def prepend(self, elem):
        if self._head is None:
            self._head = LNode(elem)
            self._rear = self._head
        else:
            self._head = LNode(elem, self._head)

    # 表尾插入
    def append(self, elem):
        if self._head is None:
            self._head = LNode(elem)
            self._rear = self._head
        else:
            self._rear.next = LNode(elem)
            self._rear = self._rear.next

    # 表头删除
    def pop(self):
        if self._head is None:
            raise LinkedListUnderflow("in pop")
        e = self._head.elem
        self._head = self._head.next
        return e
        #self._rear 不变仍然指向最后一个元素

    # 表尾删除
    def pop_last(self):
        p = self._head
        if p is None:
            raise LinkedListUnderflow("in pop_last")
        if p.next is None:
            self._head = None
        while p.next.next:
            p = p.next
        e = p.next.elem
        p.next = None
        self._rear = p
        return e

if __name__=="__main__":
    mlist1 = LList1()
    mlist1.prepend(98)
    mlist1.printall()

    for i in range(10,20):
        mlist1.append(random.randint(1,20))

    mlist1.printall()

    for i in mlist1.filter(lambda y: y%2 == 0):
        print(i)
```

执行后会输出：

```
98
```

```
98, 4, 13, 15, 19, 1, 7, 8, 19, 13, 20
98
4
8
20
```

10.5 使用多叉树寻找最短路径

最短路径用于计算一个结点到其他所有结点的最短路径。主要特点是以起始点为中心向外层层扩展，直到扩展到终点为止。Dijkstra 算法能得出最短路径的最优解，但由于它遍历计算的结点很多，所以效率很低。

（即扫即看）

10.5.1 算法分析：深度优先查找

我们可以考虑使用深度优先查找算法找到从根结点到目标结点的路径，将当前结点值添加到路径列表；如果找到目标则返回路径列表，如果没有，子列表则返回 no；然后对子列表里的每个结点进行递归并深拷贝当前路径列表。如果返回 no 则说明没找到，就利用临时路径继续找下一个子结点。最后传入两个结点的值获取最短路径，并返回最短路径的结果。

10.5.2 具体实现：找出一条最短路径

在下面的实例文件 duan.py 中，演示了使用多叉树寻找最短路径的过程。首先设置两个目标值 start 和 end，然后找到从根结点到目标结点的路径；接着从所在路径寻找最近的公共祖先结点，最后对最近公共祖先根结点进行路径拼接，具体实现代码如下：

```
# 结点数据结构
class Node(object):
    # 初始化一个结点
    def __init__(self,value = None):
        self.value = value                  # 结点值
        self.child_list = []                # 子结点列表
    # 添加一个孩子结点
    def add_child(self,node):
        self.child_list.append(node)

# 初始化一棵测试二叉树
def init():
    '''
    初始化一棵测试二叉树：
            A
        B   C   D
      EFG       HIJ
    '''
    root = Node('A')
    B = Node('B')
    root.add_child(B)
    root.add_child(Node('C'))
    D = Node('D')
    root.add_child(D)
    B.add_child(Node('E'))
    B.add_child(Node('F'))
    B.add_child(Node('G'))
    D.add_child(Node('H'))
    D.add_child(Node('I'))
```

```
    D.add_child(Node('J'))
    return root


# 深度优先查找 返回从根结点到目标结点的路径
def deep_first_search(cur,val,path=[]):
    path.append(cur.value)          # 当前结点值添加路径列表
    if cur.value == val:            # 如果找到目标返回路径列表
        return path

    if cur.child_list == []:        # 如果没有孩子列表就返回 no 回溯标记
        return 'no'

    for node in cur.child_list:  # 对孩子列表里的每个孩子进行递归
        t_path = copy.deepcopy(path)      # 复制当前路径列表
        res = deep_first_search(node,val,t_path)
        if res == 'no': # 如果返回 no，说明没找到，利用临时路径继续寻找下一个子结点
            continue
        else :
            return res                      # 如果返回的不是 no 说明找到了路径

    return 'no'                             # 如果所有孩子都没找到则回溯

# 获取最短路径传入两个结点值，返回结果
def get_shortest_path( start,end ):
    # 分别获取从根结点到 start 和 end 的路径列表，如果没有目标结点就返回 no
    path1 = deep_first_search(root, start, [])
    path2 = deep_first_search(root, end, [])
    if path1 == 'no' or path2 == 'no':
        return '无穷大','无结点'
    # 对两个路径从尾巴开始向头找到最近的公共根结点，合并根结点
    len1,len2 = len(path1),len(path2)
    for i in range(len1-1,-1,-1):
        if path1[i] in path2:
            index = path2.index(path1[i])
            path2 = path2[index:]
            path1 = path1[-1:i:-1]
            break
    res = path1+path2
    length = len(res)
    path = '->'.join(res)
    return '%s:%s'%(length,path)

# 主函数、程序入口
if __name__ == '__main__':
    root = init()
    res = get_shortest_path('F','I')
    print(res)
```

执行后会输出：

```
5:F->B->A->D->I
```

10.6　树操作

树（tree）是一种抽象数据类型（ADT）或是视作这种抽象数据类型的数据结构，用来模拟具有树状结构性质的数据集合。它是由 $n(n>=1)$ 个有限结点组成一个具有层次关系的集合。把它叫作“树”是因为它看起来像一棵倒挂的树，也就是说它是根朝上叶朝下的。树是一种比较典型的数据结构，包含各种各样

（即扫即看）

的树结构。在本节的内容中，将讲解使用 Python 实现 AVL 树的知识。

10.6.1 实现 AVL 树

AVL 树是一种自平衡二叉查找树。如果一个二叉树，其左右两子树的高度最多相差 1，则称该二叉树是平衡的（balanced）。对于 AVL 树中的每一个结点，都有一个平衡因子（balance factor），以表示该结点的左右两分支的高度差，平衡因子有如下三种状态：

- -1：表示左子树高于右子树；
- 0：表示左右两子树高度相等；
- 1：表示右子树高于左子树。

在下面的实例文件 avl.py 中演示了实现基本 AVL 树操作的过程。

（1）因为 AVL 树本质上是一颗二叉查找树，但是它又具有以下特点：它是一棵空树或它的左右两棵子树的高度差的绝对值不超过 1，并且左右两棵子树都是平衡二叉树。下面是 AVL 树的实现，遍历与查找操作与二叉查找树相同。在进行遍历操作时可以使用前序遍历、中序遍历和后续遍历，具体情况需要具体对待，具体实现代码如下：

```
class Node(object):
    def __init__(self,key):
        self.key=key
        self.left=None
        self.right=None
        self.height=0
class AVLTree(object):
    def __init__(self):
        self.root=None
    def find(self,key):
        if self.root is None:
            return None
        else:
            return self._find(key,self.root)
    def _find(self,key,node):
        if node is None:
            return None
        elif key<node.key:
            return self._find(key,self.left)
        elif key>node.key:
```

```
            return self._find(key,self.right)
        else:
            return node
    def findMin(self):
        if self.root is None:
            return None
        else:
            return self._findMin(self.root)
    def _findMin(self,node):
        if node.left:
            return self._findMin(node.left)
        else:
            return node
    def findMax(self):
        if self.root is None:
            return None
        else:
            return self._findMax(self.root)
    def _findMax(self,node):
        if node.right:
            return self._findMax(node.right)
        else:
            return node
    def height(self,node):
        if node is None:
            return -1
        else:
            return node.height
```

（2）实现 AVL 树的插入操作

插入一个结点可能会破坏 AVL 树的平衡，可以通过旋转操作来进行修正。插入一个结点后，只有从插入结点到根结点的路径上的结点的平衡可能被改变。我们需要找出第一个破坏了平衡条件的结点，称为 K。K 的两棵子树的高度差为 2。有如下 4 种不平衡的情况。

① 对 K 的左儿子的左子树进行一次插入，对应代码如下所示：

```
def singleLeftRotate(self,node):

    k1=node.left

    node.left=k1.right

    k1.right=node

    node.height=max(self.height(node.right),self.height(node.left))+1

    k1.height=max(self.height(k1.left),node.height)+1

    return k1
```

② 对 K 的左儿子的右子树进行一次插入，对应代码如下所示：

```
def doubleLeftRotate(self,node):
    node.left=self.singleRightRotate(node.left)
    return self.singleLeftRotate(node)
```

③ 对 K 的右儿子的左子树进行一次插入，对应代码如下所示：

```
def doubleRightRotate(self,node):

    node.right=self.singleLeftRotate(node.right)

    return self.singleRightRotate(node)
```

④ 对 K 的右儿子的右子树进行一次插入，对应代码如下所示：

```
def singleRightRotate(self,node):
    k1=node.right
    node.right=k1.left
    k1.left=node
    node.height=max(self.height(node.right),self.height(node.left))+1
    k1.height=max(self.height(k1.right),node.height)+1
    return k1
```

（3）实现 AVL 树的删除操作，对应代码如下所示：

```
def delete(self,key):

    self.root=self.remove(key,self.root)

def remove(self,key,node):

    if node is None:

        raise KeyError,'Error,key not in tree'

    elif key<node.key:

        node.left=self.remove(key,node.left)

        if (self.height(node.right)-self.height(node.left))==2:

            if self.height(node.right.right)>=self.height(node.right.left):

                node=self.singleRightRotate(node)

            else:

                node=self.doubleRightRotate(node)
```

```
        node.height=max(self.height(node.left),self.height(node.right))+1


    elif key>node.key:
        node.right=self.remove(key,node.right)
        if (self.height(node.left)-self.height(node.right))==2:
            if self.height(node.left.left)>=self.height(node.left.right):
                node=self.singleLeftRotate(node)
            else:
                node=self.doubleLeftRotate(node)
        node.height=max(self.height(node.left),self.height(node.right))+1

    elif node.left and node.right:
        if node.left.height<=node.right.height:
            minNode=self._findMin(node.right)
            node.key=minNode.key
            node.right=self.remove(node.key,node.right)
        else:
            maxNode=self._findMax(node.left)
            node.key=maxNode.key
            node.left=self.remove(node.key,node.left)
        node.height=max(self.height(node.left),self.height(node.right))+1
    else:
        if node.right:
            node=node.right
        else:
            node=node.left
    return node
```

在上述代码中，使用 elif 语句进行判断来执行不同的操作，具体说明如下所示：

- 当前结点为要删除的结点且是树叶（无子树），直接删除，当前结点（为 None）的平衡不受影响；
- 当前结点为要删除的结点且只有一个左子树或右子树，用左子树或右子树代替当前结点，当前结点的平衡不受影响；

- 当前结点为要删除的结点且有左子树和右子树：如果右子树高度较高，则从右子树选取最小结点，将其值赋予当前结点，然后删除右子树的最小结点。如果左子树高度较高，则从左子树选取最大结点，将其值赋予当前结点，然后删除左子树的最大结点。这样操作当前结点的平衡就不会被破坏；
- 当前结点不是要删除的结点，则对其左子树或者右子树进行递归操作。当前结点的平衡条件可能会被破坏，需要进行平衡操作。

10.6.2 使用二维数组生成有向图

在现实应用中，存储图的方式通常有两种：一种是用邻接矩阵表示，另一种是用邻接链表。所谓用邻接矩阵，是用一个二维数组存储，边使用矩阵来构建模型，这使得每一个顶点和其他顶点之间都有边的有和无的表示机会。若有边，则它们的交点为 1 ，否则为 0。当然，如果是一幅边有权值的图，交点存储的是它们边的权值。在下面的实例文件 create_directed_matrix.py 中演示了使用二维数组生成有向图的过程。

```
def create_directed_matrix(my_graph):
    nodes = ['a', 'b', 'c', 'd', 'e', 'f', 'g', 'h']
    inf = float('inf')
    matrix = [[0, 2, 1, 3, 9, 4, inf, inf],  # a
              [inf, 0, 4, inf, 3, inf, inf, inf],        # b
              [inf, inf, 0, 8, inf, inf, inf, inf],      # c
              [inf, inf, inf, 0, 7, inf, inf, inf],      # d
              [inf, inf, inf, inf, 0, 5, inf, inf],      # e
              [inf, inf, 2, inf, inf, 0, 2, 2],          # f
              [inf, inf, inf, inf, inf, 1, 0, 6],        # g
              [inf, inf, inf, inf, inf, 9, 8, 0]]        # h

    my_graph = Graph_Matrix(nodes, matrix)
    print(my_graph)
    return my_graph


def draw_directed_graph(my_graph):
    G = nx.DiGraph()                                     # 建立一个空的无向图 G
    for node in my_graph.vertices:
            G.add_node(str(node))
    # for edge in my_graph.edges:
    # G.add_edge(str(edge[0]), str(edge[1]))
    G.add_weighted_edges_from(my_graph.edges_array)

    print("nodes:", G.nodes())                           # 输出全部的结点
    print("edges:", G.edges())                           # 输出全部的边
    print("number of edges:", G.number_of_edges())       # 输出边的数量
    nx.draw(G, with_labels=True)
    plt.savefig("directed_graph.png")
    plt.show()


if __name__ == '__main__':
    my_graph = Graph_Matrix()
    created_graph = create_directed_matrix(my_graph)
    draw_directed_graph(created_graph)
```

执行效果如图 10-2 所示。

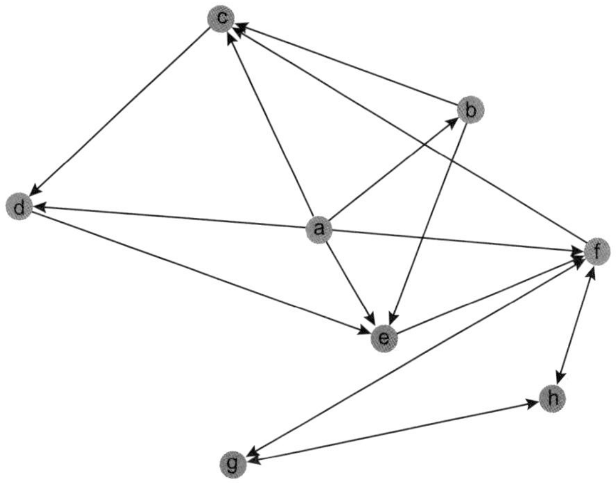

图 10-2　执行效果

10.6.3　使用广度优先和深度优先遍历二叉树

对于一棵二叉树来说，深度优先搜索是沿着树的深度遍历树的结点，尽可能深的搜索树的分支。广度优先搜索是从根结点开始沿着树的宽度搜索遍历。在 Python 程序中，广度优先遍历是先搜索所有兄弟和堂兄弟结点再搜索子孙结点。而深度优先遍历则是先搜索一个结点的所有子孙结点，再去搜索这个结点的兄弟结点。在下面的实例文件 bianer.py 中演示了使用广度优先和深度优先遍历二叉树的过程。

```
# 广度优先 / 深度优先遍历二叉树
class Node:
    def __init__(self, data, left, right):
        self._data = data
        self._left = left
        self._right = right

class BinaryTree:
    def __init__(self):
        self._root = None

    def make_tree(self, node):
        self._root = node

    def insert(self, node):
        # 建立一个完全二叉树
        lst = []
        def insert_node(tree_node, p, node):
            if tree_node._left is None:
                tree_node._left = node
                lst.append(tree_node._left)
                return
            elif tree_node._right is None:
                tree_node._right = node
                lst.append(tree_node._right)
                return
            else:
                lst.append(tree_node._left)
                lst.append(tree_node._right)
                if p > (len(lst) -2):
                    return
```

```
                    else:
                        insert_node(lst[p+1], p+1, node)


        lst.append(self._root)
        insert_node(self._root, 0, node)

def breadth_tree(tree):
    lst = []

    def traverse(node, p):
        if node._left is not None:
            lst.append(node._left)
        if node._right is not None:
            lst.append(node._right)
        if p > (len(lst) -2):
            return
        else:
            traverse(lst[p+1], p+1)

    lst.append(tree._root)
    traverse(tree._root, 0)

    # 遍历结果存在 lst 表里
    for node in lst:
        print(node._data)

def depth_tree(tree):
    lst = []
    lst.append(tree._root)
    while len(lst) > 0:
        node = lst.pop()
        print(node._data)
        if node._right is not None:
            lst.append(node._right)
        if node._left is not None:
            lst.append(node._left)

if __name__ == '__main__':
    lst = [12, 9, 7, 19, 3, 8, 52, 106, 70, 29, 20, 16, 8, 50, 22, 19]
    tree = BinaryTree()
    # 生成完全二叉树
    for (i, j) in enumerate(lst):
        node = Node(j, None, None)
        if i == 0:
            tree.make_tree(node)
        else:
            tree.insert(node)

    # 广度优先遍历
    breadth_tree(tree)

    # 深度优先遍历
    depth_tree(tree)
```

执行后会输出：

```
12
9
7
19
3
8
52
```

```
106
70
29
20
16
8
50
22
19
12
9
19
106
19
70
3
29
20
7
8
16
8
52
50
22
```

10.7　小结

到此为止，和数据结构相关的算法实战方面的内容已经讲解完毕。因为算法和数据结构的关系千丝万缕，密不可分，所以在此建议广大读者务必要深入学习数据结构的相关知识。算法和数据结构两者是相辅相成的，只有将两者融会贯通，才会提高自己的算法开发水平，在面对日后工作中遇到的问题才会游刃有余。

第 11 章 解决数学问题

算法是编程语言的灵魂，能够编程解决现实应用中的很多问题，例如本章将要讲解的数学问题。数学知识是编写算法程序的必备要素之一，例如在编写深度学习、机器学习、算法优化等程序时需要用到高数、概率论等数学知识。在本章中将详细讲解使用算法解决现实中常见的数学问题，并通过具体实例的实现过程来详细剖析各个知识点的使用方法。

11.1 一段神奇的字符

一段神奇的字符问题也被称为巧填数字问题，是算法应用中的经典问题，是谷歌公司推出的一道面试题。在现实应用中，通常使用穷举法解决这个问题。

（即扫即看）

11.1.1 问题描述

字母代表 0 ～ 9 十个数字中的一个，且不重复。在下面的公式中，首位不能为 0。

```
wwwdot - google = dotcom
```

计算出各个字母代表的数字，符合上述公式。

11.1.2 具体实现：穷举法

在下面的实例文件 maile.py 中，演示了使用穷举法解决上述数学问题的过程。因为用到了穷举法，所以需要对每个字符进行数字遍历，每次对每个位的值取值 0 到 9，然后进行测试运算，一直找到满意的答案为止；具体实现代码如下：

```
import os
import time
from datetime import datetime

class data_struct():
    def __init__(self, letter, status):
        self.letter = letter
        self.status = status  # True 表示字母在头部，不能为零，False 时可以取零
        if self.status == False:
            self.digit = [0, 1, 2, 3, 4, 5, 6, 7, 8, 9]         # 0～9
        else:
            self.digit = [1, 2, 3, 4, 5, 6, 7, 8, 9]            # 0～9

def norepeat(list0):
    length = len(list0)
```

```
    list1 = [0 for i in range(0,10,1)]                              # 取值 0 ~ 9
    for i in range(0,length,1):
        list1[list0[i]] += 1
        if int(list1[list0[i]]) > 1:
            return False
    return True

if __name__ == '__main__':
    '''wwwdot - google = dotcom'''
    letterW = data_struct('W', True)
    letterG = data_struct('G', True)
    letterD = data_struct('D', True)
    letterO = data_struct('O', False)
    letterT = data_struct('T', False)
    letterL = data_struct('L', False)
    letterE = data_struct('E', False)
    letterC = data_struct('C', False)
    letterM = data_struct('M', False)

    # list0 = [1,2,3,4,5,6,0,8,9]
    # if True == norepeat(list0):
    #     print 'hello'


    str1 = ''
    str2 = ''
    str3 = ''
    begintime = datetime.now()
    for w in letterW.digit:
      for g in letterG.digit:
        for d in letterD.digit:
          for o in letterO.digit:
            for t in letterT.digit:
               for l in letterL.digit:
                 for e in letterE.digit:
                  for c in letterC.digit:
                    for m in letterM.digit:
                      list0 = [w, g, d, o, t, l ,e, c, m]
                      if True == norepeat(list0):
                        str1 = str(w)*3 + str(d) + str(o) + str(t)
                        str2 = str(g) + str(o)*2 + str(g) + str(l) + str(e)
                        str3 = str(d) + str(o) + str(t) + str(c) + str(o) + str(m)
                        if int(str1) - int(str2) == int(str3):  # wwwdot - google = dotcom
                          print(str1, str2, str3)
    endtime = datetime.now()
    deltatime = endtime - begintime
    print('穷举搜索耗时: ' , deltatime)
```

执行后输出：

```
wwwdot - google = dotcom
777589 188103 589486
777589 188106 589483
穷举搜索耗时:   1:12:32.622001
```

11.2　1000 以内的完全数

完全数又称完美数或完备数，是一些特殊的自然数，满足所有的真因数（即除了自身以外的约数）的和（即因数函数）等于它本身这一条件。

（即扫即看）

11.2.1 问题描述

第一个完全数是 6，它有约数 1、2、3、6，除去它本身 6 外，其余 3 个数相加，1+2+3 = 6。第二个完全数是 28，它有约数 1、2、4、7、14、28，除去它本身 28 外，其余 5 个数相加，1+2+4+7+14 = 28。后面的完全数是 496、8128 等。

6 = 1+2+3

28 = 1+2+4+7+14

496 = 1+2+4+8+16+31+62+124+248

8128 = 1+2+4+8+16+32+64+127+254+508+1016+2032+4064

例如数字“4”，它的真因数有 1 和 2，和是 3。因为 4 本身比其真因数之和要大，这样的数叫作亏数。如果是数字“12”，它的真因数有 1、2、3、4、6，其和是 16。由于 12 本身比其真因数之和要小，这样的数就叫作盈数。那么有没有既不盈余，又不亏欠的数呢？有，这样的数就叫作完全数。

请编写一个 Python 程序，求出 1 ～ 10000 的完全数。

11.2.2 算法分析：遍历满足条件的数字

完全数有许多有趣的性质，具体说明如下所示。

（1）它们都能写成连续自然数之和。例如：

6 = 1+2+3

28 = 1+2+3+4+5+6+7

496 = 1+2+3+…+30+31

（2）它们的全部因数的倒数之和都是 2，因此每个完全数都是调和数（在数学上，第 n 个调和数是前 n 个正整数的倒数和）。例如：

1/1+1/2+1/3+1/6 = 2

1/1+1/2+1/4+1/7+1/14+1/28 = 2

（3）除 6 以外的完全数，还可以表示成连续奇立方数之和。例如：

$28 = 1^3+3^3$

$496 = 1^3+3^3+5^3+7^3$

$8128 = 1^3+3^3+5^3+\cdots+15^3$

$33550336 = 1^3+3^3+5^3+\cdots+125^3+127^3$

（4）完全数都可以表达为 2 的一些连续正整数次幂之和。例如：

$6 = 2^1+2^2$

$28 = 2^2+2^3+2^4$

$8128 = 2^6+2^7+2^8+2^9+2^{10}+2^{11}+2^{12}$

$33550336 = 2^{12}+2^{13}+\cdots+2^{24}$

（5）完全数都是以 6 或 8 结尾。如果以 8 结尾，那么就肯定是以 28 结尾。

（6）除 6 以外的完全数，被 9 除后都余 1。

28：2+8 = 10，1+0 = 1

496：4+9+6 ＝ 19，1+9 ＝ 10，1+0 ＝ 1

数学家欧几里得曾经推算出完全数的获得公式：如果 2^p-1 为质数，那么（2^p-1）×2（$p-1$）便是一个完全数。例如 $p = 2$，$2^p-1 = 3$ 是质数，（2^p-1）× 2^p-1 ＝ 3 × 2 ＝ 6，是完全数。例如 $p = 3$，$2^p-1 = 7$ 是质数，（2^p-1）×2^p-1 ＝ 7×4 ＝ 28，是完全数。但是 2^p-1 在什么条件下才是质数呢？事实上，当 2^p-1 是质数的时候，称其为梅森素数。

如果一个数恰好等于它的因子之和，则称该数为“完全数”。各个小于它的约数（真约数，列出某数的约数，去掉该数本身，剩下的就是它的真约数）的和等于它本身的自然数叫作完全数（Perfect Number），又称完美数或完备数。例如：

- 第一个完全数是 6，它有约数 1、2、3、6，除去它本身 6 外，其余 3 个数相加，1+2+3=6；
- 第二个完全数是 28，它有约数 1、2、4、7、14、28，除去它本身 28 外，其余 5 个数相加，1+2+4+7+14=28

那么问题来了：如何用 Python 去求出下一个完全数？

11.2.3　具体实现：计算 1000 以内的完全数

在数学应用中，对于这类求某一范围内满足特定条件的数时，一般采用遍历的方式，对给定范围内的数值一个一个地去判断是否满足条件，这一过程可利用循环来实现。在下面的实例文件 wan.py 中演示了计算 1000 以内的完全数的过程。

```
def approximateNumber(num:int):
    # 函数名已经已经限制了参数类型，这里就不用做参数类型判断了
    result = []                          # 所有满足条件的结果存到 result 数组中
    for divisor in range(1,num):         # 遍历 1-1000
        #temp 中存放约数
        temp = []
        for dividend in range(1,divisor): # 遍历 1-divisor 求所有约数
            if divisor%dividend==0:      # 判断是不是约数
                temp.append(dividend)    # 加入约数数组
        tempSum = sum(temp)              # 求约数和
        if tempSum == divisor:           # 判断这个数的约数和是否等于这个数
            result.append(tempSum)       # 得到我们需要的结果，存到数组 result 中
    return  result                       # 返回结果

print(approximateNumber(1000))
```

执行后会输出：

```
[6, 28, 496]
```

11.3　多进程验证哥德巴赫猜想

哥德巴赫猜想的证明是一个世界性的数学难题，至今未能完全解决。我国著名数学家陈景润为哥德巴赫猜想的证明做出过杰出贡献。所谓哥德巴赫猜想，是指任何一个大于 2 的偶数都可以写为两个素数之和。在现实应用中，通常使用枚举法解决该问题。

（即扫即看）

11.3.1 问题描述

应用计算机工具可以很快地在一定范围内验证明哥德巴赫猜想的正确性。请编写一个Python程序，验证指定范围内哥德巴赫猜想的正确性，也就是近似证明哥德巴赫猜想（因为不可能用计算机穷举出所有的正偶数）。

11.3.2 算法分析：枚举法

可以把问题归结为在指定范围内（例如：1 ～ 2000）验证其中每一个偶数是否满足哥德巴赫猜想的论断，即是否能表示为两个素数之和。如果发现一个偶数不能表示为两个素数之和，即不满足哥德巴赫猜想的论断，则意味着举出了反例，从而可以否定哥德巴赫猜想。

可以应用枚举的方法枚举出指定范围内的每一个偶数，然后判断它是否满足哥德巴赫猜想的论断，一旦发现有不满足哥德巴赫猜想的数据，则可以跳出循环，并做出否定的结论。否则如果集合内的数据都满足哥德巴赫猜想的论断，则可以说明在该指定范围内，哥德巴赫猜想是正确的。

上述问题的核心变为如何验证一个偶数 a 是否满足哥德巴赫猜想，即偶数 a 能否表示为两个素数之和。可以这样考虑这个问题：

一个正偶数 a 一定可以表示成为 $a/2$ 种正整数相加的形式。这是因为 $a=1+(a-1)$，$a=2+(a-2)$，…，$a=(a/2-1)+(a/2+1)$，$a=a/2+a/2$，共 $a/2$ 种。因为后面还有 $a/2-1$ 种表示形式与前面 $a/2-1$ 种表示形式相同，所以可以先不考虑后面部分的形式。那么，在这 $a/2$ 种正整数相加的形式中，只要存在一种形式 $a=i+j$，其中 i 和 j 均为素数，就可以断定该偶数 a 满足哥德巴赫猜想。

11.3.3 具体实现：判断质数并分解

下面的实例文件 gede.py 中演示了使用多进程验证哥德巴赫猜想的过程。

首先通过函数 isPrime(*n*) 判断数字 *n* 是否为质数，然后通过函数 GDBH(*T*) 验证大于 2 的偶数可以分解为两个质数之和，其中参数 *T* 是元组，表示需要计算的数字区间。为了提高程序的运行效率，在本实例的测试阶段还使用了多线程技术提高效率；具体实现代码如下：

```
# 判断数字是否为质数
def isPrime(n):
    if n <= 1:
        return False
    for i in range(2, int(math.sqrt(n)) + 1):
        if n % i == 0:
            return False
    return True


# 验证大于 2 的偶数可以分解为两个质数之合
# T 为元组，表示需要计算的数字区间
def GDBH(T):
    S = T[0]
    E = T[1]
```

```
    if S < 4:
        S = 4
    if S % 2 == 1:
        S += 1
    for i in range(S, E + 1, 2):
        isGDBH = False
        for j in range(i // 2 + 1):       # 表示成两个质数之和，其中一个质数不大于 1/2
            if isPrime(j):
                k = i - j
                if isPrime(k):
                    isGDBH = True
                    if i % 100000 == 0:  # 每隔 10 万个数打印一次
                        print('%d=%d+%d' % (i, j, k))
                    # print('%d=%d+%d' % (i, j, k))
                    break
        if not isGDBH:     # 打印这句话表示算法失败 或是猜想失败（怎么可能 ...）
            print('哥德巴赫猜想失败！！')
            break


# 对整个数字空间 N 进行分段 CPU_COUNT
def seprateNum(N, CPU_COUNT):
    list = [[i + 1, i + N // 8] for i in range(4, N, N // 8)]
    list[0][0] = 4
    if list[CPU_COUNT - 1][1] > N:
        list[CPU_COUNT - 1][1] = N
    return list


if __name__ == '__main__':
    N = 10 ** 6

    # 多进程
    time1 = time.clock()
    CPU_COUNT = cpu_count()   ##CPU 内核数本机为 8
    pool = Pool(CPU_COUNT)
    sepList = seprateNum(N, CPU_COUNT)

    result = pool.map(GDBH, sepList)
    pool.close()
    pool.join()
    print('多线程耗时：%d s' % (time.clock() - time1))

    # 单线程
    time2 = time.clock()
    GDBH((4, N))
    print('单线程耗时：%d s' % (time.clock() - time2))
```

执行后会输出：

```
400000=11+399989
300000=7+299993
100000=11+99989
200000=67+199933
500000=31+499969
900000=19+899981
600000=7+599993
800000=7+799993
700000=47+699953
1000000=17+999983
多线程耗时：9 s
100000=11+99989
```

```
200000=67+199933
300000=7+299993
400000=11+399989
500000=31+499969
600000=7+599993
700000=47+699953
800000=7+799993
900000=19+899981
600000=7+599993
800000=7+799993
700000=47+699953
1000000=17+999983
多线程耗时 :33 s
```

11.4 亲密数

首先来看一下亲密数的概念。

如果整数 *a* 的全部因数之和等于 *b*，此处的因数包括 1，但是不包括 *a* 本身。并且整数 *b* 的全部因数（包括 1，不包括 *b* 本身）之和等于 *a*，则将整数 *a* 和 *b* 称为亲密数。请编写一个 Python 程序，求出指定范围内的亲密数。在现实应用中，通常使用枚举法或穷举法解决亲密数问题。

（即扫即看）

11.4.1 算法分析：累加求和并比较

按照亲密数的定义，要想判断数 *a* 是否有亲密数，需要先计算出 *a* 的全部因数的累加和为 *b*，然后再计算 *b* 的全部因数的累加和为 *n*。如果 *n* 等于 *a*，则可以判定 *a* 和 *b* 是亲密数。计算数 *a* 的各因数的算法如下所示。

用 *a* 依次对 *i*(*i*=1 ～ *a*/2) 进行模运算，如果模运算结果等于 0，则 *i* 为 *a* 的一个因数；否则 *i* 就不是 *a* 的因数。

11.4.2 具体实现：计算 3000 之内的亲密数

编写实例文件 qinmi.py，在函数 check(*n*) 中使用 for 循环遍历指定范围内的所有数字，验证每个数字是否是亲密数。具体实现代码如下所示：

```
def check(n):
    '''
    计算各因子之和模块
    '''
    s = 0
    for i in range(1, int(n / 2) + 1):
        if n % i == 0:
            s += i
    return s


if __name__ == '__main__':
    for i in range(1, 3000):
        res = check(i)                              # 对 1 至 3000 所有数依次求因子和
        if i != res and check(res) == i:            # 因子和不等于本身，且是亲密数，输出
            print(i, res)
```

执行后会输出 3000 以内的亲密数：

```
220 284
284 220
1184 1210
1210 1184
2620 2924
2924 2620
```

11.5　解决自守数问题

如果某个数的平方的末尾数等于这个数，那么就称这个数为自守数。例如 5 和 6 是一位自守数（5×5=25　6×6=36），25×25=625　76×76=5776，所以 25 和 76 是两位自守数。请编写一个 Python 程序，求出自守数的实现程序。

（即扫即看）

11.5.1　算法分析：穷举法

自守数有一个显著特性，以它为后几位的两个数相乘，乘积的后几位仍是这个自守数。因为 5 是自守数，所以如果以 5 为个位数的两个数相乘，乘积的个位仍然是 5；76 是自守数，所以以 76 为后两位数的两个数相乘，其结果的后两位仍是 76，如 176×576=101376。

虽然 0 和 1 的平方的末尾分别是 0 和 1，但是因为比较简单，研究它们没有意义，所以不将 0 和 1 算作是自守数。3 位自守数是 625 和 376，四位自守数是 0625 和 9376，五位自守数是 90625 和 09376。

可以看到，(n+1) 位的自守数和 n 位的自守数密切相关。由此得出，如果知道 n 位的自守数 a，那么 (n+1) 位的自守数应当在 a 前面加上一个数构成。

简化一下，还能发现如下规律：

5+6=11

25+76=101

625+376=1001

所以，两个 n 位自守数，它们的和等于 10^n+1。

11.5.2　具体实现：计算 10000 以内的自守数

编写实例文件 zishou.py，使用 for 循环穷举遍历每一个数字看是否满足自守数公式：两个 n 位自守数的和等于 10n+1；具体实现代码如下所示：

```
print([n for n in range(1,10000)
       if n * n % (10 ** len(str(n))) == n]
      )
```

执行后会输出：

```
[1, 5, 6, 25, 76, 376, 625, 9376]
```

11.6　矩阵运算

矩阵运算是数学领域中的一种基本运算，可以用编程的方法来实现。在现

（即扫即看）

实应用中，能够用多维矩阵处理的问题一般可以转换成多维数组的问题，然后直接用矩阵运算的公式进行处理即可。请编写一个 Python 程序，可以实现矩阵相乘、逆序、转置和求和处理。

11.6.1 算法分析：使用 Numpy 模块中的内置方法

在 Python 语言中，可以借助于 Numpy 模块中的内置方法实现矩阵处理。矩阵相乘的算法比较简单，输入一个 $m \times n$ 矩阵和一个 $n \times p$ 矩阵，结果必然是 $m \times p$ 矩阵。假设有 $m \times p$ 个元素，每个元素都需要计算，此时可以使用 $m \times p$ 嵌套循环进行计算。根据矩阵乘法公式：

$$E_{i,j} = \sum_{k-1}^{n} M1_{i,k} \times M2_{k,j}$$

其中 i、j 和 k 表示要计算的两个矩阵，即 $i \times j$ 矩阵和一个 $j \times k$ 矩阵。可以用循环直接套用上面的公式计算每个元素。嵌套循环内部进行累加前，一定要注意对累加变量进行清零。

11.6.2 具体实现：实现矩阵相乘、逆序、转置和求和处理

编写实例文件 juzhen.py，使用 Numpy 模块中的内置方法实现矩阵相乘、逆序、转置和求和处理；具体实现代码如下所示：

```
# 导入 numpy 函数，以 np 开头
import numpy as np

if __name__ == '__main__':
    # 矩阵相乘
    mat1 = np.mat([1, 3])
    mat2 = np.mat([[3], [4]])
    mat3 = mat1 * mat2
    print(mat3)

    # 1 * 2 矩阵乘以 2 * 1 矩阵，得到 1 * 1 矩阵
    # ==> [[15]]

    # 矩阵求逆
    mat4 = np.mat([[1, 0, 1], [0, 2, 1], [1, 1, 1]])
    mat5 = mat4.I          # I 对应 getI(self) ，返回可逆矩阵的逆
    print(mat5)

    # 转置矩阵
    mat6 = np.mat([[1, 1, 1], [0, 2, 1], [1, 1, 1]])
    mat7 = mat6.T          # I 对应 getT(self) ，返回矩阵的转置矩阵
    print(mat7)

    # 矩阵的转置矩阵
    # ==> [[1 0 1]
    # ==>  [1 2 1]
    # ==>  [1 1 1]]



    # 矩阵每一列的和
    sum1 = mat6.sum(axis=0)
    print(sum1)
    # 矩阵每一行的和
    sum2 = mat6.sum(axis=1)
    print(sum2)

    # 矩阵所有行列的总和
```

```
    sum3 = sum(mat6[1, :])
    print(sum3)

    # 矩阵与数组之间的转换
    mat8 = np.mat([[1, 2, 3]])
    arr1 = np.array(mat8) # 矩阵转换成数组
    print(arr1)

    arr2 = [1, 2, 3]
    mat9 = np.mat(arr2)    # 数组转换成矩阵
print(mat9)
```

执行后会输出：

```
[[15]]
[[-1. -1.  2.]
 [-1.  0.  1.]
 [ 2.  1. -2.]]
[[1 0 1]
 [1 2 1]
 [1 1 1]]
[[2 4 3]]
[[3]
 [3]
 [3]]
[[0 2 1]]
[[1 2 3]]
[[1 2 3]]
```

11.7　一元多项式运算

多项式是代数学的一个基本概念，在数学应用中，一元多项式是研究和讨论是基于初等数学中的一元二次方程等方面的有关内容类比和推广而展开的，对于正确的理解数学思想，掌握数学解题方法和策略是非常重要的。在本节的内容中，将分别讲解实现一元多项式的加法运算和减法运算的过程。

（即扫即看）

11.7.1　一元多项式求导

本节的内容中将对一元多项式的实现算法进行详解，并通过一个简单的例子来实现。

1. 问题描述

设计一个函数来计算一元多项式的导数，注意，x^n（n 为整数）的一阶导数为 $n*x^{n-1}$。）

输入格式：以指数递降方式输入多项式非零项系数和指数（绝对值均为不超过 1000 的整数）。数字之间以空格分隔。

输出格式：以与输入相同的格式输出导数多项式非零项的系数和指数。数字之间以空格分隔，但结尾不能有多余空格。注意“零多项式”的指数和系数都是 0，但是表示为“0 0”。

输入样例：

3 4 -5 2 6 1 -2 0

输出样例：

12 3 -10 1 6 0

2. 算法分析

题意非常容易理解，我们需要考虑一种特殊情况，即多项式求导后为 0，只有一项且系数为 0。除此之外还需要注意如下 3 点：

- 一元多项式，指数为非负数，题目有误导（什么绝对值的），因此若存在常数项，则最后一个数字为 0；
- 处理数字组成的序列，输出格式易错；
- 特殊情况处理，输入一个常数项。

3．具体实现

编写实例文件 zhuan.py，使用列表保存输入的数据，在读取数据的过程中，当读到回车时输入结束。当仅有指数为 0 项时输出 0 0，指数为 0 项的导数为 0，指数不为 0 的项其导数的指数为原指数减 1，系数为原系数乘以原指数。实例文件 zhuan.py 的具体实现代码如下所示：

```
if __name__ =="__main__":
    num_lst = list(map(int, input().split()))
    n = len(num_lst)
    out_lst = []

    for i in range(0,n,2):
        xishu = num_lst[i]
        zhishu = num_lst[i+1]
        if zhishu == 0:
            continue

        out_lst.append(str(xishu * zhishu))
        out_lst.append(str(zhishu-1))

    out_str = " ".join(out_lst)
    if out_str:
        print(out_str.strip())

    else:
        print(“0 0”)
```

执行后会输出：

```
3 4 -5 2 6 1 -2 0
12 3 -10 1 6 0
```

11.7.2 实现多项式的加、减、乘法运算

1．问题描述

编程实现一元多项式的加、减、乘法运算，系数和指数仅限整数，可以连续运算。

2．具体实现：向量相等

多项式的四则运算是指加、减、乘、除运算。需要注意的是加、减运算时的两个向量必须大小相等。阶次不同时，低阶多项式必须用零填补，使其与高阶多项式有相同的阶次。多项式的加、减运算用“+”、”－”来实现。

3．具体实现

编写实例文件 duo.py，通过函数 _add() 实现加法运算，通过函数 __minus() 实现减法运算，通过函数 __mul() 实现乘法运算。实例文件 duo.py 的具体实现代码如下所示：

```
class poly:
    __a = [0]*20                    # 存放第一个输入的多项式和运算结果
    __b = [0]*20                    # 存放输入的多项式
    __result = [0]*20               # 结果
```

```
    def __Input(self,f):
        n = input('依序输入二项式的系数和指数（指数小于 10）：').split()
        for i in range(int(len(n)/2)):
            f[ int(n[2*i+1])] = int(n[2*i])
        self.__output(f)

    def __add(self,a,b):             # 加法函数
        return [a[i]+b[i] for i in range(20)]

    def __minus(self,a,b):           # 减法函数
            return [a[i]-b[i] for i in range(20)]

    def __mul(self,a,b):
        self.__result = [0]*20
        for i in range(10):          # 第一个循环：b 分别与 a[0] 到 a[9] 相乘
            for j in range(10):      # 第二个循环：b[j]*a[i]
                self.__result[i+j] = int(self.__result[i+j]) + int(a[i]*b[j])
        return self.__result

    def __output(self,a):            # 输出多项式
          b = ''
          for i in range(20):
            if a[i]> 0:
                b = b+'+'+str(a[i])+'X^'+str(i)
            if a[i]<0:
                b = b+"-"+str(-a[i])+'X^'+str(i)
          print(b[1::])

    def control(self):
        print ("二项式运算：\n")
        self.__Input(self.__a)
        while True:
            operator = input('请输入运算符（结束运算请输入 '#'）')#self.Input(self.a)
            if operator =='#':
                return 0
            else:
                self.__b = [0]*20
                self.__Input(self.__b)
                      self.__a = {'+':self.__add(self.__a,self.__b),'-':self.__
minus(self.__a,self.__b),'*':self.__mul(self.__a,self.__b)}.get(operator)
                print ('计算结果：',end='')
                self.__output(self.__a)

POLY = poly()                        # 初始化类
POLY.control()                       # 通过选取操作符选择相应的运算
```

执行后会输出：

```
二项式运算：
依序输入二项式的系数和指数（指数小于 10）：3 4 -5 2 6 1 -2 0
2X^0+6X^1-5X^2+3X^4
请输入运算符（结束运算请输入 '#'）+
依序输入二项式的系数和指数（指数小于 10）：3 4 -5 2 6 1 -2 0
2X^0+6X^1-5X^2+3X^4
计算结果：4X^0+12X^1-10X^2+6X^4
请输入运算符（结束运算请输入 '#'）#
```

11.8　素数问题

（即扫即看）

素数又称质数，是指在一个大于 1 的自然数中，除了 1 和此整数本身外，

无法被其他自然数整除的数。比 1 大但不是素数的数称为合数。1 和 0 既非素数也非合数。素数在数论中有着很重要的地位。请编写一个 Python 程序，计算 100 以内的所有素数。

11.8.1 求 100 以内的所有素数

1. 算法分析

在传统算法中，首先判断该数是否大于等于本身素数的平方，若大于则判断是否整除该素数；若等于则证明该数是非素数。如果前两者不成立，则该数小于素数平方，证明该数为素数。在本实例中我们采用一个公式，可以将任何大于 1 的正整数 n 唯一表示成有限个素数的乘积：$n=p_1 \times p_2 \times \cdots \times p_s$，这里 $p_1 \leqslant p_2 \leqslant ... \leqslant p_s$ 是素数。

2. 具体实现

编写实例文件 su.py，使用 for 循环遍历 100 以内的数字，如果 $k * k > n$ 则停止遍历。文件 su.py 的具体实现代码如下所示：

```
def isPrimeNumber(n, s):
    for k in s:
        if k * k > n: break
        if n % k == 0: return None
    return n

prime = []
for n in range(2, 100):
    res = isPrimeNumber(n, prime)
    if res: prime.append(res)

print(prime)
```

执行后会输出：

```
    [2, 3, 5, 7, 11, 13, 17, 19, 23, 29, 31, 37, 41, 43, 47, 53, 59, 61, 67, 71,
73, 79, 83, 89, 97]
```

11.8.2 孪生素数问题

所谓孪生素数指的就是这种间隔为 2 的相邻素数，它们之间的距离已经近得不能再近了，就像孪生兄弟一样。最小的孪生素数是 (3,5)，在 100 以内的孪生素数还有 (5, 7)，(11, 13)，(17, 19)，(29, 31)，(41, 43)，(59, 61) 和 (71, 73)，总计有 8 组。但是随着数字的增大，孪生素数的分布变得越来越稀疏，寻找孪生素数也变得越来越困难。有一个十分精确的公式来描述孪生素数叫孪生素数普遍公式。用这个公式可以求出几乎所有的孪生素数。

矩阵运算是数学中的一种基本运算形式，可以用编程的方法处理矩阵运算。一般来说，多维矩阵处理的问题总可以转换成多维数组的问题，在编程过程中可以直接用矩阵运算的公式进行处理。该普遍公式的描述为：“如果自然数 Q 与 $Q+2$ 都不能被不大于 $\sqrt{(Q+2)}$ 的任何素数整除，则 Q 与 $Q+2$ 是一对素数，称为相差 2 的孪生素数。这一句话可以用如下公式表达。

$$Q=p_1m_1+b_1=p_2m_2+b_2=\cdots=p_km_k+b_k$$

式中，p_1，p_2，…，p_k 表示顺序素数 2，3，5，…且 $b \neq 0$，$b \neq p_i-2$。例如，29 和 29+2 不能被不大于 $\sqrt{(29+2)}$ 的任何素数 2，3，5 整除，$29=2m+1=3m+2=5m+4$，$29 < 49-2$（即 7 的平方减 2），所以 29 与 29+2 是一对孪生素数。

1. 问题描述

请编写一个 Python 程序，执行后可以输出 100 以内的孪生素数。

2. 算法分析

因为本问题有时间及空间的要求，如果采用遍历法会超时，所以采用筛选法。首先创建一个列表，然后从第 0 位开始，如果后面的能被这个数整除，则从数组中移除该元素，以此类推，最后留下的就是质数（素数）。Java 语言可以在遍历列表的时候删除该元素，可以对循环变量 *i* 进行 *i*-- 的操作，防止以后的 get(*i*) 方法报错。但是 Python 不支持这个操作，只能是拿到被删除的元素，然后在遍历结束以后再删除。

3. 具体实现

编写实例文件 luan.py 判断是否在循环中继续需要循环嵌套来解决，直到找到 100。具体实现流程如下所示：

（1）建立一张表，用 True 和 False 标识一个数是否是素数；

（2）找到一个素数 *p*，然后把 *p* 的倍数都标记成非素数；

（3）查表检测 $p+1$，如果非素数检测下一个，是素数则执行（1）中的操作。

实例文件 luan.py 的具体实现代码如下所示：

```
pt = [True] * 100
res = []

for p in range(2, 100):
    if not pt[p]: continue
    res.append(p)
    for i in range(p * p, 100, p):
        pt[i] = False

for i in range(1, len(res)):
    if res[i] - res[i - 1] == 2:
        print(res[i - 1], res[i])
```

执行后会输出：

```
3 5
5 7
11 13
17 19
29 31
41 43
59 61
71 73
```

11.8.3 金蝉素数

1. 问题描述

某古寺的一块石碑上依稀刻有一些神秘的自然数。专家研究发现：这些数是由 1、3、5、7、9 这 5 个奇数字排列组成的 5 位素数，同时去掉它的最高位与最低位数字后的 3 位数还是素数，同时去掉它的高二位与低二位数字后的一位数还是素数。因此人们把这些神秘的素数称为金蝉素数，寓意金蝉脱壳之后仍为美丽的金蝉。

请编写程序求出石碑上的金蝉素数。

2. 算法分析

首先判断传入的数是否为素数，然后尝试返回长度为 5 的所有由 1，3，5，7，9 组成的不重复数并放入列表中，其格式为 [(1,3,5,7,9),(1,3,5,9,7)....]，接下来判断列表中每一个值是否满足原数，条件为：原数去掉最高位与最低位数字后的三位数和原数去掉高二位与低二位数字后的三位数同时都是素数，满足的话就是金蝉素数。

3. 具体实现

实例文件 jinsu.py 的具体实现流程如下所示：

（1）生成 1，3，5，7... 全排列，每种排列是一个元组；

（2）将元组转换成数字，例如 13579，357，159；

（3）检测 3 个数字是素数，如果全是素数则说明是金蝉数。

具体实现代码如下：

```
import math
from functools import reduce
def isPrimeNum(n):
    for k in range(2, int(math.sqrt(n) + 1)):
        if n % k == 0:
            return False
    return True

from itertools import permutations

for p in permutations([1, 3, 5, 7, 9], 5):
    # (3,5,7), (1,5,9), (1,3,5,7,9)
    for l in (p[1:-1], p[::2], p):
        s = reduce(lambda x, y: 10 * x + y, l)
        if not isPrimeNum(s):
            break
    else:
        print(p)
```

执行后会输出：

```
(1, 3, 5, 9, 7)
(1, 5, 9, 3, 7)
(5, 1, 9, 7, 3)
(5, 3, 7, 9, 1)
(7, 9, 5, 3, 1)
(9, 1, 5, 7, 3)
```

11.8.4 可逆素数

1. 问题描述

可逆素数是指一个素数的各位数值顺序颠倒后得到的数仍为素数，例如 113、311。编写程序找出 1~ 900 之间的所有可逆素数。

2. 算法分析

本案例的重点不是判断素数，而是求一个整数的反序数。我们首先要判断一个数是否是素数，然后找出 1~ 900 之间的所有素数；接下来迭代这些素数，逆向判断这个素数是否是可逆素数，从而得到问题的解。

3. 具体实现

实例文件 keni.py 的具体实现流程如下所示：

（1）用筛选法找到 900 以内素数表；

（2）迭代表内中的所有数，检测它的反序数是否是素数；

（3）如果上面的（2）条件为真，则打印输出这两个素数。

具体实现代码如下：

```
def getPrimeTable(n):
    pt = [True] * n
    for p in range(2, n):
        if not pt[p]: continue
        for i in range(p * p, n, p):
            pt[i] = False
    return pt

pt = getPrimeTable(900)
for p in range(10, 900):
    if not pt[p]: continue
    q = int(str(p)[::-1])
    if p != q < 900 and pt[q]:
        pt[q] = False
        print(p, q)
```

执行后会输出：

```
13 31
17 71
37 73
79 97
107 701
113 311
157 751
167 761
337 733
347 743
```

11.8.5 回文素数

1. 问题描述

回文素数是指对一个整数 n 从左向右和从右向左读结果值相同且是素数，即称为回文素数。请编写一个 Python 程序，查出 1000 以内的回文素数。

2. 具体实现

判断素数和判断回文数的方法都不难，难点在于怎么在短时间内完成，既然不能超时。很多开发者想优化寻找素数的方法，然后再去判断是否是回文数；但是最后会发现还是超时，原因是数字很大后，这样执行的效率很低。因此本案例主要的优化策略在于判断回文数，素数判断的优化只是起到辅助性的增强作用。

例如能被 11 整除的数字有个特点：它们的偶数位的和等于它们奇数位的和，这是一条已经被证明的定理了。而偶数位的回文数，由于回文数的特点，加之它又是偶数位，所以它偶数位的和一定等于奇数位的和，即它能被 11 整除，所以除了 11 其余的都不是素数。

3. 具体实现

根据上面的算法分析，我们编写了下面的实例文件 hui.py，寻找 1000 以内的回文素数的具体实现代码如下所示：

```
import math
def isPrimeNumber(num):
    i = 2
    x = math.sqrt(num)
    while i < x:
        if num % i == 0:
            return False
        i += 1
    return True

def Reverse(num):
    rNum = 0
    while num:
        rNum = rNum * 10 + num % 10
        num //= 10
    return rNum


def RPrimeNumber(num):
    arr = []
    i = 2
    while i < num:
        if isPrimeNumber(i) and i == Reverse(i):
            arr.append(i)
        i += 1
    return arr

print(RPrimeNumber(1000))
```

执行后会输出：

```
[2, 3, 4, 5, 7, 9, 11, 101, 121, 131, 151, 181, 191, 313, 353, 373, 383, 727,
757, 787, 797, 919, 929]
```

11.8.6 等差素数数列

1．问题描述

类似 7、37、67、97、107、137、167、197，这样由素数组成的数列叫作等差素数数列。素数数列具有项数的限制，一般指素数数列的项数有多少个连续项，最多可以存在多少个连续项。请编写一个 Python 程序，找出 100 以内的等差素数数列。

2．算法分析

对于本案例，我们考虑使用暴力枚举算法，即使用多层 for 循环遍历每一种可能的情况。第一层 for 循环控制素数数列的首项，第二次 for 循环控制数列的公差，第三层 for 循环统计符合情况的数列元素的个数。

3．具体实现

实例文件 dengsu.py 的具体实现流程如下所示：

（1）筛法找到 100 所有素数；

（2）对于素数 list 内的素数俩两组合，构造等差数列 a_0、a_1 项；

（3）计算出 a_2，查表判断 a_2 是否是素数，是素数则能构成素数等差序列，然后计算 a_3…

实例文件 dengsu.py 的具体实现代码如下所示：

```
def findAllPrime(n):
    pt = [True] * n
    prime = []

    for p in range(2, n):
        if not pt[p]: continue
        prime.append(p)
        for i in range(p * p, n, p):
            pt[i] = False

    return prime, pt


prime, pt = findAllPrime(100)
print(prime)

for i in range(len(prime)):
    for j in range(i + 1, len(prime)):
        a0, a1 = prime[i], prime[j]
        an = a1 + a1 - a0
        s = []
        while an < 100 and pt[an]:
            s.append(an)
            an += a1 - a0
        if s:
            print([a0, a1] + s)
```

执行后会输出：

```
[2, 3, 5, 7, 11, 13, 17, 19, 23, 29, 31, 37, 41, 43, 47, 53, 59, 61, 67, 71,
73, 79, 83, 89, 97]
[3, 5, 7]
[3, 7, 11]
[3, 11, 19]
[3, 13, 23]
[3, 17, 31]
[3, 23, 43]
[3, 31, 59]
[3, 37, 71]
[3, 41, 79]
[3, 43, 83]
[5, 11, 17, 23, 29]
[5, 17, 29, 41, 53]
[5, 23, 41, 59]
[5, 29, 53]
[5, 47, 89]
[7, 13, 19]
[7, 19, 31, 43]
[7, 37, 67, 97]
[7, 43, 79]
[11, 17, 23, 29]
[11, 29, 47]
[11, 41, 71]
[11, 47, 83]
[13, 37, 61]
[13, 43, 73]
[17, 23, 29]
[17, 29, 41, 53]
[17, 53, 89]
[19, 31, 43]
[19, 43, 67]
[23, 41, 59]
[23, 47, 71]
[23, 53, 83]
```

```
[29, 41, 53]
[29, 59, 89]
[31, 37, 43]
[37, 67, 97]
[41, 47, 53, 59]
[43, 61, 79, 97]
[47, 53, 59]
[47, 59, 71, 83]
[53, 71, 89]
[59, 71, 83]
[61, 67, 73, 79]
[61, 79, 97]
[67, 73, 79]
```

11.9 小结

到此为止，和数学应用相关的算法实战方面的内容已经讲解完毕。因为数学知识十分重要，能够关系到广大读者的开发水平能否更上一层楼，所以在此建议广大读者务必要学深入习数学方面的相关知识。数学知识是算法开发的基础，只有将数学基础夯实，才会提高自己的算法开发水平，在面对日后工作中遇到的问题才会游刃有余。

第 12 章

经典算法问题

经过本书前面内容的学习，常用算法的基本知识和具体实用案例已经基本讲解完毕。在本章的内容中，将介绍一些常见的算法经典问题，把我们前面学到的算法思路融合起来，真正解决实践中的问题，不断积累开发经验。

12.1 借书方案

小明有 5 本新书，要借给 A、B、C 三位小朋友，若每人每次只能借一本，则可以有多少种不同的借法？

（即扫即看）

12.1.1 算法分析：穷举方法

本问题实际上是一个排列问题，即求从 5 个中取 3 个进行排列的方法的总数。首先对 5 本书从 1 ～ 5 进行编号，然后使用穷举的方法。假设 3 个人分别借这 5 本书中的一本，当 3 个人所借的书的编号都不相同时，就是满足题意的一种借阅方法。

12.1.2 具体实现

编写实例文件 jie.py，3 次使用 for 循环遍历这 3 个人每次分别借这 5 本书中的一本，具体实现代码如下所示：

```
count = 0  # 记录第几种分法
print("假设 5 本书分别为 1, 2, 3, 4, 5, 主要借法有 ")

for a in range(1, 6):
    for b in range(1, 6):
        if a != b:
            for c in range(1, 6):
                if c != a and c != b:
                    count += 1
                    print("第 %d种: A分到书 %d,B分到书 %d,C分到书 %d" % (count, a, b, c))
```

执行后会输出：

```
假设 5 本书分别为 1, 2, 3, 4, 5, 主要借法有
第 1 种: A 分到书 1,B 分到书 2,C 分到书 3
第 2 种: A 分到书 1,B 分到书 2,C 分到书 4
第 3 种: A 分到书 1,B 分到书 2,C 分到书 5
第 4 种: A 分到书 1,B 分到书 3,C 分到书 2
```

```
第5种：A分到书1,B分到书3,C分到书4
第6种：A分到书1,B分到书3,C分到书5
第7种：A分到书1,B分到书4,C分到书2
第8种：A分到书1,B分到书4,C分到书3
第9种：A分到书1,B分到书4,C分到书5
第10种：A分到书1,B分到书5,C分到书2
第11种：A分到书1,B分到书5,C分到书3
第12种：A分到书1,B分到书5,C分到书4
第13种：A分到书2,B分到书1,C分到书3
第14种：A分到书2,B分到书1,C分到书4
第15种：A分到书2,B分到书1,C分到书5
第16种：A分到书2,B分到书3,C分到书1
第17种：A分到书2,B分到书3,C分到书4
第18种：A分到书2,B分到书3,C分到书5
第19种：A分到书2,B分到书4,C分到书1
第20种：A分到书2,B分到书4,C分到书3
第21种：A分到书2,B分到书4,C分到书5
第22种：A分到书2,B分到书5,C分到书1
第23种：A分到书2,B分到书5,C分到书3
第24种：A分到书2,B分到书5,C分到书4
第25种：A分到书3,B分到书1,C分到书2
第26种：A分到书3,B分到书1,C分到书4
第27种：A分到书3,B分到书1,C分到书5
第28种：A分到书3,B分到书2,C分到书1
第29种：A分到书3,B分到书2,C分到书4
第30种：A分到书3,B分到书2,C分到书5
第31种：A分到书3,B分到书4,C分到书1
第32种：A分到书3,B分到书4,C分到书2
第33种：A分到书3,B分到书4,C分到书5
第34种：A分到书3,B分到书5,C分到书1
第35种：A分到书3,B分到书5,C分到书2
第36种：A分到书3,B分到书5,C分到书4
第37种：A分到书4,B分到书1,C分到书2
第38种：A分到书4,B分到书1,C分到书3
第39种：A分到书4,B分到书1,C分到书5
第40种：A分到书4,B分到书2,C分到书1
第41种：A分到书4,B分到书2,C分到书3
第42种：A分到书4,B分到书2,C分到书5
第43种：A分到书4,B分到书3,C分到书1
第44种：A分到书4,B分到书3,C分到书2
第45种：A分到书4,B分到书3,C分到书5
第46种：A分到书4,B分到书5,C分到书1
第47种：A分到书4,B分到书5,C分到书2
第48种：A分到书4,B分到书5,C分到书3
第49种：A分到书5,B分到书1,C分到书2
第50种：A分到书5,B分到书1,C分到书3
第51种：A分到书5,B分到书1,C分到书4
第52种：A分到书5,B分到书2,C分到书1
第53种：A分到书5,B分到书2,C分到书3
第54种：A分到书5,B分到书2,C分到书4
第55种：A分到书5,B分到书3,C分到书1
第56种：A分到书5,B分到书3,C分到书2
第57种：A分到书5,B分到书3,C分到书4
第58种：A分到书5,B分到书4,C分到书1
第59种：A分到书5,B分到书4,C分到书2
第60种：A分到书5,B分到书4,C分到书3
```

12.2 捕鱼和分鱼

（即扫即看）

某天夜里，A、B、C、D、E 五人一块去捕鱼，到第二天凌晨时都疲惫不堪，于是各自找地方睡觉。天亮了，A 第一个醒来，他将鱼分为 5 份，把多余的一条鱼扔掉，拿走自己的一份。B 第二个醒来，也将鱼分为 5 份，把多余的一条鱼扔掉，带走自己的一份。C、D、E 依次醒来，也按同样的方法拿走鱼。问他们合伙至少捕了多少条鱼？

12.2.1　算法分析：试探法

根据题意可知，总计将所有的鱼进行了 5 次平均分配，每次分配时的策略都是相同的，即扔掉一条鱼后剩下的鱼正好分成 5 份，然后拿走自己的一份，余下其他的 4 份。假定鱼的总数为 X，则 X 可以按照题目的要求进行 5 次分配：$X-1$ 后可被 5 整除，余下的鱼为 $4 \times (X-1)/5$。若 X 满足上述要求，则 X 就是题目的解。

12.2.2　具体实现

在下面的实例文件 fen.py 中演示了解决“捕鱼和分鱼”问题的过程。首先假设鱼的总数是 a，然后使用循环遍历每一次分配方案，使用 if 语句判断是否满足 a=(a–1)/n*(n–1)*1.0，满足就是问题的解；具体实现代码如下：

```
def xf(n):
  a=1
  b=a
  while 1:
   for i in range(n-1):
    a=(a-1)/n*(n-1)*1.0
   if (a-1)%n==0:
    return b
   b+=1
   a=b
print(xf(5))
```

执行后会输出：

```
3121
```

12.3　出售金鱼

鱼商 A 将养的一缸金鱼分 5 次出售，第一次卖出全部的一半加二分之一条；第二次卖出余下的三分之一加三分之一条；第三次卖出余下的四分之一加四分之一条；第四次卖出余下的五分之一加五分之一条；最后卖出余下的 11 条。问原来的鱼缸中共有几条金鱼？

（即扫即看）

12.3.1　算法分析：试探法

题目中所有的鱼是分五次出售的，每次卖出的策略相同；第 j 次卖剩下的 (j+1) 分之一再加 1/(j+1) 条，第五次将第四次余下的 11 条全卖了。假定第 j 次鱼的总数为 x，则第 j 次留下：

```
x-(x+1)/(j+1)
```

当第四次出售完毕时，应该剩下 11 条。若 x 满足上述要求，则 x 就是题目的解。

应当注意的是：(x+1)/(j+1) 应满足整除条件。试探 x 的初值可以从 23 开始，试探的步长为 2，因为 x 的值一定为奇数。

12.3.2 具体实现

编写实例文件 jinyu.py，首先假设在原来的鱼缸中共有 *x* 条金鱼，然后使用 while 循环遍历每一次销售过程，设置满足条件：$x = x-(x/i+1/i)$，且在第 4 次出售完毕时剩下 11 条。若 *x* 满足上述要求，则 *x* 就是题目的解。实例文件 jinyu.py 的具体实现代码如下所示：

```
n = 11
while True:
    x = n
    for i in range(2, 5+1):
        x = x-(x/i+1/i)
    if x == 11:
        print(n)
        #####
        x = n
        for i in range(2, 5+1):
            m = x/i+1/i
            x = x - m
            print('%d: mai-->%d shend-->%d' %(i-1, m, x))
        #####
        break
    n = n + 1
```

执行后会输出：

```
59
1: mai-->30 shend-->29
2: mai-->10 shend-->19
3: mai-->5 shend-->14
4: mai-->3 shend-->11
```

12.4 平分七筐鱼

A、B、C 三位渔夫出海打鱼，他们随船带了 21 只筐。返航时发现有 7 筐装满了鱼，还有 7 筐装了半筐鱼，另外 7 筐则是空的，由于他们没有秤，只好通过目测认为 7 个满筐鱼的重量是相等的，7 个半筐鱼的重量是相等的。在不将鱼倒出来的前提下，怎样将鱼和筐平分为 3 份？

（即扫即看）

12.4.1 算法分析：试探法

已知有 21 只筐，三个渔夫，那么每个渔夫应分到 7 只筐。而且 7 只筐装满了鱼（共 700），7 只筐装了一半的鱼（共 350），7 只筐没有鱼，又不能倒鱼，假设满的为 100，一半的为 50，空的为 0，那么每个渔夫应分到 (7×100+7×50+7×0)/3=350。先保证每个渔夫有 7 只筐，其中第一个数字放的是 100 的筐，第二个数字放的是 50 的筐，第三个数字放的是空的，共有如下几种可能（第一层的 for 循环）：

```
    [[1, 1, 5], [1, 2, 4], [1, 3, 3], [1, 4, 2], [1, 5, 1], [2, 1, 4], [2, 2, 3], [2, 3, 2], [2, 4, 1], [3, 1, 3], [3, 2, 2], [3, 3, 1], [4, 1, 2], [4, 2, 1], [5, 1, 1]]
```

根据上述关系再保证每个渔夫的鱼有 350，共有如下种可能（第二层的 for 循环）：

```
    [[1, 5, 1], [2, 3, 2], [3, 1, 3]]
```

最后求出满足筐数为 7 且鱼有 350 关系的可能性：

```
[1, 5, 1] [3, 1, 3] [3, 1, 3]
```

```
[2, 3, 2] [2, 3, 2] [3, 1, 3]
[2, 3, 2] [3, 1, 3] [2, 3, 2]
[3, 1, 3] [1, 5, 1] [3, 1, 3]
[3, 1, 3] [2, 3, 2] [2, 3, 2]
[3, 1, 3] [3, 1, 3] [1, 5, 1]
```

12.4.2　具体实现

在下面的实例文件 pingfen.py 中演示了解决“平分七筐鱼”问题的过程。首先使用两个列表 x 和 y 来存储每次分配给 3 个渔夫的方案，然后使用 for 循环试探第 1 个人满筐的值，满筐数不能大于 3；然后使用 for 循环试探第 2 个人满筐的值，满筐数不能大于 3；然后使用 for 循环试探半筐的值，半筐数为奇数。最后判断 3 个人分到的鱼是 7 个整筐和 7 个半框。实例文件 pingfen.py 的具体实现代码如下所示：

```
x=[]
y=[]
for i in range(1,6):
    for j in range(1,6):
        k=7-i-j
        if k<=0:
            break
        else:
            x.append([i,j,k])
for yu in x:
    yu_sum=yu[0]*100+yu[1]*50+yu[2]*0
    if yu_sum==350:
        y.append(yu)
for yf1 in y:
    for yf2 in y:
        for yf3 in y:
            if yf1[0]+yf2[0]+yf3[0]==7 and yf1[1]+yf2[1]+yf3[1]==7:
                print(yf1,yf2,yf3)
```

执行后会输出：

```
[1, 5, 1] [3, 1, 3] [3, 1, 3]
[2, 3, 2] [2, 3, 2] [3, 1, 3]
[2, 3, 2] [3, 1, 3] [2, 3, 2]
[3, 1, 3] [1, 5, 1] [3, 1, 3]
[3, 1, 3] [2, 3, 2] [2, 3, 2]
[3, 1, 3] [3, 1, 3] [1, 5, 1]
```

12.5　五家共井问题

《九章算术》第八章《方程》的第十三题是著名的“五家共井”问题，题目描述如下：今有五家共井，甲二绠不足如乙一绠，乙三绠不足如丙一绠，丙四绠不足如丁一绠，丁五绠不足如戊一绠，戊六绠不足如甲一绠。如各得所不足一绠，皆逮。问井深、绠长各几何？（题中：“绠”是汲水桶上的绳索，“逮”是到达井底水面的意思）

（即扫即看）

意思是：现在有五家共用一口井，甲、乙、丙、丁、戊五家各有一条绳子提水（下面用文字表示每一家的绳子）：甲 ×2+ 乙 = 井深，乙 ×3+ 丙 = 井深，丙 ×4+ 丁 = 井深，丁 ×5+ 戊 = 井深，戊 ×6+ 甲 = 井深，求甲、乙、丙、丁、戊各家绳子的长度和井深。

12.5.1 算法分析：方程组求解

这种题目用的是五元一次方程组，然后使用试探法试探方程组是否成立，方程组的具体解法如下所示。

设甲、乙、丙、丁、戊五根绳子的长度分别是 x、y、z、s、t，井深 u，那么列出方程组：

$$\begin{cases} 2x + y = u \\ 3y + z = u \\ 4z + s = u \\ 5s + t = u \\ 6t + x = u \end{cases}$$

求解上述方程组，得 x、y、z、s、t 分别等于 265/721、191/721、148/721、129/721、76/721，而井深 u 为 1。

12.5.2 具体实现

编写实例文件 jing.py，使用 while 循环试探每一个方程组的解，只要满足方程组的解就是问题的答案；具体实现代码如下所示：

```
def fun():
    e = 0
    while True:
        e += 4
        a = 0
        while True:
            a += 5
            d = e + a / 5
            c = d + e / 4
            if c % 2 != 0 or d % 3 != 0:
                continue
            b = c + d / 3
            if b + c / 2 < a:
                break
            if b + c / 2 == a:
                deep = 2 * a + b
                print('a--> %d, b--> %d, c--> %d, d--> %d, e--> %d, deep--> %d' % (a, b, c, d, e, deep))
                return a, b, c, d, e, deep


print(fun())
```

执行后会输出：

```
a--> 265, b--> 191, c--> 148, d--> 129, e--> 76, deep--> 721
(265, 191.0, 148.0, 129.0, 76, 721.0)
```

12.6 三色球问题

有红、黄、绿 3 种颜色的球，其中红球 3 个，黄球 3 个，绿球 6 个。现将这 12 个球混放在一个盒子中，从中任意摸出 8 个球，编程计算摸出球的各种颜色搭配。

（即扫即看）

12.6.1　算法分析：枚举法

这是一道排列组合问题。从 12 个球中任意摸出 8 个球，求颜色搭配的种类。解决这类问题的一种比较简单、直观的方法是使用穷举法，在可能的解的空间中找出所有的搭配，然后再根据约束条件加以排除，最终筛选出正确的答案。在本题中，因为是随便从 12 个球中摸取，一切都是随机的，所以每种颜色的球被摸到的可能的个数如表 12-1 所示。

表 12-1　每种颜色的球被摸到的可能的个数

红球	黄球	绿球
0，1，2，3	0，1，2，3	2，3，4，5，6

其中绿球不可能被摸到 0 个或者 1 个。假设只摸到 1 个绿球，那么摸到的红球和黄球的总数一定为 7，而红球与黄球全部被摸到的总数才为 6，因此假设是不可能成立的。同理，绿球不可能被摸到 0 个。

可以将红、黄、绿三色球可能被摸到的个数进行排列，以组合一起而构成一个解空间，那么解空间的大小为 4×4×5=80 种颜色搭配组合。但是在这 80 种颜色搭配组合中，只有满足“红球数 + 黄球数 + 绿球数 =8”这个条件的才是真正的答案，其余的搭配组合都不能满足题目要求。

12.6.2　具体实现

编写实例文件 sanse.py，使用 3 个 for 循环分别遍历 3 个红球、3 个黄球和 6 个绿球；需要满足条件：三种球数量的和是 8。实例文件 sanse.py 的具体实现代码如下所示：

```
print('red\tyellow\tblue')
for red in range(0, 4):
    for yellow in range(0, 4):
        for green in range(2, 7):
            if red + yellow + green == 8:
                # 注意，下边不是字符串拼接，因此不用 "+" 哦 ~
                print(red, '\t', yellow, '\t', green)
```

执行后会输出：

```
red yellow  blue
0   2       6
0   3       5
1   1       6
1   2       5
1   3       4
2   0       6
2   1       5
2   2       4
2   3       3
3   0       5
3   1       4
3   2       3
3   3       2
```

12.7　计算年龄

张三、李四、王五、刘六的年龄成一等差数列，他们 4 人的年龄相加是

（即扫即看）

26，相乘是 880，求以他们的年龄为前 4 项的等差数列的前 20 项。

12.7.1 算法分析：穷举法

设数列的首项为 a，则前 4 项之和为（$4 \times n+6 \times a$），前 4 项之积为：

$$n \times (n+a) \times (n+a+a) \times (n+a+a+a)$$

同时：

$$1 \leqslant a \leqslant 4,\ 1 \leqslant n \leqslant 6$$

在此可以采用穷举法求出此数列。

12.7.2 具体实现

编写实例文件 nianling.py，首先编写函数 sum(*a*, *k*, *n*)，设置 3 个参数的条件是 s += $a + i * k$，然后编写函数 mul(*a*, *k*, *n*)，设置 3 个参数的条件是 s += $a + i * k$。最后使用 for 循环遍历他们的年龄，只要满足年龄和是 26 且乘积是 880 即是问题的解。实例文件 nianling.py 的具体实现代码如下所示：

```
def sum(a, k, n):
    s = a
    for i in range(1, n):
        s += a + i * k
    return s

def mul(a, k, n):
    s = a
    for i in range(1, n):
        s *= a + i * k
    return s


for a in range(1, 26 // 4):
    find = False
    k = 1
    while True:
        t = sum(a, k, 4)
        if t >= 26:
            if t == 26 and mul(a, k, 4) == 880:
               find = True
            break
        k += 1
    if find:
        for i in range(20):
            print(a + i * k,)
```

执行后会输出：

```
2
5
8
11
14
17
20
23
26
29
```

```
32
35
38
41
44
47
50
53
56
59
```

12.8　常胜将军问题

常胜将军是一个非常有意思的智力游戏题，常胜将军的大意如下：甲和乙两人玩抽取火柴的游戏，共有 21 根火柴。每个人每次最多抽取 4 根火柴，最少抽取 1 根火柴。如果某个人抽取到最后一根火柴则输了。甲让乙先抽取，结果每次都是甲赢。这是为什么呢？请用 Python 编程演示常胜将军的各种解法。

（即扫即看）

12.8.1　算法分析：试探法

甲要每次都赢，那么每次甲给乙只剩下 1 根火柴，因为此时乙至少抽取 1 根火柴，这样才能保证甲常胜。由于乙先抽取，因此只要保证甲抽取的数量和乙抽取的数量之和为 5 即可。

12.8.2　具体实现

编写实例文件 chang.py，使用 while 循环遍历每一次取火柴的过程，让每次取火柴的数值为 1 到 4，设置最后剩余为 1 根。具体实现代码如下所示：

```
import random
def fun(match):
   idx = 0
   while match > 1:
      idx += 1
      if idx % 2 == 1:
         gamer = 'A'
         choice = random.choice(range(1,5)) if match >= 5 else random.choice(range(1,
match+1))
      else:
         gamer = 'B'
         if match > 5:
            for x in range(1, 5):
               if (match - x) % 5 == 1:
                  choice = x
                  break
         else:
           choice = match - 1
      match -= choice
      print(gamer, choice, match)
   another = 'A' if gamer == 'B' else 'B'
   loser = gamer if match == 0 else another
   print('%s 胜利!' % loser)
fun(21)
```

执行后会输出：

```
A 3 18
B 2 16
A 4 12
B 1 11
A 2 9
B 3 6
A 2 4
B 3 1
A 胜利！
```

12.9 三色旗问题

假设有一条绳子，上面有多个红、白、蓝 3 种颜色的旗子，开始绳子上的旗子颜色并没有顺序，若将之分类，并排列为蓝、白、红的顺序，要如何移动次数才会最少，注意只能在绳子上进行这个动作，而且一次只能调换两个旗子。

（即扫即看）

12.9.1 算法分析：排序算法

在一条绳子上移动，在方程式中就意味只能使用一个阵列，而不使用其他的阵列辅助。解决问题的方法很简单，可以想象自己在移动旗子，从绳子开头进行，遇到蓝色往前移，遇到白色留在中间，遇到红色往后移，如图 12-1 所示。

要想让移动次数最少就要使用一些技巧：*W* 所在的位置为白色，则 *W*+1，表示未处理的部分移至白色群组。如果 *W* 部分为蓝色，则 *B* 与 *W* 的元素对调，而 *B* 与 *W* 必须各加 1，表示两个群组都多了一个元素。如果 *W* 所在的位置是红色，则将 *W* 与 *R* 交换，但 *R* 要减 1，表示未处理的部分减 1。注意 *B*、*W*、*R* 并不是三色旗的个数，它们只是一个移动的指标；究竟什么时候移动结束呢？一开始时未处理的 *R* 指标等于旗子的总数，当 *R* 的索引数减至少于 *W* 的索引数时，表示接下来的旗子就都是红色的了，此时就可以结束移动，如图 12-2 所示。

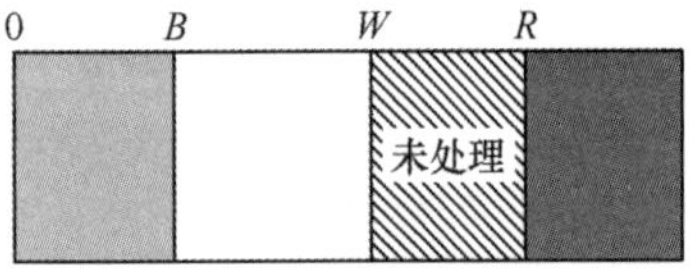

图 12-1　三色旗子最初的排列

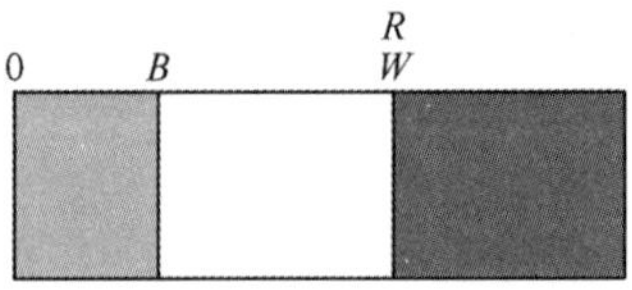

图 12-2　移动结束

12.9.2 具体实现

编写实例文件 qi.py，使用两个 for 循环进行遍历排序，使用第 1 个 for 循环将第一个区域全部交换成白色，使用第 2 个 for 循环把第二个区域全部交换成红色，然后再 for 循环分别使用 if 语句判断遇到旗子的颜色，遇到蓝色往前移，遇到白色留在中间，遇到红色往后移，最终实现排列问题。实例文件 qi.py 的具体实现代码如下所示：

```
import random
def fun(l):
```

```
        count = 0
        a = l.count(0)
        b = a + l.count(1)
        k1 = a
        k2 = len(l) - 1

        # 把第一个区域全部交换成白色
        for i in range(a):
            if l[i] == 0:
                continue

            if l[i] == 1:
                while l[k1] != 0: k1 += 1
                k = k1
            elif l[i] == 2:
                while l[k2] != 0: k2 -= 1
                k = k2
            l[k] = l[i]
            l[i] = 0
            count += 1

        # 把第二个区域全部交换成红色
        k = len(l) - 1
        for i in range(a, b):
            if l[i] == 2:
                while l[k] != 1: k -= 1
                l[k] = l[i]
                l[i] = 1
                count += 1
        return count

    t = [random.choice([0, 1, 2]) for i in range(30)]
    print(t)
    steps = fun(t)
    print(t, steps)
```

执行后会输出：

```
    [2, 0, 0, 0, 0, 2, 2, 0, 2, 1, 2, 1, 2, 0, 1, 1, 1, 1, 2, 0, 0, 0, 2, 2, 2, 0, 2, 0,
0, 0]
    [0, 0, 0, 0, 0, 0, 0, 0, 0, 0, 0, 0, 0, 1, 1, 1, 1, 1, 1, 2, 2, 2, 2, 2, 2, 2, 2, 2,
2, 2] 9
```

12.10　小结

到此为止，解决经典算法问题的知识已经全部讲解完毕，本书内容也已经全部完结。在我们讲解的各种算法思想中，每一种算法都有自己的优势和适用场景。当读者朋友们在编写代码时，建议根据自己项目的现实情况来选择使用合理的算法。最后提醒大家，有时候效率最高的算法并不一定适合你的项目，你需要根据项目的配置环境、现实需求和日后维护这三个方面来综合考虑，选择最合适的算法。